Heiderose Gessat

W0229111

hänssler

# Sein letzter Flug

RICK HUSBAND:
MEIN MANN, DER
COLUMBIA-KOMMANDANT

MIT **DONNA VANLIERE**

EVELYN HUSBAND

**Evelyn Husband** lebt mit ihren zwei Kindern, der dreizehnjährigen Laura und dem achtjährigen Matthew, in Houston, Texas. Vor dem 1. Februar 2003 bezeichnete sie sich selbst als »normale Hausfrau und Mutter« und hätte nie daran gedacht, sich in einer so außergewöhnlichen Lage wiederzufinden.
»Auch in meinen wildesten Träumen hätte ich es nie für möglich gehalten, dass das, was Rick und ich taten – wie wir lebten und unsere Kinder erzogen –, landesweit bekannt würde«, sagt Evelyn Husband. »Und wenn ich ehrlich sein soll, das würde ich alles aufgeben, wenn ich meinen Mann und mein altes Leben wiederbekäme. Aber ich will mich danach richten, wie Gott dieses Unglück gebrauchen will, um Menschen Hoffnung zu geben.«
In den Wochen und Monaten nach dem Absturz der *Columbia* hat Evelyn Husband gelernt, dass es möglich ist, auch in der tiefsten Verzweiflung Frieden und Hoffnung zu haben. Dieses Wissen gibt sie durch das vorliegende Buch, aber auch als Sprecherin für *Women of Faith*, Amerikas größte Frauenkonferenz, an Zehntausende von Menschen weiter.
Evelyn und Rick Husband wuchsen beide in Amarillo, Texas auf und haben sich als Schüler in der Amarillo High School kennen gelernt. Sie waren zwanzig Jahre verheiratet.

Hänssler-Hardcover
Bestell-Nr. 394.129
ISBN 3-7751-4129-4

© Copyright der amerikanischen Originalausgabe 2003 by Evelyn Husband.
All rights reserved.
Published in Nashville, Tennessee, by Thomas Nelson, Inc.
Originaltitel: High Calling
Übersetzung: Marlies Stubenitzky

© Copyright der deutschen Ausgabe 2004 by Hänssler Verlag, D-71087 Holzgerlingen
Internet: www.haenssler.de
E-Mail: info@haenssler.de
Umschlaggestaltung: by UDG – Designworks, www.udgdesignworks.com; Titelfoto: NASA
Deutsche Coverbearbeitung + Satz: Vaihinger Satz+ Druck, Vaihingen/Enz
Druck und Bindung: Ebner & Spiegel, Ulm
Printed in Germany

Die Bibelstellen des Alten Testaments sind in der Regel zitiert nach der Lutherbibel, revidierter Text 1984, durchgesehene Ausgabe in neuer Rechtschreibung, © 1999 Deutsche Bibelgesellschaft, Stuttgart; die Bibelstellen des Neuen Testaments der Psalmen und Sprüche in der Regel nach »Neues Leben. Die Bibelübersetzung«, © 2002 by Hänssler Verlag, 71087 Holzgerlingen.

ecpa International Member of the Evangelical Christian Publishers Association

*Für Laura und Matthew*

# Inhalt

# 1

# Rückkehr

Der Glaube verleiht uns nicht die Kraft, die Dinge zu ändern – er verleiht uns die Fähigkeit, mit den schwierigen Dingen, die uns begegnen, umzugehen.
Aus Ricks Tagebuch

AM SAMSTAGMORGEN, DEM 1. FEBRUAR 2003, schaute ich zu, wie die Sonne über dem Meer in Florida aufging wie ein wunderschöner, riesiger orangeroter Feuerball. Ich stand auf dem Balkon unseres Hotelzimmers und sagte: »Heute kommt Rick endlich zurück!« Mein Mann Rick war der Kommandeur der Raumfähre *Columbia*. Am 16. Januar war er mit sechs anderen Mitgliedern der Mannschaft STS-107 zu einem sechzehntägigen Weltraumflug gestartet.

Am 1. Februar war ich voller Freude, weil die Mission beendet war und Rick wiederkommen würde. Ich schaute den Sonnenaufgang an, das war ungewöhnlich für mich. Ich bin kein Morgenmensch und auch meine Kinder nicht: Laura, zwölf, und Matthew, sieben Jahre. Die Sonnenaufgänge, die ich in meinem Leben gesehen habe, kann ich an einer Hand abzählen. Aber an diesem Tag beobachtete ich die aufgehende Sonne und staunte, wie ungewöhnlich schön sie war. Ich dankte Gott, dass für Rick und seine Mannschaft alles so gut gegangen war. Als sich über dem Meer Nebel bildete, wurde ich unruhig. Ich wusste, wenn er sich nicht auflösen würde, müsste die Landung verschoben werden. Ich bat Gott, den Nebel aufzulösen, damit Rick und die Mannschaft sicher landen könnten, so wie Rick es von Anfang an geübt und dafür gebetet hatte.

Um sechs Uhr weckte ich Laura, damit sie noch etwas vom Sonnenaufgang mitbekommen konnte. Sie ging hinaus auf den

Balkon und ich betrachtete ihren Umriss vor dem Himmel. Sie war so hübsch und unschuldig. Ich ging zu ihr und legte den Arm um sie. »Laura, an diesen Sonnenaufgang wirst du dein Leben lang denken«, sagte ich. Während ich ihr etwas zu essen machte, sah sie ihr letztes Andachtsvideo, das Rick ihr aufgezeichnet hatte. Etwa eine Woche vor der Mannschaftsquarantäne hatte Rick mir gesagt, er wolle Videobänder für Laura und Matthew aufnehmen.

»Ich möchte ein Videoband für Laura und eins für Matthew machen, die können sie jeden Tag sehen, wenn ich in der Erdumlaufbahn bin«, hatte er gesagt. »Die Kinder sollen wissen, wie lieb ich sie habe und dass ich jeden Tag an sie denke.«

Rick wollte den Kindern etwas geben, was ihnen seine Liebe zeigte, aber ein Spielzeug oder Ähnliches schien ihm nicht gut genug – ein Spielzeug konnte nicht angemessen ausdrücken, wie sehr Rick seine Kinder liebte. Gemeinsame Zeit mit seiner Familie war ihm mehr wert als alles andere, also wollte er »Zeit« mit den Kindern verbringen, während er im Weltraum war, und diese Zeit sollte sich für sie lohnen. Rick konnte sich nichts Besseres vorstellen als ihnen von Gott zu erzählen, den er leidenschaftlich liebte. Für Rick war Gott nicht »der da oben«; er war Herr über sein Leben. Jesus war keine freundliche, moralisch vortreffliche Figur aus einem Buch, sondern Gottes Sohn, und er liebte Rick so sehr, dass er den Himmel verließ, 33 Jahre auf der Erde lebte und dann für ihn am Kreuz starb. Jesus war keine literarische Figur; für Rick war er lebendig. Mehr als alles andere wünschte sich Rick, dass seine Kinder eine lebendige Beziehung zu diesem Herrn bekämen.

Wir hatten uns überlegt, dass er an den Bändern arbeiten konnte, wenn er vor dem Flug in Quarantäne war. »Dann kann ich wenigstens über das Video mit ihnen sprechen und ihnen sagen, dass ich für sie bete und an sie denke«, hatte er gesagt. Es war zu einer Gewohnheit geworden, dass Rick jeden Abend vor dem Schlafengehen mit Laura und Matthew betete; und so war das Video eine Möglichkeit, wie er trotzdem jeden Tag mit ihnen beten konnte.

Laura sah ihr Andachtsvideo, während ich Matthew weckte. »Hallo, mein Schatz«, kam Ricks Stimme vom Band. »Heute sollen wir landen und hoffentlich ist das Wetter gut – ich werde in Florida landen. Ich freue mich schon sehr darauf, dich und Matthew und Mama zu sehen.«

Rick las aus Lauras Andachtsbuch vor und danach betete er für sie. »Herr, danke, dass du unsere Familie auf dem Weg zu diesem Flug bis hierher gebracht hast. Ich bitte dich heute bei uns in der Raumfähre zu sein und uns zu helfen, gut in die Atmosphäre zu gelangen und gut zu landen. Wir freuen uns darauf, wieder als Familie zusammen zu sein.« Rick schaute in die Kamera und lächelte. »Gut, Laura, jetzt dauert es nicht mehr lange, bis wir uns sehen! Ich habe dich sehr, sehr lieb ... ich freue mich auf dich und Mama und Matthew. Jetzt sehe ich dich ja bald. Ich liebe dich. Tschüss!«

Ich bereitete das Frühstück für Matthew zu, während er sein letztes Video sah. Als er fertig war, schaltete ich den Fernsehapparat aus und legte beide Videos in den dafür bestimmten Schrank, damit ich sie leicht finden konnte, wenn wir packten, um zurück nach Houston zu fahren. Die Tage waren nun beinahe um und Laura, Matthew und ich konnten kaum an uns halten, so sehr freuten wir uns darauf, bei der Landung zuzuschauen. Papa kam nach Hause! Ich schaute aus dem Fenster und sah, dass der Nebel sich nicht verzogen hatte. Wieder bat ich Gott ihn aufzulösen, damit die Mannschaft sicher landen könnte.

Um 7 Uhr ostamerikanischer Zeit (EST) waren Rick und die Mannschaft mit der letzten Systemkontrolle fertig und bestätigten, dass die *Columbia* zum Eintritt in die Atmosphäre bereit war.

Steve Lindsey holte uns um 8 Uhr ab und brachte uns zum Landeplatz. Rick kannte Steve von seiner Astronautenausbildung 1995. Steve ist Oberst der US-Luftwaffe. Er und Rick waren zwei der zehn Piloten, die die NASA damals zur Astronautenausbildung zugelassen hatte. Jede Mannschaft wählt für die Astronautenfamilien Begleiter aus, die bei den vielen Transporten am Tag des Starts und der Landung helfen, und unsere Begleiter waren Steve, Scott Parazynski, Clay Anderson und Terry Virts. Gewöhnlich wählt jede Mannschaft zwei Begleiter (Rick war Familienbegleiter bei zwei von Steves insgesamt drei

Flügen und bei zwei von Scotts vier Flügen); aber weil STS-107 mit dem israelischen Astronauten an Bord besonders gefährdet war, hatten die Familien insgesamt vier Begleiter. Rick hatte Steve zu unserem Hauptbegleiter und außerdem zum »CACO« (Casualty Assistance Calls Officer – Helfer im Fall eines Unglücks) für unsere Familie bestimmt; das bedeutete, dass Steve, wenn die Raumfähre verunglückte, eine schwere Verantwortung zu tragen hätte. In einem solchen Fall hat der CACO vielfältige Pflichten für eine lange Zeit: Unter anderem muss er als Verbindungsmann zwischen der NASA und den Hinterbliebenen fungieren, alle Nachfragen der Medien abschirmen, bei den Beerdigungsformalitäten und in Rechts- und Finanzfragen helfen. 17 Jahre nach der Explosion der Raumfähre *Challenger* helfen manche CACOs immer noch Familienmitgliedern der Astronauten, denn diese Arbeit hört nie auf.

Wir mussten eine halbe Stunde vor der Landung beim Kennedy Space Center sein. Um 9.15 Uhr EST sollte die Raumfähre landen. Ich schaute auf meine Uhr: Nur noch eine Stunde und 15 Minuten, dann würde Rick zu Hause sein. Ich setzte Laura und Matthew ins Auto und wollte Steve gerade fragen, wie beunruhigend der Bodennebel sei, aber er war schon an seinem Handy und telefonierte, um zu erfahren, ob das Wetter die Landung zuließ.

Um 8.15 Uhr EST waren Rick und die Mannschaft in 240 Kilometern Höhe über dem Indischen Ozean; die Flugkontrolle gab Rick und Willie McCool, dem Piloten der *Columbia*, die Erlaubnis die Umlaufbahn zu verlassen. Zu diesem Zeitpunkt flog die Raumfähre mit der Spitze nach unten und rückwärts, aber wegen der Schwerelosigkeit im Weltraum »fühlen« sich alle Stellungen gleich an – man nimmt kein Oben oder Unten wahr. Rick und Willie zündeten die beiden Raketentriebwerke mit je 2,7 Tonnen Schubkraft, um die Geschwindigkeit der Raumfähre zu drosseln, damit sie in die Atmosphäre eintreten konnte. Und dann brachten die Bordcomputer die *Columbia* langsam in die richtige Position. Nun konnte sie in die Atmosphäre eintreten.

Dieser Teil des Abstiegs ist ziemlich schwierig, weil die Raumfähre den Landeplatz mit ausreichend Energie erreichen muss; Höhe und Geschwindigkeit müssen also genau gesteuert werden, damit die Fähre auf der richtigen Bahn bleibt. Wenn der Flugkörper in die Atmosphäre eintritt, entsteht eine ungeheure Reibung; wenn er dann in steilem Winkel abwärts steuert, entstehen noch mehr Reibung und Hitze. Man dosiert die Energie, indem man die Fähre umlenkt, aber damit entfernt sie sich vom Landeplatz und der Abweichung muss gegengesteuert werden. Von der Erde aus sieht das aus, als ob die Fähre eine Reihe von S-Kurven machen würde. Rick und Willie mussten ständig Geschwindigkeitsabfall, Temperatur, Hydraulik und andere Komponenten kontrollieren, um die Fähre sicher auf Kurs zu halten, damit sie den Landeplatz genau im richtigen Winkel anflog.

Der Zuschauerbereich beim Landeplatz im Kennedy Space Center ist in verschiedene Bereiche aufgeteilt: In einem Bereich gibt es Tribünen für die Familien der Mannschaft und deren geladene Gäste, in einem anderen sitzen die Beamten der NASA und in einem dritten sonstige Zuschauer. Ich konnte da umhergehen und Ricks Mutter Jane, seinen Bruder Keith, dessen Verlobte Kathy und viele von unseren Gästen begrüßen. Ich war an diesem Morgen in so fröhlicher Stimmung, dass ich mich gern mit all unseren Gästen unterhielt und viel lachte, während wir auf die Raumfähre warteten.

Laura und Matthew spielten auf einem Rasen neben der Landebahn mit den anderen Kindern der Mannschaft, sie jagten hintereinander her und lachten. Der Nebel hatte sich aufgelöst und die Sonne schien. Es war zwar ein wenig kalt, aber ein wunderschöner Tag, ideal für die Landung. Auf den Tribünen war Partystimmung. Alle feierten einen sehr erfolgreichen Flug.

Landungen waren bei der NASA bis dahin immer gelungen; das einzige Unglück war die Explosion der Raumfähre *Challenger* 1986, und das passierte 73 Sekunden nach dem Start. Weder bei der Flugkontrolle noch an Bord der *Columbia* war an diesem Tag irgendjemand nervös oder beunruhigt; niemand hatte Grund zu glauben, diese Landung würde anders verlaufen als bei den 112 Weltraumflügen zuvor (von denen 27 mit der *Columbia* durchgeführt worden waren). Alles lief wie geplant.

»Es war perfekt von Anfang an«, sagt Steve Lindsey. »Niemand denkt im Ernst, dass die Landung gefährlich ist, obwohl wir es wissen; es fällt niemandem ein, weil alle sich nur an die *Challenger* erinnern, und das war beim Start.«

Die Mannschaft, die im Raumschiff Dienst hatte – Rick, Willie, Laurel Clark und Kalpana Chawla (K. C.) –, nahm die letzten Minuten an Bord der *Columbia* direkt vor der geplanten Landung auf Videoband auf. Die Mitglieder unterhielten sich locker und ungezwungen. Etwa um 8.43 Uhr EST bereitete sich die Mannschaft auf den Eintritt in die Atmosphäre vor. »Noch zwei Minuten bis zum Eintritt«, sagte Rick auf dem Band.

Um 8.45 Uhr kam die *Columbia* nördlich von Hawaii in 122 000 Metern Höhe in die Außenbereiche der Erdatmosphäre. Etwa zwei Minuten später hatte Laurel das Videogerät und richtete es auf K. C.

**LAUREL:** K. C., kannst du mal einen Moment in die Kamera sehen? Schau mich an.

**K. C.:** Siehst du mich?

**LAUREL:** Jawohl.

K. C. winkte in die Kamera und an den Stimmen erkannte man, dass alle Mannschaftsmitglieder sich auf die Rückkehr freuten.

Im Hintergrund hörte ich die Flugkontrolle im Kennedy Space Center mit der Besatzung reden, aber ich achtete nicht darauf, was sie sagten. Für mich war es nur ein Hintergrundgeräusch. Ich griff nach meinem Handy und rief meine Eltern Dan und Jean Neely in Amarillo an.

»Siehst du es, Papa?«, fragte ich. »Rick landet jetzt in ein paar Minuten.«

»Wir haben den Fernseher an, Schatz«, sagte er; er freute sich wie ich.

Ich legte auf, ging zu Steve Lindsey und fragte ihn, wie die Landung genau ablaufen würde. Ricks früherer Flug mit der Nummer STS-96 an Bord der Raumfähre *Discovery* war vier Jahre her, da konnte ich mich nicht mehr an alles erinnern, was kommen würde.

»In ungefähr einer Minute hörst du den Überschallknall«, sagte

Steve, »dann kommen sie von Westen.« Er erklärte mir einiges, was Rick der Flugkontrolle melden würde, wenn die Landung kurz bevorstand, und sagte, diese Anrufe müssten bald kommen.

In der Raumfähre hielt Laurel die Kamera jetzt auf das Oberlicht gerichtet und nahm den brennenden Treibstoff auf, der sich beim Eintritt der Fähre in die Erdatmosphäre von Orangegelb zu Rosa verfärbte. Die diensthabende Mannschaft beobachtete staunend durch die Fenster, was da passierte.

**LAUREL:** Sagt mir, wenn es vor uns etwas Gutes gibt. Jetzt filme ich das über uns.

**WILLIE:** Jetzt glüht es noch ein bisschen mehr, Laurel.

**RICK:** Ja.

**LAUREL:** Okay.

**WILLIE:** Kannst du über meine Schulter gucken, Laurel?

**LAUREL:** Ich hab es gefilmt. Es ist lange nicht so toll wie hinten.

**WILLIE:** Das glüht jetzt ganz schön. Ilan, das ist richtig super. Hell orangegelb über der Spitze, die ganze Vorderseite.

Keine der Stimmen klang irgendwie unsicher und schon gar nicht ängstlich. In ein paar Minuten sollten sie ankommen. Willie schaute aus der Fähre nach vorn.

**RICK:** Warte, gleich siehst du die Wirbelmuster rechts oder links vor dem Fenster.

**WILLIE:** Wow.

**RICK:** Sieht aus wie im Hochofen. Mal hier drüben sehen. Schau dir das an.

**WILLIE:** Das ist ja sagenhaft. Wird echt ganz schön hell da draußen.

**RICK:** Da draußen wolltest du jetzt bestimmt nicht sein.

In diesem Augenblick sah die Mannschaft ein rosa Glühen an den Fenstern; die Luftreibung erhitzte die über 25 000 Schutzkacheln auf fast 1800 Grad Celsius. Als die Raumfähre immer näher kam, ging das Glühen von Rosa in Rot und dann in blendendes Weiß über; das ist bei jeder Raumfährenlandung so. Bis dahin war die Flugkontrolle zufrieden; es gab keinen Grund, Probleme zu befürchten. Die größte Sorge an diesem Tag war der Nebel gewesen, aber er hatte sich aufgelöst und den Weg für eine glatte Landung freigemacht.

Als die *Columbia* um 8.53 Uhr über San Francisco flog, zeigten die Daten auf mehreren Bildschirmen der Flugkontrolle die ersten Unregelmäßigkeiten. Temperaturfühler in den hydraulischen Systemen des linken Flügels zeigten ungewöhnliche Temperatursprünge. Beim Eintritt in die Atmosphäre werden Daten manchmal nicht korrekt weitergegeben, darum wurde die Mannschaft nicht informiert; aber diese Ausfälle halten gewöhnlich nur sehr kurz an und sind dann vorüber. Die Abweichungen im Flügel der *Columbia* wurden immer größer.

Als Rick und die Mannschaft über Nevada und Utah waren, stieg die Temperatur im linken Landungsgetriebe und im Bremsbelag über das Normalmaß. Ein Amateurastronom filmte, wie Stücke von der *Columbia* abfielen. Zwei Minuten später, als die *Columbia* über Arizona flog, filmte jemand anders, wie Trümmer von der Raumfähre abfielen, aber weder die Mannschaft noch die Flugkontrolle merkten, dass etwas von der Fähre wegbrach. Dann fielen drei Temperaturfühler im linken Flügel aus und die Raumfähre war einer verstärkten Zugkraft auf der linken Seite ausgesetzt; das versuchten die automatischen Steuerungssysteme an Bord zu korrigieren. Die *Columbia* flog mit 18-facher Schallgeschwindigkeit, das sind über 21 000 km/h. Rick war noch 2200 Kilometer von der Landung entfernt und in 16 Minuten hätten wir uns wiedergesehen.

Als die *Columbia* in 63 000 Meter Höhe über Texas flog, las Jeff Kling, der für die Mechanik der Raumfähre zuständig war, auf dem Bildschirm der Flugkontrolle in Houston:

**JEFF:** Wir haben eben auf beiden linken Reifen Druck verloren, innen und außen.

Um 8.59 Uhr EST funkte Charlie Hobaugh, der Verbindungsmann zur Raumkapsel, von der Flugkontrolle in Houston aus:

**CHARLIE:** An *Columbia*, Houston. Wir haben eure Nachricht über den Reifendruck bekommen. Die letzte haben wir nicht aufgenommen.

**RICK:** Roger, bu …

Das war das letzte Gespräch der Flugkontrolle mit Rick. Charlie versuchte den Funkkontakt mit der Raumfähre wiederherzustellen:

**CHARLIE:** *Columbia*, Houston. Funkkontrolle.

Es kamen nur atmosphärische Störungen. Die Flugkontrolle wartete. Jede Sekunde war unerträglich.

**CHARLIE:** *Columbia*, Houston. UHF-Funkkontrolle.

Phil Engelauf, ein Vertreter vom Direktorat der Flugorganisation, erhielt von einem Kollegen die Nachricht, er habe die Raumfähre über Texas auseinander brechen sehen. Phil gab die Meldung an Flugdirektor LeRoy Cain weiter. Die Nachricht war ein Schock. LeRoy rief über die »Flugschleife«, einen Funkkanal, der den Flugdirektor mit den Kontrolleuren im Vorraum der Flugkontrolle verbindet, sofort die Bodenkontrolle, GC, an.

**CAIN:** GC , Flug. [Keine Antwort. Cain rief wieder an.] GC, Flug.

**BODENKONTROLLE:** Flug, GC.

**CAIN:** Schließt die Türen.

**BODENKONTROLLE:** Aufnehmen.

**CAIN:** Keine Daten, kein Funkkontakt, keine Übertragung in beide Richtungen.

Bei der Flugkontrolle fing man an zu begreifen, was da geschehen war, aber im Kennedy Space Center, wo wir auf die Landung warteten, hatte ich keine Ahnung, was vor sich ging.

In Amarillo betrachteten meine Eltern schweigend die Fernsehbilder. Mehrere helle Streifen erleuchteten den Himmel, und als mein Vater sie sah, erschrak er zutiefst. CNN meldete, der Kontakt mit der Raumfähre sei abgebrochen. Er schaltete den Apparat aus.

»Die Kamera hat nicht funktioniert«, sagte Mutter; sie klammerte sich verzweifelt an den Glauben, die Bilder seien eine technische Panne. »Die Kamera war falsch ausgerichtet.«

Meinem Vater war übel. »Das ist nicht die Kamera, Jean«, sagte er. »Es ist etwas Schreckliches passiert.« Einen Augenblick später klingelte es an der Tür. Mutter ging hin.

»Das tut mir ja so Leid, Jean«, sagte eine Freundin und fasste Mutters Hand. Da wusste Mutter, dass die Kamera nicht falsch eingestellt war.

Elf Minuten vor der Landungszeit ließen Matthew, Laura und ich uns vor der großen Uhr im Kennedy Space Center fotografieren und man sah uns an, wie sehr wir uns freuten. Soweit wir wussten, würde Rick in ein paar Minuten da sein. Ich wusste es damals nicht, hörte aber später, dass manche von den Partnern der Mannschaft das Gespräch der Flugkontrolle mit der Raumfähre mitgehört hatten und wussten, dass etwas nicht stimmte. Steve Lindsey merkte es, als er das Gespräch in der Flugkontrolle und die wiederholten Versuche, Rick zu erreichen, hörte.

»Als ich sie zum dritten Mal anrufen hörte, sträubten sich meine Nackenhaare«, sagt Steve. »Die Verbindung wird oft für zehn oder zwanzig Sekunden unterbrochen, aber nie lange. Es war ein schreckliches Gefühl, mir wurde ganz schlecht.«

Obwohl mir Steve erst ein paar Minuten zuvor gesagt hatte, in welcher Richtung ich nach der Raumfähre Ausschau halten musste, hatte ich es schon wieder vergessen. Als wir nur noch eine Minute zu warten hatten, fragte ich noch einmal: »Entschuldigung, Steve. In welche Richtung, sagst du, soll ich schauen?«

Er hörte auf die Flugkontrolle und hob einen Finger, wie um zu sagen: Augenblick. Dann sah ich, wie er blass wurde. Er konnte nicht antworten.

Aus dem Augenwinkel sah ich Bewegung und schaute langsam nach links. Alle NASA-Mitarbeiter kamen von ihren Tribünenplätzen mit Handys am Ohr. Ich spürte den Schock im Magen. Ich hörte mein Herz klopfen, aber mein Körper war gefühllos. Etwas stimmte nicht. *Gott, was passiert da?*

Von diesem Augenblick an bewegte sich alles in Zeitlupe, sogar mein Gehirn. Ich konnte nicht richtig denken. Ich suchte Laura und Matthew und sah, dass sie immer noch mit den anderen Kindern spielten. Ich schaute nach rechts und sah Keith neben Jane stehen. Er war leichenblass. Er hatte das Gespräch der Flugkontrolle mit der Raumfähre mitgehört und schon geahnt, dass etwas Schreckliches passiert war. Ich wollte zu ihm gehen, aber ich konnte kaum die Füße heben; mein Körper funktionierte nicht.

»Keith, ich glaube, es ist etwas passiert«, flüsterte ich.

»Das glaube ich auch«, sagte er.

Ich versuchte zu verstehen, was da vorging. So etwas konnte unmöglich passiert sein. Dies war Ricks Traum. Er konnte nicht einfach zu Ende sein. Nicht jetzt. Nicht so.

## 2

# Weltraumträume

Schon seit ich vier Jahre alt war, wollte ich Astronaut werden.

Rick Husband

AM 24. JANUAR 1977 ging ich mit meiner Mitbewohnerin aus dem College zu einem Basketballspiel im Stadion des *Texas Tech* in Lubbock. Ich stand auf, um eine Cola zu kaufen, und sah einen gut aussehenden jungen Mann in der Reihe vor mir (mit fast 1,90 m fiel er auf, weil er über seine Sitznachbarn hinausragte). Ich erkannte ihn sofort: wir waren auf dieselbe High School gegangen. Er war ein Jahr vor mir fertig geworden, und obwohl wir weniger als drei Kilometer voneinander entfernt wohnten, kannten wir uns nicht richtig. Aber ich erinnerte mich an ihn! Es war Rick Husband.

Schon in der Schule hatte ich von fern für Rick geschwärmt und seine Gesangs- und Schauspielkunst bewundert. Ich hielt ihn für sehr gut aussehend und erinnerte mich, ihn einmal bei einer Theateraufführung im Sommer singen gehört zu haben. Ich war mit einem anderen jungen Mann gekommen, aber ich beobachtete Rick und hoffte, mein Begleiter würde es nicht merken. Rick hatte eine wunderbare Stimme und ein äußerst anziehendes Wesen. Ich konnte den Blick nicht von ihm abwenden, erst recht nicht, weil es Spaß machte ihm zuzuschauen.

Während der High-School-Zeit wusste ich noch nicht, dass Rick Astronaut werden wollte, aber seine Freunde wussten es. »Seit ich ihn in der vierten Klasse kennen gelernt hatte, wusste ich es«, sagt David Jones. »Und er hat diesen Traum nie in Zweifel gezogen. Schon während der gesamten Schulzeit wusste ich, er würde Astronaut werden.«

Ricks Eltern wussten es schon früher. Wenn ein Flugzeug über ihr Haus in Amarillo flog, rannte der vierjährige Rick in den Hof, um es zu sehen. Er verrenkte den Hals, versuchte gegen die Sonne etwas zu erkennen und fragte sich, wie es wäre, so über den Wolken zu schweben. »Er war dann richtig aufgeregt«, sagt Jane. »Aus irgendeinem Grund faszinierten ihn Flugzeuge und der Weltraum schon als kleines Kind.«

Wenn er erfuhr, dass es im Fernsehen eine Sendung über das Raumfahrtprogramm gab, hing Rick vor dem Apparat und sorgte dafür, dass seine Mama und sein Papa sie auch sahen.

»Wo ist der Fotoapparat, Mama?«, fragte Rick und kam in die Küche gerannt.

»Ich weiß nicht genau, Rick«, sagte sie. »Wozu brauchst du den Fotoapparat?«

»Ich muss den Bildschirm fotografieren, wenn das Raumschiff zu sehen ist«, sagte er und schlug aufgeregt mit den Armen. »Ich muss den Fotoapparat finden!«

»Schau mal in den Schrank im Flur, Schatz. Vielleicht ist er da.«

Rick sprang durch den Flur und riss die Schranktür auf. Da lag der Apparat auf dem obersten Brett, seine Eltern dachten, dort könne er ihn nicht erreichen. Er stellte einen Fuß auf das unterste Brett, kletterte hinauf und streckte sich nach der Kamera aus. »Kommt! Ich hab ihn«, sagte er und ließ sich auf einen Stuhl vor dem Fernseher fallen. »Komm schon, Mama! Komm, Papa!«

Rick und seine Eltern sahen zu, wie Gus Grissom mit einer Rakete 188 Kilometer über die Erde aufstieg, und Rick war fasziniert. Als die Rakete auf dem Bildschirm zu sehen war, fotografierte er den Bildschirm. »Da ist sie!«, schrie er und machte noch ein Bild. »Da ist die Rakete!« Die Bilder fesselten ihn.

Eines Abends im Februar 1962 sahen Rick, Jane und Doug in den Nachrichten den Bericht über John Glenn, wie er die Erde umkreiste. »Ich will Astronaut werden, wenn ich groß bin«, sagte Rick und schaute auf den Bildschirm. »Das will ich.«

Jane und Doug sahen ihren kleinen Jungen an und lächelten. Schon als Rick und Keith noch klein waren, machten beide Elternteile ihnen Mut auf ihre Wunschträume zuzuarbeiten.

»Rick«, sagte sein Vater, »du kannst alles werden, was du willst.«

Von der Zeit an waren die Sterne Ricks Ziel. Doug und Jane kauften ihm ein Teleskop und er lief immer wieder in den Hinterhof, richtete sein Fernrohr auf den Himmel und versuchte die Sternbilder oder ein genaues Bild vom Mond zu erkennen. Eines Tages fand Jane in einem Geschäft einen Spielzeug-Astronautenhelm und kaufte ihn für Rick. Kurz darauf setzte er morgens, als er noch im Schlafanzug war, den Helm auf. »Guck mal, Mama«, sagte er, »jetzt bin ich ein Astronaut.«

»Fliegst du heute zum Mond?«, fragte Jane.

»Ja«, sagte Rick und rannte im Wohnzimmer herum.

»Dann lass dich noch fotografieren, ehe du abfliegst«, sagte Jane. Er stellte sich vor den Kamin und Jane machte ein Bild.

»Ich will versuchen zum Abendessen wieder da zu sein«, sagte Rick. Er war immer noch bei seiner Weltraumfahrt.

Jane lachte, verstaute den Fotoapparat und war dankbar, dass sie vor Jahren einmal mit einem Fremden ausgegangen war. Als junge Frau war Jane Barbagallo mit ihrer Arbeit im Büro des Repräsentantenhauses in Washington D. C., zufrieden gewesen und hatte nicht an Umzug gedacht. Als jemand ihr vorschlug mit einem Mann namens Doug Husband aus Texas auszugehen, war ihr das unbedenklich erschienen; sie hatte gedacht, so könne sie eine neue Bekanntschaft machen. Sie hatte nicht geahnt, dass sie sich bald in den Südstaatler mit dem breitesten Lächeln der Welt verlieben und ihn 1953 heiraten würde. Sie zog 2600 Kilometer weit weg nach Amarillo, mitten im »Pfannengriff« von Texas, und fand schnell heraus, dass dies der Ort war, an dem ihre Kinder aufwachsen sollten. Rick Douglas Husband wurde am 12. Juli 1957 geboren und Keith folgte zirka drei Jahre später.

Von dem Moment an, als ich die Familie Husband zum ersten Mal kennen lernte, wusste ich, dass es eine Familie war, die sich gut verstand und zusammenhielt. Sie hatten immer echte Liebe und Achtung füreinander; das spürte man, wenn man bei ihnen war. Doug leitete jahrelang eine Fleischkonservenfabrik in Amarillo und Jane blieb zu Hause und erzog die Söhne. Rick war ein ruhiges, zufriedenes Kind und hatte jederzeit einen Kuss für seine Mutter parat. Wenn er vorbeiging, sagte er oft: »Ich hab dich lieb, Mama«, oder wenn er zum Spielen hinausging, umarmte er sie vorher.

Obwohl sie von der Persönlichkeit her unterschiedlich waren, freute sich Rick, dass Keith sein Bruder war, und umgekehrt. Keith hat einmal gesagt, als Kind habe Rick eine Engelsgeduld gehabt. Die Eltern hatten Rick gesagt, er dürfe Keith nie wehtun, und Keith nutzte das voll aus und ärgerte Rick bis zur Weißglut. Als beide noch klein waren, nahm Doug Rick eines Tages beiseite.

»Das nächste Mal, wenn Keith dich schlägt«, sagte Doug, »musst du zurückschlagen.«

Rick wartete geduldig, bis die Zeit kam. Als sie eines Tages im Kinderzimmer spielten, boxte Keith Rick an den Arm und Rick schlug zurück und traf ihn an der Schulter. Keith blieb der Mund offen stehen. Er war entsetzt.

»Mama! Rick hat mich geschlagen«, schrie er. Aber niemand bedauerte ihn. »Das geschieht dir recht und war höchste Zeit«, sagte Doug.

Aber es hielt nie lange an, wenn Rick und Keith sich stritten. Keiner trug dem anderen etwas nach und schon bald spielten sie wieder miteinander.

Rick und seine Familie konnten mich stundenlang mit Geschichten von ihrem Familienurlaub unterhalten. Als Rick und Keith noch klein waren, fuhr die Familie mit ihrem Kombiwagen durchs Land. Zunächst ging alles gut, bis Rick und Keith ihrem Vater schließlich auf die Nerven fielen. Zuerst gab er dann Warnsignale: »Kinder, hört auf« oder: »Ich will das nicht noch einmal sagen müssen.« Wenn sie weiterstritten, kam als Nächstes das, was Rick »den langen Arm des Gesetzes« nannte: Mit seinem kräftigen rechten Arm und seiner großen Hand, an der er den breiten Ring vom College trug, machte Doug an der Rücklehne des Vordersitzes vorbei Schläge in die Luft. Dann drückten sich Rick und Keith an die Türen, um dem langen Arm des Gesetzes auszuweichen, während Doug mit großen, schwungvollen Bewegungen von einer Seite des Wagens bis zur anderen schlug.

Auf einer Ferienreise nach New Mexico kletterten Rick und Keith in den Wohnwagen, der mit dem Pick-up verbunden war.

Doug setzte sich ans Steuer.

»Ich will nichts von euch hören, es sei denn, dass es ernsthafte Verletzungen gibt«, sagte Jane und schloss die Wohnwagentür. Sie setzte sich neben Doug in den Wagen und wartete mit angehaltenem Atem auf das Unvermeidliche. Rick und Keith sahen ihre Eltern durchs Fenster und winkten ihnen zu, aber weiter gab es keine Verständigung. Mehrere Stunden lang spielten Rick und Keith während der Fahrt Dame. Alles ging gut, bis es so aussah, dass Keith verlieren würde. Keith schaute Rick an, griff das Damebrett und warf es um. Die Spielsteine flogen überall herum.

»Spinnst du?«, fragte Rick.

»Du mogelst ja, ich will nicht mehr spielen«, sagte Keith. Rick fiel keine passende Antwort ein, er stürzte sich auf Keith und es gab eine Rangelei. Keith fing an laut ans Fenster zu klopfen. Jane drehte sich um und sah, dass er mit den Armen schlug, aber dann fasste Rick ihn und zog ihn wieder nach unten. Keith's Gesicht erschien wieder am Fenster und Jane gab Zeichen, dass sie ihn nicht verstand.

»Ich kann dich nicht hören«, sagte sie und zeigte auf ihre Ohren. Dann drehte sie sich wieder um und schaute nach vorn aus dem Wagen. Als Keith und Rick merkten, dass ihre Eltern nicht eingreifen würden, ruhten sie sich eine Weile aus und stellten dann das Damespiel wieder auf. Sie wussten, dass sie sich auf längere Sicht entweder vertragen mussten oder auf der ganzen Fahrt unglücklich sein würden.

»Mit Rick konnte man gut auskommen«, sagt Keith. »Als großer Bruder war er großartig. Er war immer gut zu mir und hat immer auf mich geachtet.«

Die Brüder schienen eine besondere Liebe füreinander zu haben. Als Rick in die erste Klasse kam und zu Fuß in die Schule ging, gab ihm Jane jeden Tag zehn Cent, damit er sich auf dem Heimweg am Kiosk etwas Süßes kaufen konnte. Rick tat das immer, aber er kaufte nicht nur Süßigkeiten für sich; er brachte auch Keith immer etwas mit. »Er war ein selbstloses Kind«, sagt Keith. »Und er wurde ein selbstloser Erwachsener.«

Wenn eine Lehrerin in der ersten Schulzeit die Kinder in der Klasse fragte, was sie werden wollten, wenn sie groß wären, meldete sich Rick immer zuerst.

»Ich will Astronaut werden.«

Die Kinder lachten. In Amarillo wünschten sich die Kinder Arzt oder Farmer oder Ölarbeiter zu werden, aber nur sehr wenige wünschten sich Astronaut zu werden. Als Rick in der ersten Klasse war, gab es nur eine Hand voll Astronauten im Weltraumprogramm, daher war das ein ungewöhnliches Ziel für ein Kind. Astronauten waren eine Klasse für sich. Aber das Lachen nahm Rick nie den Mut. Eher machte es ihn noch entschlossener.

Ricks erste Lehrerin, Marjorie Roy, erinnert sich, dass Rick schon in diesem frühen Alter sehr fleißig war. An seiner Handschrift und seinen Schularbeiten sah man, dass er sehr gründlich war. Seine Lieblingsfächer waren immer Mathematik und Naturwissenschaften, aber wenn es um Englisch ging, hätte er sich lieber von einem Lastwagen überfahren lassen als einen Aufsatz zu schreiben. Rick war durch und durch Perfektionist und wollte in der Schule gut sein und die besten Noten bekommen. Er arbeitete sehr gewissenhaft und nahm die Schule ernst, weil er wusste, dass er sie brauchte, um sein Ziel zu erreichen und Astronaut zu werden. Aber gute Noten fielen ihm nicht zu; er musste hart dafür arbeiten.

Als Kind probierte Rick verschiedene Sportarten aus, aber keine gefiel ihm. Er war in der Softballmannschaft, die sein Vater trainierte, und in der Sekundarstufe I spielte er Fußball, musste sich aber zu jedem Training zwingen. Er hatte Probleme sein Gewicht zu halten. In der sechsten Klasse nahm er zuerst zu, bevor er wuchs, und die Kinder machten sich über ihn lustig. Seine Eltern wollten ihm beim Abnehmen helfen und machten ihm »Brote« aus Fleisch und Salat ohne Brot. Als er mir das Jahre später erzählte, dachte ich: *Warum nennt man das überhaupt Brote?* Mit viel Mühe gelang es ihm abzunehmen und er wurde in das Fußballteam der Sekundarstufe I aufgenommen. Die Mannschaft hat nie ein Spiel gewonnen, aber Rick sagte immer: »Der Trainer hat die ganze Saison über geschrien; das hat es immerhin gegeben.« Er fand schnell heraus, dass Mannschaftssportarten nichts für ihn waren.

Er fing an im Schulchor zu singen und hatte viel Freude daran; da entstanden viele lebenslange Freundschaften. Mathematik und Naturwissenschaften forderten viel Fleiß und Konzentration; da war die Musik eine kreative Abwechslung. Schon als kleiner Junge fand Rick, dass Singen viel Freude machte und ihm ein Gefühl der Befreiung gab. Diese Sicht behielt er sein Leben lang bei. Rick und David Jones sangen zusammen im Chor und spielten in der Theatergruppe *Anatevka*, *Der Mann von La Mancha* und *Karussell*. In *Anatevka* machte Rick beim Flaschentanz mit, bei dem die Jungen mit Flaschen auf dem Kopf tanzten.

»Rick wollte, dass die Tanzszene so gut würde wie die im Film«, sagt David. »Er bestand darauf, dass die Flaschen nicht beschwert oder mit Klettband befestigt wurden. Er war ein Perfektionist und übte diesen Tanz stundenlang, bis die Flasche auf seinem Kopf stehen blieb. Und sie blieb stehen.«

Als Rick sich bei einer Probe den Fuß verstaucht hatte, kam der Vater eines Mitspielers, der Arzt war, zur Schule und verband ihm den Knöchel. Wenn es ihm Beschwerden machte, ließ er sich nichts anmerken; er spielte in jeder Aufführung mit verbundenem Knöchel.

Er war in der Schule so aktiv, dass Jane ihm schließlich ins Gewissen redete. »Rick«, sagte sie, »versuche ein gesundes Maß zu finden und dich nicht immer so unter Druck zu setzen.« Seine Mutter hatte Angst, er würde sich völlig verausgaben. »Er war so ein Perfektionist, alles was er machte, musste genau richtig gemacht werden«, sagt sie und denkt nicht daran, dass der Apfel nicht weit vom Stamm fällt.

Am Telefon sagte Jane zu ihrer Schwiegermutter Floy Husband: »Ich weiß nicht, warum Rick so ein Perfektionist ist. Er müsste sich einmal entspannen.« Es gab eine lange Pause in der Leitung. Dann fing Floy an zu lachen. »Na, wo er das wohl herhat?«

Jane kicherte; sie begriff, dass er es von ihr hatte. »Rick konnte sich keinen Fehler durchgehen lassen«, sagt Jane. »Ich dachte, das würde ihn irgendwann verrückt machen, aber das ist nie passiert.« Er liebte Herausforderungen, und wenn ihm jemand sagte, er könne etwas nicht, gab er sich besonders viel Mühe zu beweisen, dass er es doch konnte.

Als Rick und Keith alt genug waren, ließ ihr Vater sie in der

Konservenfabrik arbeiten. »Die Jungen sollen nicht den ganzen Sommer nur herumsitzen«, sagte Doug zu Jane. »Sie brauchen richtige Arbeit.« Das war nicht die Arbeit, von der Rick immer geträumt hatte, aber so lernte er früh mit Menschen aus völlig anderen sozialen und ethnischen Verhältnissen zu arbeiten und dabei fleißig zu sein. Rick und Keith arbeiteten hauptsächlich bei der Verschiffung und versandten bestelltes Fleisch. Rick, Keith und ihr Vetter Brian Baker arbeiteten schwer, trieben aber auch begeistert Unsinn. Wenn Rick sich an alberne Streiche mit Keith und Brian erinnerte, wie Leute über den Lautsprecher ans Telefon zu rufen, konnte er Tränen lachen.

»Emmett«, sagte Rick dann etwa mit verstellter Stimme. »Ein Anruf für Sie auf Leitung eins. Emmett, Leitung eins.« Dann warteten sie, bis der arme alte Großvater Emmett im Büro ankam. Sie schauten zu, wie er den Hörer abnahm und immer wieder »Hallo« sagte und niemand antwortete. Das war in Amarillo ein Riesenspaß!

Rick sagte seinem Vater, er hätte gern ein eigenes Auto. Eines Tages fuhr Doug mit der Familie zu einem Autohändler und zeigte Rick einen Ford Mustang von 1969, der schon bessere Zeiten gesehen hatte. Jane sah Ricks Gesichtsausdruck und wusste, dass er seinen Vater für verrückt hielt. Rick dachte, sein Vater könne unmöglich diesen schäbigen Wagen kaufen. Aber er tat es.

Rick fuhr ihn nach Hause in der Hoffnung, dass ihn kein Bekannter sehen würde, und parkte in der Einfahrt. Die Familie trat zurück und starrte den Wagen an. Der Vater lächelte. Doug ging in die Garage und holte seine Werkzeugkiste.

»Was machst du, Papa?«, fragte Rick.

»Wir nehmen ihn auseinander«, sagte Doug. Rick stöhnte innerlich, aber er kannte seinen Vater zu gut um ihm zu sagen, sie könnten doch kein Auto auseinander nehmen. Er wusste, was er sagen würde: »Kann ich nicht, gibt es nicht. Du kannst alles, was du wirklich willst.« Das hatte er schon oft gesagt, als Rick und Keith noch Kinder waren. Rick wusste auch, wenn sein Vater einmal angefangen hatte den Wagen auseinander zu nehmen, dann würde er bis zum Schluss durchhalten. Doug und Jane achteten darauf, dass die Jungen auch fertig stellten, was sie anfingen. Sie durften nicht in eine Sportmannschaft eintreten und dann nach einem halben Semester aufgeben; sie durften keinem Klub beitreten und dann entscheiden, doch nicht teilzunehmen. Aussteigen gab es nicht.

Die Familie machte sich an die Arbeit: Die Kotflügel wurden abgenommen, dann nach und nach die Seitenteile, bis von dem Wagen nichts mehr da war. Jane nahm die Radkappen mit in die Küche und scheuerte sie im Spülstein. Sie scheuerten, putzten und polierten jeden Zentimeter, bis er glänzte. Die Nachbarn hielten sie für verrückt, aber als sie den Wagen endlich wieder zusammensetzten, war er sehr schön und Rick fuhr ihn stolz durch Amarillo. Als wir schon verheiratet waren, sah Rick noch manchmal einen Ford Mustang auf der Straße und sagte: »Der sieht aus wie mein Auto« oder: »Meiner hat viel besser ausgesehen als der.« Er erinnerte sich immer gern an diesen Wagen.

Mit siebzehn fing Rick an, Flugstunden zu nehmen. Doug und Jane hatten immer gewusst, dass sie ihm den Unterricht ermöglichen würden, aber sie fragten sich schon seit mehreren Jahren, ob Rick die Geduld hätte zu warten. Schon mit dreizehn hatte er Jane gefragt: »Darf ich dieses Jahr Flugunterricht nehmen?«

»Nein, Schatz«, hatte sie gesagt. »Du bist noch zu jung. Du musst warten, bis du siebzehn bist.« Er hatte ein Jahr oder länger gewartet und dann wieder gefragt: »Wann bekomme ich Flugunterricht, Mama?«

Jane wusste, dass es ihm nicht mehr reichte, vom Boden aus die Wolken anzusehen und die Flugzeuge über sich zu beobachten; er wollte das selbst erleben. »Rick, das kannst du erst, wenn du siebzehn bist«, sagte Jane.

»Warum jetzt noch nicht?«

»Weil man dir das nicht erlaubt«, antwortete Jane. »Du bist noch zu jung.« Jane lächelte, als Rick wieder in sein Zimmer ging; sie wusste, es war nur eine Frage der Zeit, bis er selbst fliegen würde.

»Als er sagte, er wollte fliegen und Astronaut werden«, erinnert sich Jane, »wusste er genau, was er sagte!«

Als er siebzehn war, fuhr Jane mit Rick zum Flughafen Tradewinds in Amarillo und meldete ihn zu den lang ersehnten Flugstunden an. Der Unterricht kostete zwischen 1200 und 1500

Dollar und Jane und Doug stellten Rick das Geld sehr gerne zur Verfügung. Dieser Unterricht war jeden Cent wert. Rick entfaltete eine unglaubliche natürliche Begabung zum Fliegen. Es war Liebe »auf den ersten Flug«. Er arbeitete und lernte intensiv um die Prüfungen zu bestehen, zeigte dieselbe Ausdauer, die er schon in der Schule hatte, und bekam schnell seinen Flugschein. An dem Tag, als er die Prüfung bestanden hatte, fuhr er nach Hause und traf seine Mutter in der Küche an.

»Komm, Mama, wir gehen!«, sagte er.

»Wohin?«, fragte sie, aber sie wusste schon, was er meinte.

»Ich will mit dir fliegen. Ich darf nun alleine fliegen«, sagte er.

Jane ließ ihre Arbeit liegen und ging mit Rick aus dem Haus. Sie hatte gewusst, dass er früher oder später mit ihr fliegen wollte, also schluckte sie nur heftig und fuhr mit ihm zum Flughafen. Zusammen schoben sie eine Cessna 152, ein kleines zweisitziges Flugzeug, aus dem Hangar.

Jane dachte: *O Gott, hat das Ding überhaupt genug Kraft zum Abheben?* Sie hatte keine Angst vor Ricks Flugkünsten; sie wusste ja, wie gewissenhaft er war. Aber sie hatte Angst in eine Maschine zu steigen, die wie ein Spielzeug aussah. Als Rick aber startete und sie sah, dass er genau wusste, was er tat, beruhigte sie sich. Rick fand es herrlich. Er war sehr stolz, mit seiner Mutter zu fliegen. Er flog über Amarillo, und als sie landeten, war Jane klar, dass Rick sich in der Luft am wohlsten fühlte. Dafür war er geschaffen.

Keith war fünfzehn, als er das erste Mal mit Rick flog. Er setzte sich auf seinen Platz und fing an zu lachen, denn es war zu eng um sich zu bewegen und erst recht zum Atmen; seine Schultern stießen an Ricks. Auf der Startbahn fragte Keith kichernd: »Wann hebt denn dieses Ding endlich mal ab?« Rick schaltete und sie hoben ab. Wenn sie Rinder erschreckten und wenn sie in der Luft kurz den Motor abstellten (darauf hatte Rick wohlweislich verzichtet, als seine Mutter mitflog), lachten sie. Ein paar Mal wurden sie schwerelos – und sie starteten durch, das heißt, Rick landete und hob dann wieder ab ohne anzuhalten. Sie lachten die ganze Zeit. Rick und Keith waren beide so begeistert vom Fliegen, dass Doug und Jane wussten, ihre Jungs würden eines Tages Piloten werden.

Rick nahm auch seine Freunde im Flugzeug mit. »Es hat ihm richtig Spaß gemacht mich zu Tode zu erschrecken«, sagt David Jones. »Er machte irgendetwas und ich schrie und er lachte mich aus, weil ich schrie, und da schrie ich noch lauter! Einmal fuhr er vor einem sehr großen Frachtflugzeug, einer riesigen C-5, auf die Startbahn. Es war keine Absicht, aber vom Tower aus wurde er kräftig zusammengestaucht. Die haben es ihm gegeben! Danach war es eine Weile ziemlich still im Flugzeug, aber dann fingen wir wieder an zu lachen. Auf dem Pilotensitz hat er sich wohl gefühlt. Da wusste ich, dass er es sich nie anders überlegen würde.«

Rick und David hatten einen ähnlichen Sinn für Humor und konnten sich gegenseitig zum Lachen bringen, indem sie lächerliche Stücke aus dem Film *Frankenstein Junior* zitierten. »Ich fing an und Rick machte weiter«, sagt David. »Wir konnten so ziemlich den ganzen Film auswendig, weil wir ihn ungefähr zwanzig Mal gesehen hatten.« Auch als Erwachsener behauptete Rick noch, sein Lieblingsfilm sei *Frankenstein Junior*. Ich habe ihn einmal mit Rick angeschaut und habe den ganzen Filmtext wiedererkannt, weil ich jeden Satz schon hundert Mal gehört hatte! Rick und David gingen am Wochenende in Amarillo sehr gerne ins Kino; sie ließen immer einen Sitz zwischen sich frei, damit niemand auf falsche Gedanken kam. Sie sahen *Der Wilde, Wilde Westen*, *Monty Python* und alle *Rosaroter-Panther*-Filme und brachten sich dann mit Textzitaten aus den Filmen zum Lachen.

»Rick war sehr lustig«, sagt David. »Unsere Freundschaft gehört zu den schönsten Dingen in meinem Leben. Er hatte einen herrlichen Sinn für Humor und jeder mochte gerne Zeit mit ihm verbringen. Er war nicht vollkommen, aber er war ein großartiger Kerl.« Den größten Ärger ihrer Schulzeit bekamen sie, als sie den Garten eines Privathauses mit Toilettenpapier auslegten. »Das war die Größenordnung unserer Probleme damals«, sagt er und lacht.

Rick konnte mit Jungen wie mit Mädchen Freundschaft schließen (diesen Zug hat er als Erwachsener behalten); in seiner Gegenwart fühlten sich alle wohl. Susan Smith war eine Freundin aus dem Chor, sie hatten eine sehr gute Beziehung, auch wenn Susan nie seine Freundin im engeren Sinn war (nach ein paar Verabredungen merkten sie, dass das nichts würde), aber sie verstanden sich sehr gut. Sie blieben ihr Leben lang befreundet. Einen Monat vor Ricks erstem Weltraumflug 1999 heiratete Susan, und Rick und ich waren zu ihrer Hochzeit in Dallas gefahren. Susan kam zum Start der *Columbia* nach Florida und war auch am 1. Februar zur vorgesehenen Landung gekommen. Später kam sie auch zu Ricks Trauergottesdienst in Houston. Wenn Rick Freundschaften schloss, dann hielten sie ein Leben lang.

Rick war in der Schule eine Klasse über mir und daher wusste ich, wer er war. Ich fand ihn sehr attraktiv, aber in der Schule hatten wir nie miteinander zu tun, denn er interessierte sich und beschäftigte sich mit Dingen, mit denen ich nichts zu tun hatte und umgekehrt. David erinnert sich, wie er die Mädchen über Rick reden hörte:

»Sie mochten seine ›Schlafzimmeraugen‹«, sagt David. »Weil sie so groß und blau waren. Ich habe das nicht gesehen«, sagt er und lacht, »es ist mir nicht aufgefallen! Aber das habe ich gehört. Er hätte keine Schwierigkeiten gehabt mit Mädchen auszugehen, sie hielten ihn für gut aussehend und groß, aber während der Schulzeit hatte er nicht viele Verabredungen. Er hatte zu viel zu tun.«

Einmal kamen Rick und David zu uns nach Hause, weil sie alte Zeitschriften und Telefonbücher für den Chor sammelten. Der Chor wollte sie recyceln, um Geld für eine Reise nach Österreich zusammenzubekommen, und so sammelten die Mitglieder in der ganzen Stadt. Als ich Rick und David an der Tür sah, versteckte ich mich schnell in meinem Zimmer, denn ich hatte Lockenwickler im Haar.

»Mach mal die Tür auf«, rief ich meiner Mutter zu. »Frag, was sie wollen.«

»Ich weiß, was sie wollen«, sagte meine Mutter und ging zur Tür. »Sie kommen, um Sachen für den Chor zu sammeln.«

»Sag nicht, dass ich hier bin! Sag gar nichts von mir!«

Meine Mutter rollte die Augen und öffnete die Tür. Von meinem Zimmer aus hörte ich sie im Arbeitszimmer auf der anderen Flurseite mit ihnen sprechen. Es kam mir wie eine Ewigkeit vor.

Als sie weg waren, kam meine Mutter in mein Zimmer und sagte: »Du kannst rauskommen. Mensch, da hast du was verpasst! Die waren ja wirklich süß!«

Am liebsten hätte ich gesagt: *Ich weiß, Mutter! Darum habe ich mich ja versteckt.* Es kam nicht in Frage, dass ich mich von zwei netten Jungen aus der Schule mit aufgewickeltem Haar sehen ließ. Jahre später erfuhr ich, dass Ricks Babysitterin, als er klein war, manchmal mit Lockenwicklern im Haar rumlief. Eines Abends tauchte sie so an seiner Zimmertür auf. Er verschwand in seinem Bett und war von da an nicht mehr zu sehen und zu hören. Seine Mutter hatte kurzes Haar und benutzte nie Lockenwickler, daher war er sehr erschrocken, als er die Babysitterin sah, weil er dachte, mit ihrem Kopf wäre etwas nicht in Ordnung. Ich hatte davon natürlich keine Ahnung, aber wäre ich an jenem Tag mit Lockenwicklern aus meinem Zimmer gekommen, hätte das möglicherweise meiner Beziehung zu Rick ein frühes Ende bereitet.

1975 machte Rick seinen Schulabschluss in Amarillo mit Auszeichnung und schrieb sich am *Texas Tech* in Lubbock für das Fach Maschinenbau ein. Ich wurde ein Jahr später fertig und fing auch am *Texas Tech* an, Fernmeldetechnik zu studieren. Das war nur zwei Autostunden entfernt, also nah genug, um nach Hause zu fahren, aber weit genug weg, um unabhängig zu sein.

Als ich bei dem College-Basketballspiel 1977 wieder zu meinem Platz ging, beobachtete mich Rick auf dem ganzen Weg hinauf. Später scherzte er, er habe mich ausspioniert. Ich weiß noch, was ich an dem Abend anhatte: ein orangefarbenes T-Shirt und einen Overall. Als ich an Ricks Platz vorbeikam, schaute ich ihn an. Ich sagte »Hi« und winkte ihm zu.

Er machte große Augen. Er fühlte sich ertappt, weil ich gemerkt hatte, dass er mich anschaute! Das ganze Spiel über zerbrach er sich den Kopf, wo er mich wohl schon gesehen hatte. Nach dem Spiel folgte er mir aus der Halle, aber ich bemerkte es nicht. Später zog ich ihn damit auf, dass, ich nicht mit ihm ausgegangen wäre, wenn ich das gewusst hätte. Als er wieder in seinem Zimmer war, rief er die Vermittlung des Colleges an und ließ sich die Nummer von Evelyn Neely geben (mein Name war ihm schließlich doch eingefallen). Am nächsten Tag rief er mich an.

»Kappa Pledge, Evelyn«, meldete ich mich.

Rick fuhr entsetzt zurück und dachte: *Ich will doch nicht mit einem Mädchen aus einer Studentinnenverbindung ausgehen.* »Hi, hier ist Rick Husband«, sagte er. »Ich habe gestern Abend beim Basketballspiel vor dir gesessen.« Später erzählte er mir, dass er sehr nervös war, als er anrief, weil er dachte, ich würde ihn nicht mehr kennen. Er sagte auch, er hätte nicht gewusst, worüber wir am Telefon reden sollten, hätte aber schnell gemerkt, dass mir nie die Worte fehlten!

»O ja«, sagte ich und freute mich, dass er anrief, »ich kenne dich noch aus der Schule.«

»Hättest du Lust am Freitagabend mit mir essen und vielleicht ins Kino zu gehen?«

Ich zögerte, denn am Freitagabend war ich schon verabredet. »Freitag habe ich schon etwas anderes vor«, sagte ich und hoffte ihm nicht den Mut zu nehmen. »Aber wie wäre es am Samstagabend?«

»Samstagabend kann ich nicht«, sagte er. »Dann vielleicht ein anderes Mal.«

Eine Verabredung mit diesem Mann konnte ich mir unmöglich entgehen lassen. »Den Termin am Freitag sage ich ab«, sagte ich schnell. Ich wollte unbedingt mit Rick ausgehen. »Ich würde sehr gern mit dir essen gehen.« Das war ungewöhnlich für mich. Ich hatte noch nie eine Verabredung abgesagt, um mit einem anderen Mann auszugehen. In den folgenden Minuten machte ich Pläne für eine Verabredung mit meinem zukünftigen Mann.

Unser erstes Treffen war am 28. Januar 1977. Er holte mich in seinem Camaro von 1975 ab. (Dieses Auto haben wir noch immer. Es hat jetzt über 300 000 Kilometer auf dem Tacho. Rick hat es jeden Tag zur Arbeit im Johnson Space Center gefahren.) An diesem Abend brauchte ich sehr lange um mich zurechtzumachen, weil ich wusste, dass er etwas Besonderes war. Meine Mitbewohnerin beriet mich, was ich anziehen sollte – es sollte das Schönste und Beste sein. Da klingelte das Telefon in meinem Zimmer.

»Ich bin unten«, sagte Rick.

Als ich die Treppe hinunterging, war ich nervös. Ich sah ihn im Vorraum stehen und mein Herz fing an schneller zu schlagen.

Er sah so gut aus.

»Du siehst toll aus«, sagte er in seinem Texas-Dialekt. Seine Stimme faszinierte mich. Sie war so warm und freundlich.

Er hielt die Tür auf, führte mich zu seinem Camaro und öffnete meine Autotür. Er war ein perfekter Gentleman. Ich wusste sofort, dass dies ein außergewöhnlicher Mann war. Wir aßen in einem Restaurant, das *Schmugglerschenke* hieß. Beim Essen stieß er sein Glas um und ein Wasserschwall schoss auf meine Tischseite herüber. Rick sprang auf und stieß sich den Kopf an der Lampe, als er nach den Servietten griff.

»Das tut mir Leid«, sagte er. »Schnell! Geh auf die Seite!«

»Schon gut«, beruhigte ich ihn. »Ich bin nicht nass geworden.«

»Es tut mir wirklich Leid«, sagte er noch einmal.

Von da an wusste ich, dass ich ihn liebte. Er konnte über sich selbst lachen, aber es kümmerte ihn, mich vielleicht mit Wasser begossen zu haben. Ich war tief beeindruckt.

Während des gesamten Essens sprachen wir über gemeinsame Bekannte in Amarillo und stellten fest, dass unsere Eltern sich kannten. Es gab keine Verlegenheitspause in unserer Unterhaltung; das ist ungewöhnlich bei der ersten Verabredung. Jeder genoss die Gesellschaft des anderen. Ich hatte noch nie jemanden kennen gelernt, mit dem ich mich so gut verstand.

Nach dem Essen tanzten wir im Restaurant und er sang mir leise ins Ohr. Er hatte eine wunderbare Stimme. Ich dachte: *Das ist ja richtig schön!* Rick schaffte es, dass ich mich rundum wohl fühlte; das gelang ihm bei allen, mit denen er zu tun hatte. Wir verließen das Restaurant und gingen in einen Film, der *Kein Koks für Sherlock Holmes* hieß. (Ich weiß nicht mehr, wer da mitspielte oder worum es ging.) Rick legte den Arm um mich und ich fühlte mich bei ihm vollkommen sicher; viele Männer hätte ich lange nicht so nahe kommen lassen, aber Rick war anders.

Nach dem Kino parkten wir an einem See und sprachen weiter über unsere Kindheit in Amarillo und wie wir unser Leben gestalten wollten.

»Was machst du gern außer studieren und singen?«, fragte ich.

Er lächelte. »Ich fliege sehr gern«, sagte Rick. »Seit zwei Jahren habe ich einen Flugschein. Ich nutze jede Möglichkeit zum Fliegen.« Ich schaute ihn an. Irgendwie wirkte er auch wie ein Pilot. »Ich möchte gerne zur Luftwaffe und mein Wunschtraum ist schon immer gewesen, Astronaut zu werden.«

Das war für mich ein unglaubliches Ziel. Ich fand es nicht komisch oder unerreichbar; es schien genau zu Rick zu passen. Ich dachte, wenn irgendjemand das schaffen könnte, dann er. Er hatte die Energie und die Persönlichkeit, die ein Astronaut braucht.

»Was musst du machen, um Astronaut zu werden?«, fragte ich.

Bevor wir uns kennen gelernt hatten, hatte Rick schriftlich bei der NASA angefragt, welche Qualifikationen sie für Piloten oder Einsatzspezialisten forderte. Einige Zeit später hatte er einen Antwortbrief bekommen, in dem die Anforderungen genau aufgeführt waren, und diesen Brief nahm Rick als Wegweiser für seine Zukunft.

»Zuerst muss ich einen Abschluss in Maschinenbau, Mathe oder Naturwissenschaften machen.« Rick studierte Maschinenbau, damit würde er also die erste Forderung erfüllen. »Dann muss ich Kampfpilot beim Militär werden und genügend Flugstunden zusammenbekommen, um mich überhaupt für das Raumfahrtprogramm bewerben zu können. Aber sie sagen, Testerfahrung sei ›sehr erwünscht‹, also muss ich Testpilot werden, damit ich infrage komme.«

Ich schüttelte den Kopf. Ich war verblüfft darüber, wie zielstrebig sich Rick so viel Arbeit vorgenommen hatte.

Er lächelte; er war noch nicht fertig. »Danach muss ich einen ›Master of Science‹ in Maschinenbau machen und *dann* erfülle ich die Voraussetzungen und kann mich bewerben.«

»Und wie lange dauert das alles?«

Mir schien es, als würde es ewig dauern, bis alle Voraussetzungen erfüllt wären, aber das nahm Rick nicht den Mut. Er zuckte die Achseln. »Es wird eine Weile brauchen«, sagte er lachend. »Aber das möchte ich machen.«

»Ich würde sehr gern einmal mit dir fliegen«, sagte ich und lächelte.

Seine Augen leuchteten auf. »Ich würde dich sehr gern mitnehmen.«

Er lächelte sein charakteristisches breites Lächeln und mein Herz schlug schneller. Ich war überzeugt, dass wir gut zusammenpassten, und wusste, dass er interessiert war.

»Ich fände es schön, wenn das bald wäre.«

Mir konnte es nicht früh genug sein. Ich wollte so oft und so lange wie möglich mit Rick zusammen sein.

Ehe Rick mich wieder zu meinem Zimmer brachte, fuhren wir in Lubbock herum und kamen an einem Haus vorbei, über das unter den Collegestudenten viel geredet wurde; es gab da ein Geheimnis und das war im Lauf der Jahre aufgebauscht worden. Angeblich war dort jemand wahnsinnig geworden und wohnte noch immer in diesem Haus; er sollte ab und zu heimlich durch die Vorhänge schauen. Rick hielt vor dem Haus und ich beobachtete durch das Fenster, ob etwas von dem Wahnsinnigen erkennbar wäre. Dann drehte ich mich zu Rick um und er beugte sich zu mir und küsste mich. Später lachten wir darüber: Er hätte mich an einem herrlichen See küssen können, wartete aber lieber, und küsste mich vor dem Haus eines Verrückten. Nicht gerade der romantischste Platz, aber denkwürdig!

Als er mich abgesetzt hatte, ging ich in mein Zimmer und mir war klar, dass ich in ihn verliebt war. Er war so ungewöhnlich freundlich und der intelligenteste Mann, den ich je getroffen hatte, und konnte sich hervorragend ausdrücken. Ich war sicher, dass ich mein weiteres Leben mit ihm verbringen wollte. Rick war der einzige Mensch, mit dem ich mich auf Anhieb so gut verstanden hatte. Er faszinierte mich nicht nur optisch, sondern auch seelisch und geistig.

In den vier Jahren, die ich am *Texas Tech* war, gingen wir immer mal wieder miteinander aus. An einem Wochenende nahm ich Rick mit nach Hause und stellte ihn meinen Eltern vor. Mein Vater grillte Steaks und briet das für Rick nicht lange genug; es war noch sehr roh. Es sah schrecklich aus, aber Rick sagte nichts. Er aß immer langsam und meine Eltern und ich essen sehr schnell; daher waren unsere Teller schon leer, als Rick eben seine Kartoffel mit Butter bestrichen hatte.

Es kam mir so vor, als würden wir eine Stunde lang dasitzen

und Rick zusehen, wie er das rohe Steak hinunterwürgte. Während der ganzen Zeit flüsterte meine Mutter mir immer wieder zu: *Er ist ja so nett!* Dann lächelte sie und nickte.

Mir war es furchtbar peinlich; ich war sicher, Rick würde irgendwann aufschauen und es bemerken. Sie hörte nicht auf.

Mein Vater dagegen fand das Gespräch mit Rick sehr angenehm. Mein Vater interessiert sich sehr für Kriegsgeschichten, liest viele Bücher und sieht Filme über alle möglichen Kriege. Rick nahm einen Bissen, kaute darauf rum und kaute, während mein Vater ihm von einer Schlacht nach der anderen erzählte. Rick war quasi gezwungen, ihm zuzuhören, weil er ständig den Mund voll hatte und sich nicht wehren konnte, mein Vater redete unentwegt. Als Rick *endlich* fertig gegessen hatte und vom Tisch aufstand, zeigte mein Vater auf die Reste auf seinem Teller und sagte: »Er muss dich wirklich lieben, sonst hätte er *dieses* Steak bestimmt nicht aufgegessen.«

»Wir mochten Rick sofort«, sagt mein Vater. »Er hatte für jeden, mit dem er sprach, eine unkomplizierte und sehr ehrliche Art.«

Als ich Ricks Familie kennen lernte, ging Keith noch zur Schule. Man merkte schnell, dass die beiden Brüder ganz gegensätzlich und doch sehr verbunden waren. Rick war in der Schule sehr gut gewesen und das hätte Keith unter Druck setzen können ebenso viel zu leisten, aber Rick war immer der Erste, der Keith merken ließ, dass er nicht »Rick Husbands Bruder« war. Er war Keith Husband. Rick hatte Keith schon immer sehr bewundert. Er mochte seinen Humor und seine Lebenseinstellung. In Ricks Zimmer war natürlich immer alles an seinem Platz, und als sie klein waren, ging Keith manchmal in diese tadellose Ordnung und zerwühlte das Bett ein wenig, nur um Rick richtig wütend zu machen. Während Rick immer ernst und konzentriert war, nahm Keith die Dinge, wie sie kamen, und machte nie ein großes Drama aus einer Sache.

An einem Abend gab es Rippchen zum Essen (das hatte Rick sich gewünscht, weil er sie am liebsten mochte; in der Luftwaffenbasis Edwards nannten sie ihn Rippe) mit Maiskolben und allem, was sonst noch an den Zähnen klebt. Während wir redeten und lachten, spürte ich, wie der Mais an meinen

Vorderzähnen klebte. Ich versuchte ihn abzukratzen, ehe ich sprach, aber es war ein hoffnungsloses Unterfangen. Aus irgendeinem Grund erklärte mir Keith während des ganzen Essens, wie man Schweine schlachtet; von Dougs Fleischfabrik her verstand er das nur zu gut. Der ganze Abend hatte etwas von einer Komödie, aber Jane und Doug gaben mir das Gefühl, willkommen zu sein. Sie waren vom ersten Augenblick an sehr nett zu mir.

Rick und David Jones waren immer noch eng befreundet, und als wir ein paar Mal ausgegangen waren, rief Rick David an und erzählte ihm von mir. Er fragte: »Erinnerst du dich an Evelyn Neely aus der Schule?« Er beschrieb mein Aussehen, aber anscheinend hatte ich keine »Schlafzimmeraugen«, die David aufgefallen wären; also holte er das Jahrbuch der Schule und schaute nach.

»Doch, an Evelyn erinnere ich mich«, sagte David.

»Wir gehen öfters miteinander aus«, sagte Rick. »Und ich glaube, sie ist die Richtige.«

Rick und ich sprachen nie ausdrücklich vom Heiraten, aber wir wussten wohl beide, dass unsere Beziehung irgendwann dahin führen würde. Wir waren nur nicht sicher, wann.

Es dauerte fünf Jahre, bis Rick seinen Abschluss in Maschinenbau machen konnte; 1980 waren wir dann beide fertig mit Studieren. In seinen letzten zwei Studienjahren war Rick Ausbilder für Reserveoffiziere und am Tag seines Abschlusses wurde er als Pilot in die Luftwaffe aufgenommen. Ich zog nach Dallas und fing nach langer Suche an, als Kundenbetreuerin für den dortigen Radiosender zu arbeiten. Rick ging nach Enid in Oklahoma zur Pilotenausbildung. Das bedeutete, dass wir etwa ein Jahr getrennt sein würden, aber Rick wusste, dass es besser ist, die Pilotenausbildung als allein Stehender zu machen als verheiratet zu sein, weil er lange und anspruchsvolle Dienstzeiten haben würde.

Die Ausbildung zum Piloten ist sehr anstrengend. Man muss viel Theorie lernen und dann muss man das Gelernte auf den Flügen praktisch umsetzen. Ein normaler Arbeitstag dauert zehn bis zwölf Stunden und besteht aus theoretischem Unterricht, Flugstunden und persönlichem Studium. Freie Wochenenden gibt es bei der Pilotenausbildung nicht; die Wochenenden sind zum zusätzlichen Lernen da.

Im ersten Jahr der Pilotenausbildung geben eine Menge Leute auf, aber Rick *wusste*, dass er es schaffen würde. Er war fest entschlossen und sehr zielorientiert. Beides ist für Piloten in der Ausbildung dringend erforderlich, denn die Ausbilder setzen sie unter Druck, damit sie später, wenn es wirklich darauf ankommt, mit der Anspannung fertig werden. Wenn sie sich nicht auf das konzentrieren können, was sie beim Fliegen tun, sehen die Ausbilder schnell, dass sie nicht die nötigen Fähigkeiten haben, um gute Piloten zu werden.

»Wenn man früh eine gute Technik lernt, erspart das viel Ärger«, sagt Ricks Freund Steve Schavrien. »Rick hat früh angefangen zu lernen und sich eine gute Technik erarbeitet, da hat ihm die Pilotenausbildung keine Schwierigkeiten gemacht. Rick war während der ganzen Ausbildung immer sehr ehrlich, wenn er einen Fehler gemacht hatte. Er war ein ausgezeichneter Pilot.«

Obwohl wir in dieser Zeit räumlich getrennt waren, besuchten Rick und ich uns weiter. Wenn sein Stundenplan es zuließ, flog ich nach Oklahoma, um ihn zu sehen. An einem Wochenende im Sommer 1981 flog ich hin und Rick half mir mein Gepäck in mein Hotelzimmer zu tragen. Wir setzten uns auf das Bett und besprachen, was wir an dem Wochenende tun wollten.

»Wir könnten ins Kino gehen«, sagte Rick. Er sah mich nicht an.

Sein seltsames Verhalten fiel mir auf. »Das wäre schön«, sagte ich.

»Oder vielleicht könnten wir in den Park gehen«, sagte er und starrte auf seine Schuhe. Er war nervös und unruhig.

»Das wäre auch sehr schön«, sagte ich.

Er kniete sich neben das Bett und versteckte sein Gesicht in der Matratze. Ich dachte: *Was fehlt ihm denn heute bloß?*

»Evey«, brachte er mühsam heraus, »willst du mich heiraten?« Rick hatte immer Schwierigkeiten dieses Wort auszusprechen, darum kam sein Antrag überraschend für mich.

Ich sagte Ja, aber als ich dann darüber nachgedacht hatte, sagte ich: »Ich will aber nicht mein Leben lang unseren Kindern erzählen müssen, dass du mir in einem Hotelzimmer einen Heiratsantrag gemacht hast!« Das ganze Wochenende zog ich ihn damit auf, und immer wenn ich mich umdrehte, machte er mir einen neuen Antrag: in einem Park, im Restaurant, im Auto und im Kino. Er war entschlossen es wieder gutzumachen.

Am Samstag rief Rick mich im Hotel an. »Willst du mit nach Enid kommen und Trauringe aussuchen?« Ich war zwar in Rick verliebt, aber nun machte mich der Gedanke, zu heiraten, plötzlich nervös. Ich rief Cherie January an, meine Mitbewohnerin zu College-Zeiten, und fragte sie, ob sie es gut fände zu heiraten.

»Ja, Evelyn«, sagte sie und freute sich für mich. »Du liebst Rick jetzt schon über fünf Jahre. Ich finde das gut!«

Wir gingen zum Juwelier in Enid, fanden aber nichts, was uns gefiel. »Ich möchte etwas für dich, was dir richtig gut gefällt«, sagte Rick.

»Das könnte ein bisschen dauern«, sagte ich und lachte.

»Das macht nichts«, sagte er und umarmte mich. »Ich will dir etwas richtig Schönes kaufen.«

Ich umarmte ihn noch fester und küsste ihn. Ich hatte doch schon etwas richtig Schönes!

Nach ein paar Wochen gingen wir durch Amarillo und Rick kaufte mir eine schlichte, jedoch wunderschöne Brillantenfassung. Als ich den Ring ansteckte, wusste ich sofort, dass ich nur diesen wollte. Es sollte mehrere Wochen dauern, den Brillanten in die Fassung zu setzen, die wir ausgesucht hatten. Wir fanden auch einen hübschen Goldring für Rick und ich ließ die Inschrift »Meine Liebe gehört dir für immer« und dann das Datum der Trauung eingravieren. Ein paar Wochen später flog Rick mit meinem Ring nach Dallas und lud mich in eins der teuersten Restaurants der Stadt ein. Es war ein wunderschöner Abend und nach dem Essen schenkte er mir meinen Verlobungsring. Dieser besondere Abend hat den Heiratsantrag mehr als ausgeglichen! Wir setzten das Hochzeitsdatum auf den 27. Februar 1982 fest, das war in sieben Monaten. Vorher musste Rick noch ein Überlebenstraining und eine Grundausbildung für Kampfpiloten machen.

Rick und Steve Schavrien lernten sich beim Überlebenstraining in Spokane in Washington kennen. »Wir verstanden uns sofort«, sagt Steve. »Ich glaube, alle, die Rick kennen lernten, mochten ihn auf Anhieb.«

Zwei Wochen lang musste Rick Überlebens-, Versteck- und Fluchttechniken und Widerstand in Verhören einüben. Viele fürchten das Überlebenstraining, denn es ist nichts Angenehmes daran. Ich erinnere mich genau an diese Zeit, weil sie über den Erntedanktag ging und meine Eltern und ich uns fragten, ob Rick Käfer oder so etwas essen musste. Beim Abendessen beteten wir besonders für Rick, ehe wir uns an Truthahn in Soße und Nusspastete satt aßen.

Rick und die anderen bekamen Schlafsäcke und Fallschirme und wurden angewiesen, sich ein Zelt oder irgendeinen Unterschlupf zu bauen, um im Wald zu überleben. Es gab kleine Rationen, ungefähr eine Tagesmenge, aber wenn sie gut planten, konnten sie die drei Tage auskommen ohne zu hungrig zu werden. »Manche von uns haben versucht im Wald Pflanzen zu essen«, sagt Steve, »und natürlich hat jemand versucht Ameisen zu essen, aber Rick und ich dachten, mit der Ration, die wir bekommen hatten, brauchten wir nicht auf Käfer zurückzugreifen!«

In dieser Zeit im Überlebenstraining musste Rick sich auch in einem nachgestellten »Kriegsgefangenenlager« aufhalten, in dem die Ausbilder die Piloten verhören und versuchen ihren Widerstand zu brechen.

»Sie machen das nicht lange«, erinnert sich Steve und lacht, »aber lange genug, dass man eine Vorstellung davon bekommt, wie es wäre, wenn man einmal gefangen genommen würde. Ich wollte so dringend aus Spokane heraus, aber ich weiß noch, wie ich am letzten Tag Rick anschaute und sein breites Lächeln sah. Er wusste, dass er diese Stufe schaffen musste, um seinem Traum näher zu kommen, und er lächelte, weil er es bis zum Schluss durchgehalten hatte.«

Nach dem Überlebenstraining hatte Rick drei Monate Kampfpiloten-Grundausbildung in New Mexico. Die Piloten, die ausgewählt werden, um Kampfflugzeuge oder Bomber zu fliegen, müssen in einer Grundausbildung die wichtigsten Kampftechniken lernen: Schießen, Luftkampfmanöver, Waffentransport. Danach kommt ein spezielles Training für das Flugzeug, das ihnen zugewiesen ist. Rick musste mit der F-4 trainieren.

Er schloss den sechswöchigen Kurs ab und flog dann zu unserer Hochzeit wieder nach Amarillo. Wie das im Süden üblich ist, war die Feier riesig. Brautjungfern und Brautführer füllten den ganzen vorderen Teil der *First Presbyterian Church*. In dieser Gemeinde war ich aufgewachsen, meine Eltern und die Eltern meiner Mutter waren hier getraut worden. Es war eine wunderschöne Feier und ich weiß noch, wie ich Rick ansah und tiefe Liebe zu ihm empfand. Er sah so gut aus. Ich konnte es kaum erwarten, den Rest meines Lebens mit ihm zu verbringen.

Meine Eltern mieteten ein Privatflugzeug, das uns für die Flitterwochen nach Colorado Springs bringen sollte. Drei Nächte wollten wir im Broadmoor-Hotel bleiben. Auf dem Weg dorthin waren wir beide so nervös, dass wir kaum miteinander sprachen. Mir fiel nichts ein, was ich Rick sagen konnte, und er hatte auch keine Idee. Schließlich fing er ein intensives Gespräch mit dem Piloten an; das war mir nur recht!

Als der Urlaub vorbei war, flogen wir wieder nach Amarillo und blieben eine Nacht bei Ricks Eltern, bevor wir am folgenden Morgen zu Ricks nächster Arbeitsstelle in Florida aufbrechen mussten. Seine Mutter bestand darauf, dass wir in ihrem Ehebett schliefen; das machte mich furchtbar nervös. Ich ging in das Zimmer und Keith lächelte mir bedeutungsvoll zu; am liebsten wäre ich unter das Bett gekrochen und die ganze Nacht da geblieben.

Weil wir frisch verheiratet waren und keine Minute voneinander getrennt sein wollten, hängten Rick und sein Vater den Camaro hinter meinen Cutlass, damit wir ihn nach Florida ziehen konnten. Wir verabschiedeten uns und Rick setzte sich ans Steuer. Als wir am Ende der Straße, an der meine Eltern wohnten, um die Ecke bogen, fing der Wagen an auszuscheren. Unsere beiden Väter folgten uns bis zum Stadtrand und sahen es; sie hatten nicht viel Zuversicht, dass wir es so nach Florida schaffen würden. Zwei Tage später kamen wir in der Luftwaffenbasis *Homestead* an und suchten unser neues Zuhause auf.

Bald würde ich erfahren, dass »zu Hause« dort ist, wo die Luftwaffe einen hinschickt.

# 3

# Wüstenzeit

Wenn Gott uns leitet durch finstere Täler, spüren wir seine allmächtige Hand – die Leiden und Nöte, die er verordnet, sind wertvolle Lektionen der Gnade. (anonym)

DIE FOLGENDEN NEUN MONATE absolvierte Rick in *Homestead* sein Training mit der F-4, einem Allwetter-Kampfflugzeug von McDonnell Douglas, das zu den wenigen gehört, die von Marine und Luftwaffe eingesetzt werden. Die F-4 war in den 60er- und 70er-Jahren *das* Allzweckflugzeug und wurde auch in Vietnam eingesetzt. Sie war für Luft-Luft-Einsätze ebenso geeignet wie für Luft-Boden-Einsätze. Gewöhnlich ist ein Flugzeug nur für eines von beiden ausgerüstet, selten für beides. Solange wir in *Homestead* waren, flog Rick die F-4, und als wir später in Kalifornien stationiert waren, flog er die F-15, die auch von McDonnell Douglas hergestellt wurde. Diese beiden gehörten zu den Maschinen, die er am liebsten flog.

Als wir in *Homestead* waren, erfuhren wir einmal, dass am frühen Morgen die Raumfähre über uns vorbeifliegen würde. Rick war gespannt darauf, aber als um drei Uhr der Wecker klingelte, musste ich ihn aufwecken! »Komm, steh auf«, sagte ich und stieß ihn an. »Wir müssen doch die Raumfähre sehen.« Er schlief immer fest und war manchmal schwer zu wecken. »Los, Rick«, sagte ich noch einmal. »Sonst ist die Raumfähre schon weg.« Verkehrte Welt: *Ich* musste *ihn* antreiben! Wir stiegen ins Auto, fuhren ans Ende der Straße, wo keine Straßenbeleuchtung mehr war, und warteten.

Nach mehreren Minuten zeigte Rick plötzlich nach oben. »Da ist sie«, sagte er; er hatte sie zuerst entdeckt. »Schau dir das an!« Wir sahen einen Lichtstreifen, der sich rasend schnell vom einen Ende des Himmels zum anderen bewegte. »Kannst du dir vorstellen, dass sie mehr als 27 000 Kilometer in der Stunde fliegt und 320 Kilometer über der Erde ist und dass wir sie doch so deutlich sehen können?« Er folgte der Bahn mit dem Finger, bis sie nicht mehr zu sehen war.

Ich drehte mich zu ihm um. »Meinst du immer noch, du möchtest das einmal machen?«

Er schaute mich an und lächelte. »Ganz bestimmt«, sagte er. »Aber erst will ich wieder ins Bett. Ich muss morgen früh fliegen und brauche meinen Schönheitsschlaf.«

Ich lachte und wir fuhren nach Hause. Ricks erster Weltraumflug lag noch siebzehn Jahre vor ihm, aber die ersten zwei Bedingungen der NASA hatte er schon erfüllt: Er war Maschinenbauingenieur und Kampfpilot. Langsam aber sicher rückte sein Traum der Verwirklichung näher.

Nach neun Monaten in Florida zogen wir auf die Luftwaffenbasis *Moody* in Valdosta in Georgia und kauften unser erstes Haus. Wir riefen unsere Eltern an und erzählten ihnen, dass es im Garten schon Bäume gab. In Amarillo mussten Bäume immer angeschafft und neu gepflanzt werden, aber bei diesem Haus waren 23 Kiefern über das Gelände verteilt!

Nach seinem ersten Tag bei der Staffel in *Moody* fuhr Rick in unsere Einfahrt. Die Mitglieder jeder Staffel bekamen verschiedenfarbige Halstücher, wenn sie ihren Dienst antraten, und Rick brachte seines strahlend mit nach Hause. »Siehst du, das sind die Abzeichen«, sagte er und zeigte mir ein Abzeichen; jeder seiner drei Fluganzüge sollte so eines bekommen.

»Muss *ich* die annähen?«, fragte ich.

»Nein, das machen sie auf der Basis«, sagte er. »Du musst alle Leute kennen lernen, die ich heute da getroffen habe«, redete er weiter und räumte seine Sachen weg. »Ich habe ein richtig gutes Gefühl, was diese Staffel angeht, Evey. Das sind wirklich gute Leute. Das hier ist eine fantastische Stelle für uns beide.« Rick flog so leidenschaftlich gern, er hätte sich an jeden Ort schicken lassen und mit jedem zusammenarbeiten können und wäre zufrieden gewesen, aber dies schien wirklich eine besondere Mannschaft zu sein.

Er gehörte zur selben Staffel wie sein alter Freund Steve Schavrien und sie würden viel zusammen fliegen. Mehrmals machten sie Übungsflüge weit über das Land, testeten neue Waffensysteme und führten zusammen das durch, was sich »Rote Flagge« nennt: Sie flogen über die Wüste von Las Vegas, warfen dort Bomben ab und übten andere Militäreinsätze. In *Moody* flogen sie eine modernere Version der F-4, die F-4E hieß. Beide fingen als einfache Piloten an und stiegen zu Flugleitern auf; das bedeutete, wenn zwei oder vier Flugzeuge zusammen eingesetzt wurden, war Rick der Anführer.

»Was er machte, machte er hervorragend«, sagt Steve. »Rick war ein Kampfpilot von der besten Sorte. Er konnte unglaublich viel, aber er nahm sich deswegen nicht wichtig.«

Larry Moore war oft Ricks »Wizzo«, das heißt, er bediente die Waffensysteme. »Ich war sehr beeindruckt von seiner Flugtechnik«, sagt Larry. »Offensichtlich war er besonders begabt. Manche Piloten mochten es nicht, wenn noch jemand im Flugzeug war, aber Rick war nie so; er versuchte den ›Wizzo‹ wesentlich am Einsatz zu beteiligen. Er gab mir immer das Gefühl, zu seiner Mannschaft zu gehören. Er gehörte zu den Leuten, die man sofort mag, und das Fliegen mit ihm machte viel Spaß, weil er so gelassen und nie arrogant war.«

»Rick war enorm kompetent«, sagt Steve. »Ich hatte den höheren Rang und er und drei andere in Ricks Rang arbeiteten in der Staffel für mich. Wir mussten jeden Tag den Stundenplan für 72 Mann ausarbeiten. Diese Arbeit kann einen verrückt machen, mit so vielen Stundenplänen zu jonglieren, aber wenn es Rick überhaupt angestrengt hat, hat er es nie gezeigt. Er hat alles, auch das Fliegen, sehr selbstverständlich und guten Willens gemacht.«

Ich bekam meine Zulassung als Maklerin in Valdosta und arbeitete in einem Maklerbüro. Am Anfang machte mir die Arbeit viel Freude, aber mit der Zeit fand ich, dass es sehr anstrengend und schwer zu schaffen war. Ich wollte es wirklich gut machen, besonders für Bekannte vom Militär, aber ich konnte nicht lernen meine Arbeit im Büro zu lassen; sie verfolgte mich jeden Tag auch zu Hause. An einem besonders anstrengenden Abend machte ich mit Rick einen Spaziergang und weinte, weil mich mehrere Kunden an dem Tag so enttäuscht hatten.

»Dann hör doch einfach auf, Evelyn«, sagte er.

»Aber ich mache es wirklich gern!« Ich wusste, dass das keinen Sinn ergab, aber ich wusste es zu schätzen, dass Rick nicht erwartete, dass ich arbeiten ging oder mitverdiente. Er achtete nur auf meine Zufriedenheit. Später gab ich dann wirklich auf. Ich merkte, dass ich mit nicht einmal 25 Jahren viel zu sensibel war und alles persönlich nahm. Ich hatte nicht das dicke Fell, das man braucht, um in Geldangelegenheiten für Menschen tätig zu sein, die man kennt.

Rick genoss die Zeit in der Staffel in *Moody* und auch für unsere Ehe war es eine herrliche Zeit. Viele Menschen sagen, die erste Zeit einer Ehe und besonders das erste Jahr sei anstrengend, aber Rick und mir ging es sehr gut. Wir hatten viel Freude am Zusammensein.

Wir mochten die Menschen im Ort und engagierten uns sehr in einer örtlichen Kirche. Wir waren beide von klein auf in einer Gemeinde gewesen, darum war das für uns sehr wichtig. Ich bin in der presbyterianischen Kirche in Amarillo groß geworden und Rick und seine Familie gehörten zur methodistischen Kirche. Wir gingen beide gern zur Kirche, aber eine persönliche Beziehung zu Jesus begann bei uns eben erst zu wachsen.

In der ganzen Zeit in Georgia verfolgte Rick weiter sein Ziel, einmal Astronaut zu werden. Immer wieder holte er den Brief hervor, den er von der NASA bekommen hatte, als er noch im College war, und las nach, was er tun musste, um sich für das Weltraumprogramm zu qualifizieren. Er wusste, dass er mindestens tausend Flugstunden als Kampfpilot nachweisen musste, um möglichst Testpilot zu werden; das war nötig, damit man bei der NASA überhaupt eine Chance hatte.

»Er wusste, dass er diese tausend Stunden haben musste«, sagt Steve. »Aber Rick machte einfach immer weiter, eins nach dem anderen. Von 1981 an, als er anfing zu fliegen, wusste er, dass es sechs oder sogar sieben Jahre dauern würde, so viele Stunden zusammenzubekommen, aber er wusste auch, dass es machbar war. Und das Beste an Rick war, dass er auf seinem Weg nie jemandem schadete. Er tat, was nötig war, aber er war immer ehrlich und rechtschaffen.«

Im Dezember 1985 wurde Rick auf die Luftwaffenbasis *George* bei Victorville in Kalifornien versetzt, mitten im Niemandsland. Tag um Tag fuhren wir (diesmal in zwei Wagen) auf der Autobahn I-40 immer nach Westen. Kurz nach unserer Ankunft bekam ich Angina. Ich nahm an, das käme daher, dass die Luft so trocken war; von Georgia und Florida waren wir hohe Luftfeuchtigkeit gewöhnt.

An der Basis *George* wurde Rick Ausbilder für Piloten und »Wizzos«, und er unterrichtete deutsche Soldaten im F-4-Grundkurs. In *George* bewarb sich Rick auch für die Testpiloten-Ausbildung. Er hatte die geforderten tausend Flugstunden, aber er wusste, dass es schwer ist, aufgenommen zu werden. Jedes Jahr wurden nur 25 Piloten aus den Bewerbern ausgewählt, die Testpilotenschule war sehr kritisch bei der Zulassung; ohne Empfehlung wurde niemand aufgenommen. Ricks Vorgesetzter half ihm, so gut er konnte, aber als die Bewerbung einmal eingereicht war, konnten wir nur noch abwarten.

Wenn ein Pilot ins Weltraumprogramm wollte, war es vorteilhaft einen höheren Studienabschluss zu haben; also begann Rick auch an dem Master-Titel zu arbeiten. Einmal in der Woche fuhr er eine Stunde durch die Wüste zur Luftwaffenbasis *Edwards*, wo Lehrer von der kalifornischen Universität *Fresno* unterrichteten. Er studierte Maschinenbau mit Schwerpunkt Flugzeugbau. Abends und an den Wochenenden saß er stundenlang über seinen Büchern und lernte.

Ich entschloss mich, in Kalifornien nicht wieder als Maklerin zu arbeiten. Die Arbeit ist so anstrengend, dass es mir nicht lohnenswert erschien, in einem anderen Staat noch eine Lizenz zu erwerben, und ich wollte mir auch die Frustrationen des Berufs ersparen, denn wir wünschten uns Kinder. Rick und ich hatten Kinder immer geliebt und fanden, es sei Zeit, eine Familie zu gründen. Wir versuchten es seit mehreren Monaten und ich war immer noch nicht schwanger, aber ich dachte mir nichts dabei. Wir hatten es ja noch nie vorher versucht und wussten nicht, wie lange man »normalerweise« warten muss. In der ersten Zeit sahen wir keinen Grund zur Beunruhigung.

Ich hatte mich immer fürs Unterrichten interessiert, aber meine

Erfahrungen beschränkten sich auf Bibelstunden. Bald wurde ich Aushilfslehrerin in der Sekundarstufe I in Apple Valley und wurde schließlich für ein Jahr als ständige Aushilfskraft der Klassen 7 und 8 in Englisch, freier Rede und Drama eingestellt. Mit Drama hatte ich vorher nie zu tun gehabt, aber es machte mir Spaß. Jeden Tag freute ich mich auf meine Schüler und ich war zu beschäftigt, um zu grübeln, warum ich nicht schwanger werden konnte.

Wir gingen in eine Kirche in Apple Valley, zu der auch Roy Rogers und Dale Evans gingen. Jeden Sonntag achteten wir darauf, nicht hinter Dale zu sitzen, damit uns ihre Frisur nicht die Sicht versperrte. Am Erntedanktag kamen Ricks Eltern und Jane war begeistert, dass sie Dale mit Handschlag begrüßen konnte. Vorher sagte ich zu ihr: »Pass auf, dass du ›Frohes Fest‹ sagst und nicht ›Frohe Schleppe‹«, und Jane kicherte während der ganzen Begrüßung. Wir gingen gern zur Kirche und engagierten uns auch in der Gemeindearbeit (Rick sang im Chor und ich half in der Jugendgruppe), aber keiner von uns las die Bibel sehr intensiv. Wir wussten noch nicht, was es heißt, eine intensive persönliche Beziehung zu Gott zu haben.

Rick genoss seine Arbeit in *George*. Er hatte eine natürliche Begabung zum Lehren und wurde mit einem Preis als hervorragender akademischer Lehrer ausgezeichnet. Auch Steve Schavrien war Ausbilder in *George*. »Rick war immer ein großzügiger Lehrer«, sagt Steve. »Er war immer bereit, am Boden oder in der Luft mit den Schülern zu arbeiten, bis sie eine Sache verstanden hatten. Die Schüler hatten wirklich Achtung vor ihm.«

In dieser Zeit bewarb sich Rick auch zum ersten Mal bei der NASA, aber er wurde abgelehnt. Im Januar 1986 war die Raumfähre *Challenger* explodiert; darum legte die NASA alle Bewerbungen »auf Eis«, was bedeutet, dass in dieser Bewerbungsperiode niemand angenommen wurde. Es wurde auch niemand vorgemerkt. Die NASA wollte drei Jahre lang nicht fliegen. Das war enttäuschend, aber Rick wusste, dass er sich mit Sicherheit wieder bewerben würde. Bis dahin arbeitete er weiter daran alle Forderungen zu erfüllen, um für das Weltraumprogramm infrage zu kommen.

Als Rick eines Abends von der Arbeit nach Hause kam, war ich in der Küche beim Kochen. Rick nahm ein Messer und half mir Gemüse für das Essen zu zerkleinern, wie er es oft tat. Er grinste über das ganze Gesicht.

»Ich bin benachrichtigt worden, dass ich zur Luftwaffenbasis *Edwards* komme, zur Aufnahmeprüfung für Testpiloten«, sagte er.

Das war eine große Neuigkeit. »Rick, ich bin so stolz auf dich«, sagte ich und umarmte ihn. »Ich weiß, dass du es gut machen wirst! Wie lange musst du weg sein?«

»Ich fahre am Montag früh zur Prüfungswoche und am Freitagabend zurück. Hoffentlich bin ich wirklich gut.« Da brauchte er sich keine Sorgen zu machen. Rick machte seine Sache immer hervorragend. »Ich bin richtig froh, dass wir nahe bei *Edwards* wohnen und dass ich den Luftraum schon gut kenne.«

Ich legte ihm die Arme um den Hals und küsste ihn. »Rick, ich bete in der Woche ganz viel, dass du es so gut machst wie irgend möglich.«

»Diese Woche darf ich mir auf keinen Fall verderben«, sagte er. »Das ist wirklich wichtig.« Wir wussten beide, dass er zur Testpilotenschule zugelassen werden musste, wenn er für das Weltraumprogramm infrage kommen wollte.

In *Edwards* wurde Rick jeden Tag in verschiedenen Flugtestmanövern und Techniken beurteilt. Er musste mit Flugzeugen aufsteigen, um die beste Steigungsrate für ein bestimmtes Flugzeug zu bestimmen, und auf gleich bleibender Höhe beschleunigen – er behielt eine ziemlich niedrige Geschwindigkeit bei, bis der Motor fast ausging, und beschleunigte dann auf die Höchstgeschwindigkeit des Flugzeugs, um die Leistung der Maschine zu beurteilen. Die Ausbilder verlangten auch verschiedene spezielle Techniken beim Steigen, Sinken und Beschleunigen. Damit werden die grundlegenden Flugfähigkeiten des Piloten und zugleich seine Präzisionsflugkunst und seine generelle Eignung geprüft.

Ein anderer ausgezeichneter Pilot, der zur Testpilotenprüfung zugelassen wurde, war Pat Daily. Rick hatte Pat in *George* kennen gelernt und einen Geistesverwandten gefunden; auch Pat wollte Astronaut werden. »Bei diesen Testflügen wird hohe Präzision gefordert«, sagt Pat. »Sie suchen Piloten, die mehr können als das normale Fliegen. Testpiloten müssen sehr präzise und kontrolliert fliegen und das liegt zum großen Teil in der Persönlichkeit des Piloten begründet, darum suchen sie Leute, die genau sind, aber doch gut mit anderen auskommen und die im Cockpit keinen Unsinn machen.«

An einem Abend in der Prüfungszeit fragte Pat Rick, ob sie nicht zusammen den Kinofilm anschauen wollten, der auf der Basis gezeigt wurde, und Rick unterbrach seine Arbeit. »Diesen Film kannst du noch oft sehen«, sagte er und schaute Pat an. »Aber dies ist vielleicht deine einzige Chance die Testpilotenprüfung zu machen. Lohnt es sich da nicht, dich zwei Stunden zusätzlich darauf vorzubereiten?«

»Er saß abends da und studierte die Manöver«, erinnert sich Pat. »Er las nach, wie sie durchgeführt werden sollen und wie man sie in einem bestimmten Flugzeug macht. Ich werde manchmal gefragt, warum Rick so ein großartiger Testpilot war, und dann sage ich immer: ›Du musst besser fragen, warum Rick der beste Pilot ist, den ich je getroffen habe.‹ Es lag nicht an den Basistechniken; es lag daran, dass er alles, was er in einem Flugzeug tat, mit dem höchsten denkbaren Einsatz tat. Wenn er startete, war er immer vorbereitet. Er hat alles, was er tat, ausgezeichnet vorbereitet, und das wussten die Prüfer zu schätzen.«

Am Ende der Woche fuhr Rick nach Hause und wartete auf Nachricht. Wenn er bestanden hätte, würde er in die Testpilotenschule aufgenommen.

Ricks Vorgesetzter, Oberst Gene Patton, begleitete ihn am Anfang der Woche darauf in sein Büro. »Rick, ich muss dich einen Augenblick sprechen«, sagte er. Rick setzte sich. »Du wirst bald umziehen. Du bist zur Testpilotenschule auf der Luftwaffenbasis *Edwards* zugelassen.« Rick sprang vor Freude vom Stuhl. Er schüttelte Oberst Patton lange die Hand.

Dann lief er aus dem Büro und rief mich sofort an. »Evey, ich habe eine wunderbare Nachricht! Ich habe eben erfahren, dass ich für die Testpilotenschule zugelassen bin. Im Dezember ziehen wir nach *Edwards*!«

»Ich wusste, dass du es schaffen würdest«, sagte ich. Ich freute mich sehr für Rick und wusste, dass er vor Begeisterung außer sich war, aber im Geist fing ich sofort an zu überlegen, was wir alles tun müssten, um den Umzug vorzubereiten, und dass wir so viele Freunde verlassen müssten. Das Schwierigste beim Militär war für mich Abschied zu nehmen, jedes Mal wenn wir wieder umzogen.

»Danke, dass du mich immer unterstützt, Evey«, sagte er. »Das wird ein großartiges Jahr für uns. Danke auch, dass du immer für mich betest. Ohne dich könnte ich das alles nicht machen.« Rick gab mir immer das Gefühl, dass dies *unser* Leben war, nicht nur seines. Er ließ mich spüren, dass wir es zusammen machten.

Die Luftwaffenbasis *George* war immerhin in einer Stadt in der Wüste, aber *Edwards* lag einsam mitten in der Wüste. Die nächste Stadt war 45 Minuten Fahrt entfernt. Ich wusste es damals nicht, aber Gott hatte uns in die Einsamkeit der Wüste gebracht, damit wir ihn finden konnten. Anscheinend mussten wir die Naturgewalten erleben, um etwas von Gottes Liebe und Freundlichkeit zu verstehen.

In *Edwards* hatten wir ein Haus in der Sharon Drive, der Straße, in der alle Testpilotenschüler wohnten. Wir brauchten nur die Haustür zu öffnen und waren am Arbeitsplatz. Wir hatten schon genug öde, farblose Wohnungen gesehen, und immer wenn wir in ein neues Haus umzogen, arbeiteten wir hart, um es gemütlich zu machen. Wir packten die Stereoanlage aus und hörten Weihnachtsmusik, während Rick das ganze Haus mit Teppich auslegte. Ich fing an auszupacken und Vorhänge aufzuhängen und in drei Tagen war alles fertig und eingeräumt. Im Rückblick frage ich mich, woher wir so viel Energie hatten; ich weiß nicht, ob ich das noch einmal schaffen würde.

Rick stürzte sich in die Arbeit an der Testpilotenschule. Das war ja eine wesentliche Voraussetzung, um von der NASA angenommen zu werden, und Rick war einer von nur 25 Piloten, die in diesem Jahr zur Ausbildung zugelassen worden waren; da war es wichtig, dass er sich bewährte. (In seinem Kurs waren 23 Teilnehmer, etwa die Hälfte Piloten und die Hälfte Ingenieure. In sechs Monaten würde ein zweiter Testpilotenkurs stattfinden in etwa der gleichen Zusammensetzung; das machte insgesamt 25 Piloten im Jahr.) In *Edwards* lernte Rick, etwa dreißig verschiedene Flugzeugtypen zu fliegen. Er lernte ihre Leistung, Handhabung, Waffensysteme und Motoren zu testen. In seiner gesamten Laufbahn bei der Luftwaffe lernte Rick mehr als vierzig verschiedene Flugzeugtypen zu fliegen.

Auch Pat Daily wurde zur Testpilotenschule zugelassen und er und Rick wurden enge Freunde. »Wir wussten ja beide, wie schwer es ist Astronaut zu werden, da sollte man denken, wir hätten uns als Konkurrenten gesehen. Aber bei Rick habe ich nie ein Konkurrenzdenken erlebt. Er half gerne, wenn jemand bei irgendetwas Hilfe brauchte. Er war bereit, seine eigene Zeit zu opfern, um jemandem zu helfen. Piloten sind oft so egozentrisch, dass sie Freundschaften verhindern, aber Rick war nie so.«

Ricks Arbeitszeit in diesem Jahr war hammerhart. Wir wünschten uns immer noch eine Familie, aber nichts passierte. Wir sahen, wie es anderen in unserem Umfeld leicht gelang, schwanger zu werden und Kinder zu bekommen. Und es machte mir Sorgen, dass es bei uns nicht klappte. Rick blieb immer optimistisch. »Das kommt alles, wenn Gott es will, Evey«, sagte er zu mir. »Wir müssen nur Geduld haben.«

Ich wusste, dass er Recht hatte, aber manchmal passt Gottes Zeitplan nicht in unsere Vorstellungen. Ich dachte, es läge vielleicht an Ricks langen und anstrengenden Arbeitszeiten, dass ich immer noch nicht schwanger war. Jeden Morgen um 6.30 Uhr hatte er seinen ersten Flug. Vormittags flog er und nachmittags hatte er Unterricht. Manchmal kam er dann gegen halb sechs nach Hause und arbeitete die ganze Nacht an einem Projekt oder er blieb noch in der Schule und arbeitete mit drei oder vier anderen Leuten an einer Gruppenarbeit weiter. Ich konnte mir nicht vorstellen, dass diese Überlastung gut für unser Vorhaben wäre.

»In dieser Phase steht man sehr unter Druck«, sagt Pat, »denn die Ausbilder sagen manchmal: ›Bereite dich darauf vor, morgen die A-7 zu fliegen‹, obwohl wir diese Maschine noch nie geflogen hatten. Dann mussten wir heimgehen und die ganze Nacht lernen, um uns mit dem Flugzeug vertraut zu machen und zu wissen, wie es funktioniert, bevor wir starten.«

Es war ein Jahr intensiven Lernens, aber Rick hatte immer Zeit für mich. Er wusste, dass ich Schwierigkeiten mit unserer Unfruchtbarkeit hatte, und er war immer sehr rücksichtsvoll zu mir und zeigte mir das Gute an unserer Lage. Manchmal, wenn er wusste, dass ich deprimiert war, kam Rick von hinten zu mir, hob mich hoch und wirbelte mich herum, bis ich anfing zu lachen. Einmal kam er nach der Arbeit nach Hause und sah, dass ich einen besonders schlechten Tag gehabt hatte.

»Fehlt dir etwas, Evey?«, fragte er.

Ich schüttelte den Kopf. »Eigentlich nicht«, sagte ich. »Nur ein bisschen trübe Stimmung wahrscheinlich.«

Er schaute mich sehr ernst an. »Muss ich dich hochheben?«

Ich streckte die Hand aus, um ihn abzuhalten. »Nein, bitte nicht. Ich bin zu schwer.«

»Zwing mich nicht dich hochzuheben«, sagte er grinsend.

Ich trat ein Stück zurück. »Rick, nicht! Ich bin nicht in der Stimmung.«

Er warf die Arme in die Luft. »Da haben wir's! Du lässt mir keine andere Wahl. Ich muss dich doch hochheben.« Er griff nach mir und ich lief weg, aber er fing mich und wirbelte mich herum, dass ich lachen musste.

*Bitte gib mir doch ein leichtes Gefühl*, dachte ich.

In dieser Zeit, als wir kein Kind bekommen konnten, fing ich an intensiv in der Bibel zu lesen. Es bekümmerte mich so sehr, dass ich in der Heiligen Schrift nach Trost suchte. Wir gingen in die Kirche auf der Basis. Der Pastor dort erklärte die Bibel in einer einfachen, aber persönlichen und bedeutungsvollen Art. Zum ersten Mal im Leben wünschte ich mir wirklich eine Beziehung zu Gott, wie der Pastor sie beschrieb: eine enge, dynamische und reale Beziehung.

Rick und ich beschlossen, uns im Schwimmbad auf der Basis taufen zu lassen. Wir waren beide als Säuglinge getauft worden, hatten aber nie öffentlich unseren Glauben an Jesus ausgedrückt und fühlten uns jetzt verpflichtet das zu tun. Die Kirche war nicht mehr nur die Kirche; wir fingen an zu entdecken, dass sie die Möglichkeit bot, näher zu Gott zu kommen, und ich hatte den Eindruck, im geistlichen Wachstum mit großen Schritten voranzuschreiten. Diese Zeit in der Wüste wurde für mich ein entscheidender Wendepunkt. Ich litt unter der Unfruchtbarkeit, aber ich verstand, dass Gott mit mir litt. Er wurde für mich zur Person in einer Weise, die ich vorher nie begriffen hatte. Als

Kind hatte ich gelernt, dass Gott mich liebt und dass er gut und freundlich und allwissend ist, aber ich hatte nie wahrgenommen, dass Gott mehr als alles andere eine Beziehung zu uns aufbauen will. Er wollte eine Beziehung zu *mir*.

Ich entwickelte mich weiter, wie ich es vorher nie erlebt hatte, aber ich war mir nicht sicher, ob es bei Rick genauso war. Pat Daily merkte in der Schule, wie sehr Rick kämpfte. »Als Rick auf der Basis ankam, war er Christ, wie ein Pilot eben Christ ist«, sagt er. »Er liebte Gott und ging zur Kirche, aber weiter ging sein Glaube nicht.« Aber manchmal ist das, was uns wie das Ende unseres Glaubens erscheint, in Wirklichkeit erst der Anfang.

Vor seiner Abschlussprüfung bewarb er sich zum zweiten Mal bei der NASA. Er wurde wieder abgelehnt. Nach der ersten Beurteilung durch die Luftwaffe kam er nicht weiter. Diese Prozedur ärgerte Rick sehr, besonders weil er wusste, dass es ein solches Vorgehen bei der Marine nicht gab. Ein Komitee von Luftwaffenangestellten, die weder Astronauten waren noch mit der NASA in Verbindung standen, sah sich alle Bewerbungen durch und entschied, welche davon weitergeleitet wurden und eine Chance für das Weltraumprogramm bekamen. Aus irgendeinem Grund wurde Ricks Bewerbung nicht weitergeleitet. Was Rick am meisten belastete, war, dass Menschen über seine Zukunft entschieden, die mit der NASA gar nichts zu tun hatten. Im Rückblick weiß ich, dass es Gottes vollkommener Plan war, aber damals war es frustrierend.

Im Januar 1989, nur ein paar Wochen nach Ricks Abschluss der Testpilotenschule, stellte ich fest, dass ich schwanger war, und wir waren außer uns vor Freude. Rick sagte scherzhaft, er habe alle seine Gehirnzellen gebraucht, um die Testpilotenschule zu bestehen und könne sich aber jetzt endlich auf etwas anderes konzentrieren. Endlich würden wir ein Kind bekommen!

Als Rick fertig war, zogen wir von der Sharon Drive weg, denn dort wohnten nur Testpilotenschüler. Nach dem Abschluss zogen sie gewöhnlich in andere Häuser auf der Basis. Wir zogen im April in unser neues Haus ein. Ich war in der elften Schwangerschaftswoche, hatte aber das Gefühl, die Schwangerschaft sei akut gefährdet. Ich bekam Ausschlag und Krämpfe und wusste, dass das nicht gut war. Während des Umzugs hatte ich eine Fehlgeburt und ihr folgte eine dunkle, deprimierende Zeit. Natürlich hatte ich das Gefühl, ich sei schuld und der Umzug habe die Fehlgeburt ausgelöst. Immer wenn ich Schlagworte hörte wie: »So etwas passiert nicht ohne Grund«, zuckte ich zusammen. Keine Frau hört gern: »So etwas passiert nicht ohne Grund«, wenn sie schon viele Jahre kinderlos ist. Solche unangenehmen Kommentare regten mich jedes Mal auf, aber Rick machte mir immer Mut. »Gott hat einen Plan für uns, Evey«, sagte er. »Das weiß ich einfach.« Er umarmte mich, ich weinte, und er sprach immer sanft und freundlich mit mir.

Im selben Jahr wurde ich noch einmal schwanger und freute mich sehr. Aber die Freude hielt nicht lange an; ich hatte wieder eine Fehlgeburt. Ich musste zu einer Ausschabung im Krankenhaus bleiben. Ich sprach mit einer Angestellten des Basiskrankenhauses, die für die Überweisung von Patienten zu anderen Ärzten zuständig war, und bat sie, mich zu einem Facharzt für Unfruchtbarkeit in der Stadt Lancaster außerhalb der Luftwaffenbasis zu schicken. Sie saß an ihrem Schreibtisch und informierte mich eiskalt: »Als Unfruchtbarkeit zählt es erst, wenn Sie mindestens drei Fehlgeburten gehabt haben.« Ich konnte es kaum glauben.

»Für mich sind das Kinder, nicht nur Fälle«, sagte ich. »Da ist etwas nicht in Ordnung und ich brauche einen Spezialisten.« Zum Glück fand ich am Ende doch eine menschliche Seite an dieser Frau und sie setzte die Maschinerie in Gang, damit ich außerhalb der Basis von einem hervorragenden Fachmann behandelt werden konnte: Dr. William Jack Copeland.

Ich ging zu einem Psychotherapeuten, um mit seiner Hilfe den Schmerz zu überwinden. Ich hatte das Herz der Kinder schlagen gehört; ich hatte gewusst, dass sie wirklich da waren und in mir wuchsen, und trauerte um sie. Rick und ich ließen eine Reihe von unangenehmen Untersuchungen über uns ergehen, aber weil Rick seinen Humor behielt, machte er es leichter für uns. Rick und ich vertrauten immer auf einen humorvollen Umgang, besonders in anstrengenden Zeiten. Er zitierte lächerliche Textstücke aus Filmen wie *Frankenstein Junior* oder einem der Monty-Python-Filme und brachte mich damit zum Lachen oder er sprach mit hoher Stimme und deutschem Akzent wie eine der Schwestern. Er blieb immer optimistisch. »Wir müssen nur glauben und diese Zeit durchhalten«, sagte er und nahm mich im Wartezimmer in die Arme. »Wir müssen die Hoffnung behalten, weil wir wissen, dass Gott einen unvorstellbaren Plan für uns hat.« In dieser Zeit hatte er viel mehr Glauben als ich und half mir durch die schlimmsten Zeiten.

Dr. Copeland stellte nach langer Zeit fest, dass mein Progesteronspiegel zu niedrig war, und gab mir ein Medikament um zu sehen, ob ich, wenn ich wieder schwanger würde, das Kind austragen könnte. Ich ging immer noch zum Psychotherapeuten und eines Tages schlug er mir vor, all meine Lasten unter dem Kreuz abzulegen. Ich kam dahin, dass ich mir vorstellen konnte meine Babys Jesus in die Hände zu geben und zu sehen, wie er sie hielt und für sie sorgte. Dieses Bild gab mir ein Gefühl tiefen Friedens, weil ich wusste, ich würde diese Babys wieder sehen, aber bis dahin würde Jesus auf sie aufpassen. Dieser Gedanke machte den Schmerz sehr viel leichter.

Rick unterstützte mich während der Therapie und wich nie von seiner Überzeugung ab, dass Gott uns Kinder geben würde. »Er schenkt sie uns bestimmt, Evey«, sagte er immer, wenn ich deprimiert war. »Ich weiß genau, dass Gott uns noch segnen wird.«

Ende Januar 1990, ein Jahr nach meiner ersten Fehlgeburt, wurde ich wieder schwanger und dieses Mal ging alles sehr gut. Dr. Copeland verschrieb mir bis zum fünften Monat Progesteron und die elfte und zwölfte Woche vergingen ohne Zwischenfall. Als ich im sechsten Monat war, legte Rick seine Master-Prüfung in Maschinenbau ab. Wir fuhren zur Abschlussfeier zur Staatlichen Universität *Fresno* mitten in Kalifornien und stellten unterwegs fest, dass Rick damit zum ersten Mal auf einem Universitätsgelände sein würde!

Ich blieb die ganze Schwangerschaft über gesund und am 5. Oktober 1990 brachte Rick mich ins Krankenhaus in Lancaster in Kalifornien. Laura kam auf natürlichem Weg und es war ungeheuer schmerzhaft, aber Rick stand mir bei. »Gut machst du das, Evey«, sagte er, »großartig!« Als er sah, wie Laura geboren wurde, war er überwältigt. »Das Kind kommt, Evey! Das

Kind kommt!« Der Arzt ließ Rick die Nabelschnur durchschneiden und er strahlte. Er war Vater!

Rick schrieb in Lauras Babybuch:

*Evelyn hat das mit der Entbindung wunderbar gemacht. Als Laura geboren wurde, sah ich zuerst ihr Gesicht und was mir gleich auffiel, waren ihre Pausbacken – die waren so niedlich. Es war sehr beeindruckend, dieses wunderbare kleine Kind, auf das wir so lange gewartet hatten, von Angesicht zu Angesicht betrachten zu können. Als der Arzt sie dann der Schwester reichte, schaute ich immer noch zu ihr hin, um zu sehen, ob es ein Mädchen oder ein Junge war. »Es ist ein Mädchen!«, sagte Dr. Copeland. Evelyn und ich waren überglücklich. Die kleine Laura Marie war da!*

Rick war sehr glücklich – wir beide. Laura war ein sehr braves Baby; wir konnten nicht genug von ihr bekommen. Rick kam jeden Tag zum Mittagessen nach Hause, um mit ihr spielen zu können. Einmal stellten wir Dekorationshäuser von David Winter auf den Fußboden. Rick nahm die Videokamera, legte sich auf den Bauch und sagte mir, ich solle Laura so bewegen, als ob sie ein Riesenbaby wäre, das durch eine Stadt stapft. »Mach es so, dass es aussieht, als ob sie auf die Burg träte«, sagte er und hielt die Kamera richtig dafür. »Gut. Jetzt lass es aussehen, als ob sie das Dorf zerstampft.« Laura lachte und freute sich. Die Zeit mit Papa machte immer Spaß.

Wenn er von der Arbeit heimkam, nahm Rick sie mit in den Park und ging mit ihr spazieren oder spielte Fangen, dass sie kreischte und kicherte. Manchmal spähte er hinter einen Baum und fragte: »Wo ist Laura?« Das war auch im Haus ein beliebtes Spiel. Dann schlich er durchs Wohnzimmer und sagte: »Wo ist Laura? Wo ist Laura?«, und fing sie dann plötzlich, sodass sie kreischte. Oft, wenn ich in der Küche kochen wollte, saßen Rick und Laura auf dem Fußboden und setzten sich verschiedene Töpfe auf den Kopf. Von Anfang an war er ein aktiver Vater. Jeden Tag sagte er ihr, dass er sie liebte und dass sie schön war.

Sie war Papas Liebling.

Lauras Geburt brachte Rick im Glauben voran, aber er war noch nicht so stark, wie er sein wollte oder werden musste. Wir mussten beide noch weiter durch die Wüste wandern, bis wir dahin kamen, dass wir eine Beziehung zu Gott mehr wünschten als alles andere.

Ricks Ziel Astronaut zu werden, gehörte immer noch zu seinen Träumen. Im März 1991 füllte er wieder die Bewerbungsunterlagen für die NASA aus. Er saß stundenlang in unserem Arbeitszimmer, beantwortete jede Frage und stieß auch auf die, ob er jemals harte Kontaktlinsen getragen habe (denn harte Kontaktlinsen können die Form der Hornhaut verändern und sind weder bei der Luftwaffe noch bei der NASA erlaubt). Rick hatte sie einmal für kurze Zeit getragen, um einen Augenfehler zu beheben, aber er wusste, dass die NASA »Nein« haben wollte, und das schrieb er hin. Das war nicht ehrlich, er sagte ihnen, was sie hören wollten. Er dachte, auch andere haben harte Kontaktlinsen um einen Sehfehler zu korrigieren und ebenso geantwortet. Er dachte, es sei kein Problem, weil er ja jetzt keine harten Kontaktlinsen mehr trug. Rick sprach mit mir nicht darüber, wie er die Frage beantwortet hatte; er behielt es für sich.

Jahre später schrieb er über diese Lüge in sein Tagebuch:

*Meine falsche Entschuldigung war damals, dass ich wusste, dass jemand anders dasselbe getan hatte und ins Weltraumprogramm aufgenommen worden war. Mein egoistischer Wunsch Astronaut zu werden siegte über meine Ehrlichkeit und ich log in der Bewerbung für die NASA bezüglich der harten Kontaktlinsen.*

*Im Prinzip hatte ich keine Ahnung, was das bedeutet: »Vertraue von ganzem Herzen auf den HERRN und verlass dich nicht auf deinen Verstand« (Sprüche 3, 5). Und ich dachte, das alles sei ziemlich unwichtig, aber es war doch unehrlich – obwohl ich mich selbst nicht für unehrlich hielt. Ich dachte: »Na ja, ich bin doch ein ganz anständiger Kerl und das ist keine große Sache. Und ich weiß, dass andere es auch machen.« Ich war in ein weltliches Denken verstrickt und traute Gott für mein Leben nichts zu ... Mit dem, was ich da getan habe, habe ich Gott bestimmt* nicht *geehrt.*

Er schickte die Bewerbung ein und hoffte, sie würde durch die Überprüfung bei der Luftwaffe kommen. Nach mehreren Monaten Wartezeit bekam er einen Anruf von jemandem im Astronautenbüro der NASA. Sie luden ihn zur Vorstellung für das Weltraumprogramm ein. Auch Pat Daily bekam diesen Anruf und stellte sich vor.

»Das war, als ob man eine ganze Woche mikroskopisch untersucht wird«, sagt Pat. »Jedes Körperteil wurde betastet und gerüttelt.« Rick, Pat und die anderen Bewerber mussten eine Reihe von medizinischen Untersuchungen mitmachen, unter anderem ein 24-Stunden-EKG. Die Ärzte führten ein EEG durch, eine Ultraschalluntersuchung an den Herzen und anderen Organen der Bewerber und eine 24-Stunden-Urinuntersuchung. »Sie haben uns etwas gegeben, was aussah wie eine Thermosflasche, und wir sollten 24 Stunden lang jeden Tropfen sammeln«, sagt Pat. Diese Untersuchung war harmlos im Vergleich zu anderen, aufwändigeren Tests. »Die proktologische Untersuchung war die unangenehmste«, erinnert sich Pat. »Wir bekamen ein ganzes Tablett voll Klistiere und Anweisungen und man sagte uns, wir sollten Bescheid sagen, wenn ›alles klar sei‹. Als wir diese kleine Unannehmlichkeit hinter uns hatten, kamen wir zu Dr. Hind. (Ja, er hieß wirklich so und die Bewerber machten viele Witze darüber – *hind* ist das Grundwort für hinten oder Hintern.) Dr. Hind erkundete mit dem Proktoskop die letzten 60 cm unseres Dickdarms. Die Unbequemlichkeit und Erniedrigung wurden ein wenig dadurch gemildert, dass wir Gelegenheit hatten, ein Körperteil zu sehen, das man normalerweise nicht sieht!«

Als Rick nach Kalifornien zurückkam, erzählte er mir von einem der psychologischen Tests. Einmal musste er ein Herzüberwachungsgerät tragen und in eine stockdunkle Kugel von etwa 90 cm Durchmesser steigen, in die mehrere Schläuche für Frischluft führten, und wurde allein gelassen. Er konnte nichts tun außer wie ein Embryo darin liegen.

»Warum sperren sie euch da rein?«, fragte ich.

»Sie wollen sehen, wie lange man es aushält, ohne in Panik zu geraten«, sagte er.

»Wie lange hast du es geschafft?«

»Ich weiß nicht«, sagte er. »Ich bin eingeschlafen.«

Ich fragte mich, wie er seine 1,90 m Länge so einfach zusammenrollen und einschlafen konnte.

Er sah meinen Gesichtsausdruck. »Was hätte ich denn machen sollen?«, fragte er.

»Die NASA behauptete, mit diesem Test wollte sie ein neues System auf Brauchbarkeit testen, mit dem man aus der Raumfähre aussteigen könnte«, sagt Pat. »Sie schlossen uns an ein EKG an, nahmen uns die Uhren weg und sagten uns, wir würden auf unbestimmte Zeit da bleiben. Die meisten von uns sind einfach eingeschlafen, aber manche wurden doch ziemlich aufgeregt und wollten herausgelassen werden. Die haben wohl nicht bestanden«, sagt er und lacht.

Rick und Pat durchliefen noch andere geistige und psychologische Prüfungen, unter anderem verschiedene IQ-Tests, psychologische Fragebögen und Gespräche mit allen möglichen Astronauten und Ärzten, aber diese Tests machten ihnen nicht so viel Angst wie der Sehtest. Die NASA verlangt eine sehr hohe Sehschärfe ohne Hilfsmittel, die sich mit Nachhilfe noch auf einen Höchstwert verbessern lässt. »Die Sehtests machten Rick und mich am nervösesten, weil wir wussten, dass wir am Grenzwert lagen«, sagt Pat. »Die Tests bei der Luftwaffe bestanden wir ziemlich leicht, aber die NASA hat nicht nur höhere Anforderungen, sondern auch ausgefallenere Prüfmethoden – bei denen man sich nicht durchmogeln kann. Ich weiß noch, dass Rick Angst vor dem Sehtest hatte.« Pat wusste nicht, warum Rick wirklich solche Angst davor hatte; er wusste nicht, dass Rick in der Bewerbung gelogen hatte und fürchtete, die Wahrheit würde herausgefunden. »Ich dachte, er hätte Angst, ein bisschen kurzsichtig zu sein«, sagt Pat.

»Nach dem Sehtest war der Rest der Prüfungen kinderleicht«, sagt Pat weiter. »Wir hatten noch ein Vorstellungsgespräch, je ein Bewerber wurde von elf NASA-Leuten ausgefragt. Rick kam mit seiner bescheidenen Offenheit, seinem Benehmen und seinem Humor leicht durch das Gespräch.«

Scott Parazynski, unser Familienbegleiter und zweiter CACO für den *Columbia*-Einsatz, erinnert sich an sein eigenes Vorstellungsgespräch. »Nach allen Untersuchungen«, sagt er, »hängt eigentlich alles von diesem anderthalbstündigen Gespräch ab. Da entscheidet sich, ob sie einen nehmen. Sie wollen ausgeglichene Leute haben, die gut mit anderen auskommen, sich für sie mitverantwortlich fühlen, Humor und Mitgefühl haben. Bei Ricks Gespräch war das bestimmt gleich klar, als er hereinkam, denn das war das Erste, was man spürte, wenn man Rick traf. Für andere hatte er wahrscheinlich mehr Rücksicht und Einfühlungsvermögen als für sich selbst. Das war ein besonderer Charakterzug.«

Einer der Astronauten, die Rick in seiner Zeit in Houston kennen lernte, war Jean Claude Nicollier von der ESA, der sich auf einen Einsatz vorbereitete. Beim Training in einem Flugsimulator saß Rick neben Jean Claude. Rick unterhielt sich mit ihm und freute sich zu erfahren, woran die ESA arbeitete. Nach der Trainingsstunde verabschiedete sich Rick von Jean Claude und ging weiter zum nächsten Test, den die NASA für den Tag vorgesehen hatte. Er flog wieder nach Kalifornien und bekam schließlich einen Anruf von einem Astronauten der NASA. Er teilte Rick umsichtig mit, dass er nicht zum Weltraumprogramm zugelassen war, ermutigte ihn aber es wieder zu versuchen. Auch Pat wurde nicht zugelassen.

Rick war enttäuscht, aber er hielt sich nicht lange damit auf. Mehr als ein Jahr später sollte er auf diese Vorstellung zurückblicken und erkennen, dass nichts in unserem Leben zufällig passiert; Gott hat Gründe, Menschen in unser Leben treten und wieder daraus verschwinden zu lassen.

»Ich wusste genau, dass Rick es irgendwann schaffen würde«, sagt Pat. »Er gehörte zu den fleißigsten und entschlossensten Menschen, die ich kenne. Er war fest davon überzeugt, dass man umso besser wird, je mehr man sich bemüht. Eine ganze Menge Leute dachten, alles wäre auch so schon gut, Rick jedoch nicht. Er versuchte immer besser zu werden und besser zu sein und er hatte erstaunlichen Einfluss auf die Menschen in seinem Umfeld. Er war uns ein Vorbild und wir wollten auch besser werden, nicht nur als militärische Führer, sondern auch als Menschen. Er war ein Vorbild für andere und ich war mir sicher, die NASA würde das irgendwann erkennen.« Aber für Rick schien »irgendwann« noch sehr weit weg zu sein.

---

Nach Lauras Geburt wurde mein Wunsch, Gott näher zu kommen, noch größer. Sobald man ein Baby hat, fängt man an zu verstehen, wie Gott uns liebt: vollkommen bedingungslos. Laura war mein Kind und ich liebte sie unabhängig von dem, was sie tat. Ich wusste, dass Gott mich genauso liebt, mit einer unbeschreiblichen Liebe, und dass diese Liebe echt und stark ist. Die Bibel wurde für mich zu einem praktischen Werkzeug für jeden Tag.

Im Sommer 1991 lernte ich durch das Bibellesen mehr als je zuvor und jeden Tag erzählte ich Rick, was ich Neues herausgefunden hatte. Aber er zeigte nie eine Reaktion; er wollte nicht wirklich darüber reden. Eines Tages erzählte ich ihm etwas und erhielt darauf wieder keine Reaktion. Das enttäuschte mich, denn ich bekam zum ersten Mal in meinem Leben Kraft und Freude aus der Beziehung, die ich mit Gott aufbaute. Ich wünschte mir, dass Rick an dieser Freude teilnahm.

»Was ist denn nur los, Rick?«, fragte ich. »Ich erzähle dir immer, was mich bewegt, aber du tust, als ob es dich nicht interessiert. Was ist passiert?« Sein Gesichtsausdruck veränderte sich und ich merkte, dass etwas ihn schwer belastete. Laura war damals acht Monate alt und war schon im Bett. Ich schenkte Rick meine volle Aufmerksamkeit.

»Evelyn«, sagte er. Seine Stimme war ruhig. Er schaute mich an und ich sah, dass ihn etwas Ernsthaftes beschäftigte.

»Was ist?«, fragte ich und umarmte ihn.

Rick fing an einiges zu erklären, was er mir jahrelang verschwiegen hatte, Dinge, die er in sich vergraben und gehofft hatte, sie würden einfach verschwinden oder sich von selbst erledigen.

»Warum sagst du mir das alles jetzt?«

Sein Gesichtsausdruck war finster. »Wegen der Predigten, die wir in der Kirche gehört haben.«

Dave Prather, unser Pfarrer an der *Central Christian Church* in Lancaster, hatte zwei Wochen lang darüber gepredigt, wie man Schuld ablegen kann und dass Satan Geheimnisse in unserem Leben benutzt, um uns vom geistlichen Wachstum abzuhalten und uns so an unsere Vergangenheit fesselt. Genau das hatte Satan mit Rick getan. Er hatte Rick eingeredet, es gäbe Lügen, die zu groß seien, als dass sie wieder in Ordnung gebracht werden könnten, und daher war Rick sehr unglücklich. Er war an seine Vergangenheit gebunden, aber er hatte gedacht, das Schuldgefühl käme von Gott; er hatte nicht erkannt, dass der Teufel das Schuldgefühl immer wieder weckte. Nach diesen Predigten tat Gott etwas Entscheidendes an Rick und er erkannte, dass er mir mitteilen musste, was ihn belastete.

In derselben Zeit hatte Gott mich geistlich so stark gemacht, dass ich mit der Information umgehen konnte, und als Rick es mir sagte, war meine erste Reaktion, mich in Gottes Hände fallen zu lassen. Ich bin dankbar, dass meine Beziehung zu Gott zu diesem Zeitpunkt stärker war als je vorher, denn dadurch hatte ich die Kraft, Rick zu helfen, ihn von dem Sockel herunterzuholen, auf dem ich ihn jahrelang gehalten hatte, und Gott an diese Stelle zu setzen. Anders gesagt, ich setzte Gott an die erste Stelle in meinem Leben und nicht Rick. Man sollte einen Menschen nie dem Druck aussetzen, versuchen zu müssen, auf dem Sockel zu bleiben, auf den andere ihn gestellt haben; das sind unerfüllbare Erwartungen. Ich liebte und bewunderte Rick sehr, aber ich merkte, dass ich Gott den ersten Platz einräumen musste. Dasselbe musste auch Rick lernen.

Rick schrieb in sein Tagebuch:

*Umstände und Entscheidungen: Unsere Sünden fordern irgendwann ihren Lohn. Unser Leben gerät aus den Fugen und unser Schiffchen bekommt Risse und zerbricht am Ende. Wie viele von uns finden es schlimmer, eine Vase mit einem Hammer zu zerschlagen, als ihr Leben durch ihre eigenen Entscheidungen zu ruinieren?*

Ende der 90er-Jahre bat eine Gemeinde Rick, sein Zeugnis zu geben, und er gab ihm die Überschrift: »Der Teufel liebt Geheimnisse.« Er sprach darüber, dass wir von klein auf kleine Dinge geheim halten, wenn wir nicht wollen, dass unsere Eltern oder Freunde sie wissen, und wenn wir größer werden, haben wir immer noch Geheimnisse – jetzt aber größere. Rick war von klein auf in einer Gemeinde gewesen und war in jedermanns Augen (sogar in seinen eigenen) ein guter Mensch gewesen, ein rundum großartiger Mensch, den alle liebten, aber er hatte nicht gewusst, was es heißt, eine Beziehung zu Christus zu haben. Rick hatte Jesus gebeten in sein Leben zu kommen, als er im College war, aber er hatte es geheim gehalten aus Angst, was die Leute wohl denken mochten. Als wir heirateten, verschwieg er mir manches, aber in seinem Zeugnis sagte Rick: »Gott hat an mir gearbeitet. Er war sehr geduldig.« Satan liebt es, wenn wir Belastungen mit uns herumtragen, weil es uns daran hindert, Gott nahe zu kommen. Er redet uns ein, wir seien nichts wert oder Gott könne uns nicht annehmen, aber das ist eine Lüge. Das lernte Rick jetzt.

In sein Tagebuch schrieb Rick:

*Viele Leute fühlen sich unbrauchbar, obwohl es gar nicht nötig ist.*

Rick sah, dass die Belastung, an der er immer noch trug, das Gefühl der Unbrauchbarkeit in ihm verursachte, aber er erkannte auch, dass Gott sehr viel mehr für ihn wollte – und für uns beide. Satan und nicht Gott wollte, dass er sich klein und wertlos vorkam. Gott wollte Rick aufrichten und ihm Gutes tun – uns beiden Gutes tun. Rick erkannte, wenn er Gott näher kommen wollte, würde er sein Denken ändern müssen – diese Gedanken, die Satan ihm in all den Jahren so leicht hatte einreden können.

Wir sprachen mit Pfarrer Prather und er riet uns, uns mit Menschen zusammenzutun, die unser geistliches Wachstum unterstützten und überwachten. Rick fing sofort an, die Bibel auf ganz neue Art zu erforschen. Er war entschlossen, dieses

Mal Gott ganz nahe zu kommen. Wir besprachen das alles mit einem anderen Ehepaar und der Mann las mit Rick ein Buch von Steven Farrar mit dem Titel *Point Man. Point man* ist ein militärischer Begriff für eine kleine Truppe auf Patrouille: Ein Mann ist »on point«, er hat die Führung. Diese Person muss Gefahren oder Hinterhalte zuerst erkennen und das ist auch die gefährlichste Aufgabe. Das Buch erklärt, wie man in der Familie die geistliche Führung wahrnehmen, eben »point man« sein kann. Es spielte für Ricks geistlichen Weg eine große Rolle und half ihm, sein Leben zu verändern. Er lernte jetzt, was es heißt Gott zu gehören und dass das mehr ist als zur Kirche zu gehen und gut und freundlich zu sein. Es gehört eine enge Beziehung dazu und eine Beziehung erfordert immer, dass man sich einander mitteilt und den anderen besser kennen lernt. Rick las intensiv die Bibel, und je mehr er darin las, umso dankbarer wurde er. Als er die Größe dessen erkannte, was Jesus für ihn hatte, wollte er selbst aktiv werden und für Gott arbeiten, wo er nur konnte.

Er schrieb in sein Tagebuch:

*Wenn wir Gott nahe kommen wollen, muss es Bewegung geben. Wir müssen uns zu Gott hin bewegen. Nichts ist vergleichbar mit der Gegenwart Gottes.*

Rick erlebte eine nie gekannte Freiheit und man merkte es ihm an.

»Rick kam zu dem Punkt, an dem er anfing, einen wirklich starken Glauben zu entwickeln«, sagt Pat Daily. »Er machte eine Zeit der Selbstprüfung durch, die ihn zur Bibel führte. Es war ein kontinuierliches Weitergehen auf einem Weg, auf dem er jeden Tag stärker wurde.«

Dieser Sommer 1991 wurde für Rick eine entscheidende Zeit. Er wollte nicht mehr in der Wüste umherirren. Er wollte in eine Liebesbeziehung zu dem Gott eintreten, der ihm immer noch nachging, dem Gott, der ihn nicht einfach abhauen ließ, der ihn liebte, ganz gleich, was er tat, und diesem Gott wollte er sich ganz hingeben. Aber er ahnte nicht, dass Gott ihn zu diesem Zweck über das Meer schicken würde.

4

# Glaubensschritt

Gott lässt uns Druck aushalten, mit dem wir selbst nicht fertig werden – damit wir merken, dass wir nicht ohne ihn leben können.

Aus Ricks Tagebuch

DIE US-LUFTWAFFE hat seit langem ein Abkommen mit der britischen Royal Air Force, dass immer ein britischer Testpilot drei Jahre auf der Luftwaffenbasis *Edwards* in Kalifornien arbeitet und ein Pilot der US-Luftwaffe zur damals so genannten Flugzeug- und Waffenprüfanstalt in Boscombe Down, Wiltshire, in England geht. Wiltshire liegt etwa 130 Kilometer westlich von London und wir sollten bald merken, dass es ein wunderbarer englischer Landstrich ist, wo es sich gut wohnen lässt. Die Austauschprogramme sind sehr beliebt und bieten die Möglichkeit, die Organisation und die Flugsysteme von Bündnispartnern kennen zu lernen. 1992 wurde Rick ausgewählt, als einziger Testpilot der USA nach England zu gehen.

»Ich bin als Austausch-Testpilot für England ausgewählt worden«, sagte Rick eines Tages.

Ich wusste, dass das eine Ehre war. Ich unterbrach meine Arbeit und umarmte ihn. »Herzlichen Glückwunsch«, sagte ich. »Ich weiß, dass das eine große Ehre für dich ist.«

Er deutete an, dass ich mich setzen solle und hielt meine Hand fest. »Das wird eine wunderbare Möglichkeit für uns, Evey«, sagte er. »Ich weiß schon, dass Gott erstaunliche Dinge mit uns tun wird.«

Ich lächelte. Gott tat jetzt schon erstaunliche Dinge mit Rick.

Im Juni sollten wir aus der Wüste nach Boscombe Down aufbrechen. Ich war gespannt darauf, an einem neuen Ort zu leben, aber ich war auch traurig. Es fiel mir schwer von den Freunden und der Kirche wegzuziehen, die wir lieben gelernt hatten. Aber es schien mir, als ob Gott sagte: »All das brauchst du nicht, Evelyn. Du hast doch mich.« Er zeigte mir, dass er für alles sorgen würde, was gut für mich wäre, wenn ich mich nur auf ihn verlassen wollte. Dies war nicht nur ein Auftrag der US-Luftwaffe; dies war ein Auftrag von Gott.

Jeden Tag zeigte Gott mir mehr, wie ich vergeben kann, und Rick freute sich an der neuen Freiheit, die Christus ihm gegeben hatte; er lernte mehr und mehr über Gottes Freundlichkeit und Vergebung. Er übernahm auch zum ersten Mal die Aufgabe, unsere Familie geistlich zu leiten, und betete mit mir für Laura und für unser gemeinsames Leben. Rückblickend weiß ich: Wäre Rick früher für das Weltraumprogramm zugelassen worden, hätte uns das einen strikten Lebensstil aufgezwungen, der uns nicht so viel Zeit für gemeinsame Gespräche und Heilung gelassen hätte. Das wusste Gott. Er wusste, dass wir drei Jahre in England sein mussten, weit weg von unserer vertrauten Umgebung, Familie und Freunden, um wachsen zu können.

Rick war enttäuscht, dass er es nicht ins Weltraumprogramm geschafft hatte, aber jetzt hatte er es Gott überlassen. Er lernte jetzt ganz praktisch, was es heißt, sich in den Willen Gottes zu begeben.

Er schrieb in sein Tagebuch:

*Endlich bin ich dahin gekommen, Gottes Willen wichtiger zu nehmen als meinen Wunsch, Astronaut zu werden. Damit ich nicht falsch verstanden werde: Ich wünsche mir immer noch sehr, Astronaut zu werden, aber nur, wenn Gott es will. Ich wünschte, ich hätte das schon früher getan, aber besser spät als nie.*

»Ich möchte nicht mehr alles einfach so machen, wie es mir gefällt«, sagte Rick eines Tages vor dem Umzug zu mir. »Ich will es jetzt so machen, wie Gott es will.«

»Gott hat etwas Wunderbares für dich, Rick«, sagte ich. »Bedenk nur, was er bisher schon in deinem Leben bewirkt hat.

Und was er jetzt für uns tut.« Gott leitete mich jeden Tag und half mir, Rick auf eine ganz neue Art zu lieben. In dieser Zeit war er sehr gnädig mit uns.

»Wenn ich Astronaut würde und dich oder Laura verlieren würde«, sagte er, »wäre es das nicht wert. Und ich weiß, wenn ich alles selbst bestimmt hätte und Astronaut geworden wäre, hätte ich euch sehr leicht verlieren können.« Es war nicht mehr Ricks größter Wunsch Astronaut zu werden. Seine Liebe zu Gott und zu uns war ihm wichtiger als sein Traum, durch den Weltraum zu fliegen.

---

Bevor wir nach England flogen, kam Ricks Vater mit dem Flugzeug nach Kalifornien, damit sie den Camaro wieder nach Texas fahren konnten; seine Eltern wollten ihn für uns hüten. Die Fahrt dauerte drei Tage und Rick freute sich sehr, diese Zeit mit Doug zu haben.

»Ich dachte, ich würde Jesus kennen«, sagte Rick auf der Fahrt zu seinem Vater, »aber es stimmte nicht. Ich wusste, dass er Gottes Sohn ist, und das war mir immer genug, aber er ist sehr viel mehr, das weiß ich jetzt. Ich habe gemerkt, dass es nicht reicht, zu glauben, dass er Gottes Sohn ist. Ich muss *an* ihn glauben, dass er real und lebendig ist. Erst jetzt habe ich eine Beziehung zu Jesus, Papa, und sie ist nicht nur abstrakt. Ich erlebe und fühle sie.«

Rick genoss diese Fahrt mit seinem Vater. Seit er bei der Luftwaffe gewesen war, hatte er nicht viel Zeit allein mit seinem Vater gehabt. Er hörte nicht auf, immer wieder zu sagen, wie dankbar er sei, drei Tage allein mit seinem Vater im Auto sein zu können.

Laura und ich flogen nach Amarillo, und als Rick und Doug auch ankamen, feierten wir den 39. Hochzeitstag von Ricks Eltern. Wir beschlossen, uns als Familie Zeit füreinander zu nehmen und luden meine Eltern zum Lake Meredith in Texas ein, nördlich von Amarillo. Doug hatte nahe am See selbst eine Hütte gebaut und Rick hatte im Lauf der Zeit immer wieder daran mitgeholfen. Wir erlebten eine herrliche Zeit und verabschiedeten uns schließlich unter vielen Tränen.

Im Juni 1992 flogen wir nach England und zogen in ein Haus, das 84 Quadratmeter groß und von außen beige gestrichen war. Zugegeben, das größte Haus, in dem wir bisher gewohnt hatten, war 111 Quadratmeter groß und das ist auch nicht groß, aber 84 Quadratmeter erschienen uns winzig! Wir dekorierten es wie immer mit bunten Vorhängen. Es sollte eine ganze Weile dauern, bis unsere Haushaltseinrichtung mit dem Schiff ankam; bis dahin benutzten wir also die funktionalen Möbel von der britischen Luftwaffe. Jemand lieh uns einen kleinen Schwarzweiß-Fernsehapparat, und wenn wir die Antenne genau richtig platzierten und in der richtigen Haltung am richtigen Platz saßen, konnten wir Wimbledon sehen. Leider fiel oft mitten in einem entscheidenden Spiel das Bild aus und wir mussten uns verbiegen und verrenken, damit es wieder erschien. Aber dann war es zu spät und wir hatten das Wichtigste verpasst.

Ich fühlte mich in England sehr allein und fehl am Platz. Alles war so anders und ungewohnt: Unsere Elektrogeräte mussten an Transformatoren angeschlossen werden, ich musste zu Fuß in ein nahe gelegenes Dorf gehen, um Obst und Gemüse zu kaufen, und wir mussten unsere Ortsgespräche bezahlen! Und ich konnte nicht herausfinden, wie ich meine Mutter in Amerika von einer Telefonzelle aus anrufen konnte! Auch an das Essen mussten wir uns erst gewöhnen. Es war ein bisschen fade, aber andererseits war einer unserer Lieblingsorte in Texas ein Schnellrestaurant namens Whataburger, in dem man jedes Gramm Fett riechen konnte. Die Sonne ging hier im Sommer um 23 Uhr unter und um 4 Uhr wieder auf; zu dieser Uhrzeit erklärte Laura dann laut: »Es ist ein schöner Tag.«

Ich rief regelmäßig: »Nein, noch nicht! Schlaf wieder ein!« Daran gewöhnte ich mich mit am schwersten. Gott sei Dank, bei Sears gab es Verdunkelungsrollos und wir bekamen eines zugeschickt, bevor der Sommer vorbei war.

Rick war unsicher, was er beruflich zu erwarten hatte, außer dass er für die Luftwaffe Testflüge durchführen sollte. Nach unserer Ankunft erfuhr er, dass er einer Abteilung zugeteilt würde, die *Fixed Wing Test Squadron* (Starrflügler-Teststaffel – FWTS) hieß. Es war eine ungewöhnliche Mischung, eine Mannschaft wie aus der Arche Noah: zwei Tornadopiloten, zwei Buccaneer-Piloten, zwei Tornado-Steuerleute, zwei Hercules-Flugingenieure und so weiter. Der Kommandeur der Staffel war Oberstleutnant Nigel Wood; er war vorher Austauschpilot in *Edwards* gewesen und vor ein paar Jahren als der erste Brite ausgewählt worden, der ins All fliegen sollte. Er war zum Training nach Houston geflogen, aber dann war das *Challenger*-Unglück passiert und damit hatte er keine Chance mehr in den Weltraum zu gelangen.

Im Haus eines Nachbarn gab es uns zu Ehren einen Empfang; damit begrüßten die Mitglieder der britischen Luftwaffe den Austauschoffizier. Ricks Vorgänger hatte ein Flugzeug durch einen Unfall zerstört, daher waren alle recht gespannt auf den Neuen. Wir lernten ein Ehepaar namens Angus und Carole Hogg kennen, und von da an fühlten Rick und ich uns nicht mehr so unbehaglich in England. Angus und Carole kamen beide aus Glasgow in Schottland, sprachen also einen waschechten schottischen Dialekt. Das Problem war, dass ich kein Wort von dem, was sie sagten, verstehen konnte. Ich sah, wie ihr Mund sich bewegte, aber ich dachte: *Was in aller Welt sagen sie bloß?*

»Did ya av a fen treep ova?«, fragte Angus.

Ich versuchte zu rekonstruieren, was er sagte, aber es gelang mir nicht.

»Ob wir eine gute Reise gehabt haben?«, übersetzte Rick und nickte mir zu.

»Ja«, sagte ich laut, »es war wirklich sehr schön!«

»And yur mecking yur adjoostments, then?«

Ich sah ihn verständnislos an. Wie konnten diese Leute sich überhaupt gegenseitig verstehen?

»Und gewöhnen Sie sich gut ein?«, sagte Rick und nickte wieder.

»Ja! Ich gewöhne mich sehr gut ein«, sagte ich noch lauter. Einige Monate lang versuchte ich ihre Lippen zu lesen, bevor ich überhaupt mal etwas verstand. Aber Angus und Carole waren sehr geduldig.

Angus war ein großer, kräftiger Schotte, der immer lächelte, und er und Carole waren ganz natürlich. Sie waren ehrlich und warmherzig und wir fanden heraus, dass sie wie wir an Christus glaubten. Von diesem Abend an wussten wir, dass Angus und Carole gute Freunde sein würden. Rick mochte Angus an diesem Abend auf Anhieb und ich kann mir nicht vorstellen, dass jemand sich mit Angus nicht versteht; wie Rick hat er eine unglaubliche Begabung dafür zu sorgen, dass Menschen sich wohl fühlen. Es gibt bei ihm keine Spur von Überheblichkeit.

»Rick war sehr gutmütig und lustig«, sagt Angus. »Er hatte einen wunderbaren Humor und war sehr rücksichtsvoll. Ich weiß noch, wie er nach unserer Familie fragte. Er konnte ausgezeichnet zuhören. Testpiloten sind gewöhnlich sehr energisch und kein bisschen zurückhaltend, aber er war genau das Gegenteil. Bei Rick gab es keine Heldenpose. Ich wusste sofort, dass man gut mit ihm auskommen konnte.«

Mein Vater hatte eine absurde Bemerkung, die er immer wieder anbrachte, schon seit der Zeit, als Rick und ich noch befreundet waren, und Rick übernahm sie, weil er sie lustig fand. Am Anfang unsrer Ehe pflegte Rick öfter zu sagen: »Ich fühle mich mehr wie jetzt als vorhin, als ich ankam.« Das verwirrte die Leute gewöhnlich und das aus gutem Grund: Es ergibt keinen Sinn. Er sagte das ganz ernst und ich sah, wie bei den anderen die Gedanken arbeiteten, wenn sie versuchten die Bedeutung zu erkennen. Als Rick das in England zum ersten Mal sagte, waren die Briten sehr höflich, aber als ich ihren Gesichtsausdruck sah, wusste ich, dass sie es als eine von diesen seltsamen amerikanischen Redensarten einordneten. Angus fand es zum Schreien komisch, aber er und Rick konnten sich immer sehr leicht zum Lachen bringen.

Bevor Rick zur FWTS-Staffel stieß, musste er lernen die Flugzeuge der britischen Luftwaffe zu fliegen; er belegte also einen Tiefflieger- und Taktikkurs bei der Einheit für taktische Waffen am Luftwaffenstützpunkt *Chivenor* in Devon, der im südwestlichen Teil Englands liegt. Tieffliegen ist eine Taktik, die man benutzt, um feindliche Luftabwehr wie Radargeräte zu »unterfliegen«. In niedrigen Höhen (100 Meter oder noch weniger bei Geschwindigkeiten um 1000 km/h) ist diese Flugtechnik außerordentlich anstrengend und gefährlich, denn die Piloten können sehr leicht von Handfeuerwaffen getroffen werden. Dort lernte Rick das zweisitzige *Hawk*-Ausbildungsflugzeug fliegen, das britische Gegenstück zur T-38. Ein großer Teil der Übungen schloss Manöver im Tiefflug (etwa 80 Meter über dem Boden) über England und Wales ein. Rick hatte viel Freude daran, merkte aber, dass die Schwierigkeit beim Fliegen über England das Wetter ist. Tagelanger Regen, tief hängende Wolken, schlechte Sicht und Berge machen das Tieffliegen sehr anstrengend.

Als Rick die Grundlagen des Fliegens für die britische Luftwaffe gelernt hatte, schickte man ihn zum *Trinational Tornado Training Establishment* in Cottesmore in Leicestershire, um den Tornado GR1 fliegen zu lernen, eine zweisitzige, bei jedem Wetter einsetzbare Maschine zum Angriff auf Bodenziele, die die Briten, Deutschen und Italiener flogen. Nach intensivem Training kam Rick nach Boscombe Down zurück, um mit der Staffel zu fliegen und seine Arbeit zu beginnen: Flugsysteme und Waffen in Flugzeugen wie dem Buccaneer, dem Tornado GR1, dem Tornado GR4 und mehreren anderen Maschinen zu testen.

Rick zog jeden Morgen einen wasserdichten Anzug über seine Uniform wegen des vielen Regens. Ich öffnete dann das Fenster, Laura schrie: »Tschüss, Papa!«, und wir schauten ihm nach, wie er im Nieselregen mit dem Fahrrad zur Arbeit fuhr. Von Zeit zu Zeit flog er mit einem lauten, leuchtend gelben Flugzeug, das einen Kolbenmotor hatte und *Harvard* hieß, über unser Haus. Wenn ich das hörte, schnappte ich mir Laura und lief in den Garten.

»Da kommt Papa«, sagte ich dann. Laura hob das Köpfchen, schaute hinauf und sah, wie Rick das Flugzeug sichtbar nach rechts und links kippte. Sobald sie das knallgelbe Flugzeug sah, sprang sie auf und ab, winkte und quietschte vor Vergnügen. Sie fand es großartig zu wissen, dass ihr Papa da am Himmel war. Von den Dutzenden von Flugzeugfotos, die wir besitzen, ist mein allerliebstes ein Bild von Rick, wie er die *Harvard* über die Kathedrale von Salisbury fliegt. Das bekam er geschenkt, als wir England verließen, und er hängte es direkt vor sich über seinen Schreibtisch bei der NASA.

In England kam Rick in seinem geistlichen Leben stetig voran. Er forschte weiter in der Bibel und besprach seine Erlebnisse mit Angus. »Da ging ihm etwas auf«, sagt Angus, »er merkte, dass seinem geistlichen Leben die Kraft fehlte; es war noch unsicher.«

Rick bemühte sich sehr, eine enge Beziehung zu Gott aufzubauen. Die meiste Zeit seines Lebens hatte er Gott in eine Schublade gepackt, auf der stand »liebevoll und gut«, wie man es in der Sonntagsschule lernt, aber jetzt wollte er darüber hinauskommen, alle stereotypen Vorstellungen von Gott ablegen und sein wahres Wesen entdecken.

Rick schrieb in sein Tagebuch:

*Sei nicht zufrieden mit Techniken, Formen und Traditionen. Pflege eine Herzensbeziehung zu Gott.*

Rick und Angus flogen ziemlich oft zusammen; auf den Flügen war Angus Ricks Navigator, das entspricht dem amerikanischen Wizzo (Offizier für Waffensysteme). Manchmal verließen sie die Staffel für mehrere Tage und flogen nach West Freugh, einer Testflugbasis irgendwo im Niemandsland in der Nähe der Südwestküste Schottlands. Sie flogen »flair« (einen britischen Test), Auftankmanöver in der Luft und viele Tiefflüge, um die Systeme und Instrumente verschiedener Flugzeuge zu testen. Weil sie bei der Staffel und in der Luft viel Zeit miteinander verbrachten, fasste Rick Vertrauen zu Angus und erzählte ihm auch von seinen Ängsten, Träumen und seinem geistlichen Leben. »Es gab keine Mauer zwischen uns«, sagt Angus.

»Angus«, sagte Rick eines Tages, »ich muss dir alles erzählen, was Evelyn und ich in den letzten paar Jahren erlebt haben, weil ich Offenheit und Korrektur brauche.« In der nächsten Stunde berichtete Rick Angus von dem »Gepäck«, das er jahrelang herumgeschleppt hatte.

»Rick«, sagte Angus, »wir haben einen wunderbaren Gott, der vergibt, und ich weiß, dass Gott sich wünscht, dich innerlich zu heilen.« Rick nickte. Er wusste, dass das stimmte, aber es war doch schön, es von Angus zu hören. »Viele Menschen in der Bibel mussten die Folgen für ihre sündhaften Entscheidungen tragen, aber wenn sie umkehrten, hat Gott sie wieder aufgerichtet und ihnen viel anvertraut.« Angus beugte sich zu Rick, damit er ihn auch sicher hörte. »Ich glaube, dass Gott dir ganz vergeben und auch dir viel anvertrauen will.«

Rick erkannte sofort, wie Gott durch diesen neuen Freund für ihn sorgte. Er konnte ohne Angst, ausgelacht oder abgelehnt zu werden, über seine tiefsten geistlichen Gedanken sprechen. Das war gegenseitig: Auch Angus hatte keinerlei Scheu alles mit Rick zu besprechen.

»Rick war unglaublich offen und sprach über die intimsten Details«, sagt Angus. »Er sagte ganz ehrlich, was er gerade fühlte. Dieser verletzte Mensch war sehr wahrhaftig und man spürte, dass er sich wirklich wünschte, näher zu Gott zu kommen. Ich fühlte mich geehrt, dass er so persönliche Dinge mit mir besprechen konnte. Wir konnten uns auf jeder Ebene verständigen; in unseren Gesprächen wurde nichts ausgeklammert. Das war einer der Bausteine in unserer sehr engen Freundschaft. Man findet selten einen Menschen, dem man sich so rückhaltlos mitteilen kann. Wir waren christliche Brüder und wurden Seelenfreunde.« Jemand hat einmal gesagt, wenn wir am Lebensende zwei oder drei wirklich gute Freunde hätten, könnten wir glücklich sein; solche Freunde waren Angus und Rick füreinander.

Während sich Angus' und Ricks Freundschaft festigte, war ich viel mit Carole zusammen. Angus' und Caroles Kinder Douglas und Alison spielten mit Laura, und Carole beriet mich feinfühlig und liebevoll in meinen Schwierigkeiten. Sie weckte mein Verständnis für Vergebung und zeigte mir, wie man Gott durch Gebet alles anvertrauen kann. Sie lehrte mich, meine Gedanken mit Gottes Worten zu füllen statt mit meinen eigenen und mich immer, wenn ich Angst hatte oder aufgeregt war, auf diese Worte zu verlassen. Sie betete mit mir, wie Angus mit Rick betete. Das Zusammensein mit diesen Freunden, die uns um unserer selbst willen liebten, war unglaublich hilfreich. Es gab keine Fassaden; alles Trennende war verschwunden. Es war ein großes Geschenk, eine so tiefe Freundschaft zu haben, und ab und zu erinnerten Rick und ich uns gegenseitig, dass wir nicht ohne Grund nach England geschickt worden waren.

»Hier passiert mehr als nur ein Austauschprogramm für Offiziere«, sagte Rick eines Abends, als wir im Bett lagen. »Gott hat hier etwas mit uns vor.«

»Ich weiß«, sagte ich und schaute ihn an. Darüber hatten wir schon mehrmals gesprochen.

»Er arbeitet *immer* an uns, Evey. Immer! Ich frage mich nur, wie oft ich das im Lauf meines Lebens gar nicht wahrgenommen habe.«

Ich nahm seine Hand. »Jetzt sehen wir es, Rick«, sagte ich. »Wir sehen es und erleben, wie aufregend es ist, nach Gottes Willen zu leben.«

Er beugte sich zu mir und gab mir einen Gutenachtkuss und wir schliefen ein. Man schläft unglaublich gut, wenn man Gott ohne jeden Vorbehalt folgt.

---

Unsere Ehe blühte in England auf. Rick und ich entwickelten beide eine stabilere Beziehung zu Gott und lernten eine noch stärkere Liebe füreinander zu entwickeln. Ich hatte eine tiefere Liebe zwischen uns nie für möglich gehalten, weil wir uns schon so sehr liebten, aber Gott hat uns eine solche Liebe geschenkt. Es ist die Art Liebe, die zu Opfern bereit ist, ganz gleich, was es kostet, und die automatisch zuerst an die Bedürfnisse des anderen denkt.

Rick fing an – nicht vollkommen, aber so wie nie zuvor –, sich nach dem Vers im Philipperbrief zu richten, der lautet: »Seid nicht selbstsüchtig; strebt nicht danach, einen guten Eindruck auf andere zu machen, sondern seid bescheiden und achtet die anderen höher als euch selbst« (Phil 2, 3). Wir beide fingen an eine Dimension der Ehe zu erleben, die wir nie gekannt hatten: Wir stellten Gott in die Mitte und alles andere rückte an den richtigen Platz.

»Ricks Ehe und sein geistliches Leben erlangten neue Frische«, sagt Angus. »Seine Zeit in England war eine Zeit, in der er viel nachdachte. Er befand sich fernab der amerikanischen Mainstream-Kultur an einem ruhigen Ort und er fing an sehr diszipliniert mit Gott zu leben und sich auf das Wichtigste zu konzentrieren: seine Familie. Er wurde sehr dankbar für sein Leben. Er war entschlossen Gott zu ehren und ein ehrlicherer Christ zu werden.«

In sein Tagebuch schrieb Rick:

*Unsere Gesellschaft bietet massenhaft schnelle Rezepte an, um unser Leben wieder heil zu machen. Aber nur der vollkommene Töpfer Jesus kann unser Leben wirklich in Ordnung bringen.*

Rick ließ Jesus jetzt jeden Tag – Schritt für Schritt – sein Leben in Ordnung bringen. Er lernte, Gott über seine berufliche Laufbahn und seinen Traum, Astronaut zu werden, entscheiden zu lassen. Er hatte schon früh den Kurs festgelegt, auf dem er Astronaut werden konnte, und war diesem Plan konsequent gefolgt, aber jetzt sah er, dass es *sein* Plan war, nicht Gottes Plan. Er wusste jetzt, wenn Gott wollte, dass er Astronaut würde, dann musste es zu Gottes Zeit und auf seine Art dazu kommen.

---

Während wir in England waren, bekamen wir die Nachricht, dass es Ricks Vater nicht gut ging. Er hatte zwei Jahre zuvor eine Operation am offenen Herzen gehabt und alles war gut gegangen; sein Herz war gesund, aber aus irgendeinem Grund fühlte sich Doug nie wieder richtig gut. Er ließ sich untersuchen, aber die Ärzte konnten nichts finden. Rick war besorgt. Er liebte seine Eltern sehr und es störte ihn, dass er so weit weg war, als sein Vater krank war. Am 5. Oktober, Lauras Geburtstag, wurde Doug ins Krankenhaus eingeliefert. Nach 20 Tagen wussten die Ärzte keinen Rat mehr; sie konnten die Ursache nicht finden. Als Dougs Befinden schlechter wurde, verlegten ihn die Ärzte in ein anderes Krankenhaus und da fand man heraus, dass er Nierenkrebs hatte.

»Ich sagte den Ärzten, dass ich einen Sohn in England hätte«, sagt Jane, »und sie sagten mir, ich solle ihn sofort zurückrufen.«

Dougs Diagnose wurde an einem Sonntag gestellt und mit Hilfe des Roten Kreuzes konnten wir sofort ausfliegen. Rick war außer sich; er liebte seinen Vater sehr und dieser Befund kam aus heiterem Himmel. Monatelang hatten die Ärzte nichts gefunden und jetzt dies. Es war verheerend.

»Ich kann es nicht glauben«, sagte Rick im Flugzeug zu mir. »Ich kann nicht glauben, dass mein Papa stirbt.« Seine Stimme klang schwach. »Ich will ihn sehen, Evey. Ich will so lange wie möglich bei ihm sein.« Er unterbrach sich und sah mich an. »Ich will mich nicht von Papa verabschieden müssen.« Er wischte sich Tränen aus den Augen und ich fasste seine Hand. »Ich habe ihn so lieb. Ich bin so dankbar für die Autofahrt nach Amarillo im letzten Sommer.«

»Er weiß, dass du ihn liebst, Rick.« Er nickte. »Er weiß, wie lieb du ihn hast und auch Keith, ihr beide.«

»Er hat immer an uns geglaubt«, sagte Rick. »Er hat mir immer den Glauben gegeben, dass ich werden kann, was immer ich will.« Wieder wischte er Tränen ab und lehnte den Kopf an das Polster. Ich drückte Laura an mich, die auf meinem Schoß saß, und küsste sie. »Ich will für Laura ein guter Vater sein. Sie soll wissen, dass sie mit Gottes Hilfe alles tun kann, was sie will, und sie soll immer wissen, dass ich an sie glaube.« Er beugte sich herunter und küsste Laura. »Dein Papi hat dich so lieb«, sagte er und küsste sie auf den Kopf. Er schloss die Augen und hielt Lauras Hand fest und ich betete darum, dass wir rechtzeitig ankamen und er sich von Doug verabschieden konnte. Der Flug schien ewig zu dauern. Würden wir jemals in Texas ankommen?

Nach der Landung fuhren wir sofort ins Krankenhaus. Als wir ins Krankenzimmer kamen, sah ich schon, dass Doug schwächer geworden war und sich nicht gut fühlte, aber als er Rick sah, hellte sich sein Gesicht sofort auf.

Rick beugte sich hinunter und umarmte ihn. »Ich habe dich lieb, Papa«, sagte er.

Doug lächelte und ich sah Tränen in seinen Augen. Er streichelte Ricks Hand. »Ich bin wirklich stolz auf dich, Rick. Ich bin so froh, dass du hier bist.« Ich sah, wie Ricks Haltung sich lockerte; es gab kein größeres Lob als diese Worte von seinem geliebten Vater.

»Du bist ein wunderbarer Vater«, sagte Rick. »Ohne deine Liebe und Unterstützung hätte ich nichts tun können.«

Doug winkte Rick näher zu kommen. Er wollte ihm etwas sagen. »Du sollst wissen, dass ich Frieden mit Gott gemacht habe«, sagte er und hielt Ricks Hand. Rick umfasste mit seiner anderen Hand die Hand seines Vaters. »Ich trauere um nichts in diesem Leben«, sagte er, »außer einer Sache.« Er schaute die zweijährige Laura auf meinem Arm an. »Ich kann Laura nicht aufwachsen sehen. Dafür würde ich alles geben.«

Ich weiß, dass es Rick sehr wehtat, das zu hören. Noch ehe wir Kinder hatten, hatte er einmal gesagt, er glaube, dass sein Vater ein fantastischer Großvater für unsere Kinder wäre, und hatte sich darauf gefreut, dass unsere Kinder eines Tages Zeit mit ihm und Jane in Amarillo verbringen würden. Jetzt würde unsere Tochter ihn nie kennen lernen.

Wir sprachen mit Doug, solange es ging, und sagten ihm, wie sehr wir ihn liebten. Es war schön und traurig, denn wir alle warteten auf das Unvermeidliche, aber Rick nutzte die Zeit, um seinem Vater zu sagen, wie viel er ihm immer bedeutet hatte. Als klar wurde, dass Dougs Aufnahmefähigkeit nachließ, sagte Rick ihm, er könne alles loslassen.

»Es ist gut, Papa«, sagte Rick und hielt seine Hand. »Du brauchst nichts mehr festzuhalten, du kannst jetzt loslassen. Es wird uns gut gehen. Ich verspreche dir für Mama zu sorgen.«

Doug starb an einem Mittwoch kurz nach Mitternacht, nur drei Tage nach der Diagnose. »Ich glaube, er hat mit dem Sterben gewartet, bis Rick da war«, sagt Jane. »Er wollte nicht gehen, ohne sich von Rick zu verabschieden.« Gleich wurden Vorbereitungen für die Beerdigung getroffen: Dougs Vetter Joe Bement sollte die Grabrede halten und Ricks guter Freund David Jones sollte »Wie groß bist du« singen.

Nach Dougs Begräbnis in Amarillo sprach Rick auf dem Friedhof mit Jane. »Ich will für Evelyn und mich Grabstellen in diesem Teil des Friedhofs kaufen«, sagte er. »Ich möchte in Papas Nähe begraben werden.«

»Es gibt keine mehr«, sagte Jane. »Dieser kleine Teil des Friedhofs ist voll.«

»Ich gehe auf jeden Fall mal ins Büro und frage«, sagte Rick. Er ging ins Büro und da war zufällig jemand, der vier Grabstellen wieder an den Friedhof verkaufen wollte.

»Diese vier Stellen hat er noch an demselben Tag gekauft«, sagt Jane, »und sie liegen nur drei Reihen hinter der seines Vaters.«

Als wir wieder nach England kamen, fühlte ich mich endlich nicht mehr fremd. Carole und ich tranken jeden Tag Tee miteinander. Die Atmosphäre war viel ruhiger, als ich es von den Staaten her gewöhnt war. Weil Ortsgespräche nicht kostenlos waren, fand ich oft einen Zettel von jemandem an der Tür und kam dann spontan zu ihr oder sie zu mir und wir unterhielten uns stundenlang. Carole und ich richteten eine Gruppe für interessierte Frauen ein und es machte mir viel Freude bei diesen Frauen zu sein. Angus, Carole, Rick und ich fingen auch ein Programm für Ehepaare an; diese Abende fanden einmal im Monat bei uns statt. Angus und noch ein Freund namens Colin unterrichteten uns und Rick und ich waren die Gastgeber. Es gab ein festliches Abendessen. Die Briten können ihren Teller auf dem Schoß balancieren und dabei mit Messer und Gabel essen, ohne dass der Teller je herunterfällt. Ich hatte nie so viel Gleichgewichtssinn: Oft fiel mir die Serviette vom Schoß, und wenn ich mich danach streckte, fing der Teller an zu rutschen. Ich griff danach, aber dann fielen Messer und Gabel klirrend auf den Fußboden. Es war wohl nicht sehr schwierig, die Amerikanerin in der Gruppe zu erkennen! Diese gemeinsamen Abende waren sehr schöne Zeiten; wir lehrten und lernten. Gott ließ uns auf wesentlichen Gebieten vorankommen.

Rick hatte seinen Traum Astronaut zu werden zwar an Gott abgegeben, aber innerlich hatte er doch noch mit dem Wunsch zu kämpfen. Er wusste nicht, ob nur er sich das wünschte oder ob Gott es auch für ihn wollte. Ein Freund von uns in den Staaten hatte Rick kürzlich erzählt, dass er die Aussicht gehabt hatte, ein Flugzeug zu fliegen, das er schon immer hatte fliegen wollen – darauf hatte unser Freund sein Leben lang hingearbeitet, aber die Gelegenheit zerschlug sich und auch beruflich kam er nicht so vorwärts, wie er gehofft hatte. Aber er erkannte, dass das, wonach er sich sehnte, sein Traum und nicht unbedingt Gottes Plan für ihn war. Er erzählte Rick, eine Stelle aus den Psalmen habe ihm Frieden gegeben, als er lernen musste zu vertrauen, dass Gott das Beste für ihn wollte: »Freu dich am HERRN, und er wird dir geben, was dein Herz wünscht« (Psalm 37, 4).

Rick dachte lange über diesen Vers nach; Tag und Nacht beschäftigte er ihn. Vor dem Start der Raumfähre *Columbia* sprach Rick in einem Interview darüber, welche Bedeutung der Vers damals für ihn bekommen hatte. Da sagte er:

*Ich las also diesen Vers und es war fast, als ob Gott mich fragte: »Nun, was wünscht dein Herz denn wirklich?« Und am Anfang war das Erste, was mir einfiel: »Ich möchte doch Astronaut werden.« Aber Gott schien zu sagen: »Nein, nein, nein. Denk ein Weilchen darüber nach und dann sag mir, was du dir wirklich am sehnlichsten wünschst«, denn es war nur wie eine automatische Reaktion gewesen, weil es bis dahin immer so war.*

*Und dann dachte ich darüber nach und mir fiel ein: »Wenn ich nun am Ende meines Lebens zwar Astronaut gewesen bin, aber auf dem Weg dahin meine Familie geopfert oder so gelebt hätte, dass es Gott keine Ehre macht, dann würde ich das im Rückblick sehr bedauern und es wäre gar nicht mehr so wichtig, dass ich Astronaut war.«*

*Und am Ende merkte ich, was mir wirklich am meisten bedeutet, das ist, möglichst so zu leben, wie Gott es haben will. Und zu versuchen für Evelyn ein guter Mann und für meine Kinder ein guter Vater zu sein und alles zu tun, was ich irgend kann, damit sie auch wirklich wissen, wer Jesus ist und dass sie die beste Möglichkeit haben, sich selbst für Jesus zu entscheiden. Und dann war es, als ob ganz plötzlich ein Licht anginge und ich merkte, dass diese Sache mit dem Astronaut werden nicht so wichtig ist, wie ich dachte, und ich war endlich so weit, dass ich sagte: »Gut, Herr, es ist mir nicht wichtig, was ich arbeite oder wo du mich hinschickst; ich will nur versuchen Folgendes zu erreichen: Ich will jemand sein, der so lebt, dass es dir Ehre macht; ich will ein guter Ehemann sein; ich will ein guter Vater sein; und auf alles andere kommt es nicht an.«*

Rick betete, wenn Gott nicht wolle, dass er Astronaut würde, möge er den Wunsch von ihm nehmen. Er wollte es nicht weiter verfolgen, wenn Gott nicht seine Hand über ihn hielt. Einmal stieß er beim Bibellesen auf Sprüche 3, 5 + 6, und das wurde sein Lebensmotto:

*Vertraue von ganzem Herzen auf den HERRN und verlass dich nicht auf deinen Verstand. Denke an ihn, was immer du tust, dann wird er dir den richtigen Weg zeigen.*

Wir lebten unser Leben in England weiter, wuchsen auch weiter im Glauben und warteten, was Gott als Nächstes mit uns tun würde. In dieser ganzen Zeit war das Weltraumprogramm immer latent in Ricks Gedanken. Offensichtlich nahm Gott ihm den Wunsch nicht weg.

Im März 1992 beschloss Rick, sich zum vierten Mal bei der NASA zu bewerben. Ich weiß noch, wie er an unserem Tisch im Esszimmer saß und jede Frage noch einmal beantwortete, aber dieses Mal hatte er ein Problem. Da war wieder die Frage, ob er einmal harte Kontaktlinsen getragen hatte. Es war für ihn mit starken Gefühlen verbunden *Ja* zu schreiben, er habe sie getragen. Er war sich sicher, dass er sich damit der Möglichkeit berauben würde, jemals von der NASA angenommen zu werden, aber er hatte den Eindruck, Gott sagte: *Verlass dich auf mich. Erst hast du es gemacht, wie du wolltest. Dieses Mal mach es, wie ich will.*

Er stellte die Bewerbungsunterlagen zusammen und fuhr fast zwei Stunden, um sie von einer amerikanischen Luftwaffenbasis aus abzuschicken. So hatte Gott noch zwei Stunden Zeit ihn zu ermutigen, aber Rick machte Einwände geltend; er war sehr nervös.

Jahre später erinnerte er sich in einem Interview an diese Fahrt:

Die ganze Zeit habe ich gegen Gott angeredet und gesagt: »Wie soll denn das gehen? Mensch, die gucken es an und wissen, dass ich beim letzten Mal gelogen habe, sagen: ›Was ist denn das für ein Schwindler‹, und schmeißen die ganze Bewerbung weg.« Das ist so eine Situation, wo man sagen kann, der Teufel liebt Geheimnisse, denn wenn er weiß, dass du versuchst etwas zu verbergen, kann er das sehr erfolgreich gegen dich einsetzen. Also habe ich das Ding einfach in den Briefkasten geworfen und gesagt: »So, Gott. Mal sehen, was passiert.«

In sein Tagebuch schrieb er:

*Sich ganz auf Gott zu verlassen ist schwer, wenn man nicht gewöhnt ist, es immer zu tun.*

Mit dieser vierstündigen Rundfahrt fing Rick an, sich regelmäßig auf Gott zu verlassen.

Er schrieb:

*Wir müssen die Berge, die sich vor uns auftürmen, im Glauben in Angriff nehmen, dass ER die Hindernisse überwinden kann, wenn wir es ihm nur zutrauen.*

Rick fing an, Gott zuzutrauen, dass er ihm über einen riesigen Berg helfen konnte. »Er legte alles offen vor Gott und verließ sich auf ihn, denn er wollte jetzt richtig handeln«, sagt Angus. »Tatsache war, es hätte ihn in große Schwierigkeiten bringen können, der NASA die Wahrheit zu schreiben; sein lebenslanger Traum hätte zerplatzen können und die Fetzen wären ihm um die Ohren geflogen. Der Feind nutzte das sofort aus und sagte ihm, wenn er Gott ehrte und die Wahrheit schriebe, verlöre er jede Bedeutung. Aber Rick ging das Risiko ein, weil er tun musste, was aus Gottes Sicht richtig war.«

In sein Tagebuch schrieb Rick:

*Sprüche 3, 5+6: »Vertraue von ganzem Herzen auf den HERRN und verlass dich nicht auf deinen Verstand. Denke an ihn, was immer du tust, dann wird er dir den richtigen Weg zeigen.« Das war für mich eine sehr beruhigende Erinnerung, dass Gott alles unter Kontrolle hat und dass er die besten Absichten für mich hat. Es war eine ziemlich große geistige Umstellung für mich, anzuerkennen, dass es gut möglich ist, dass ich kein Astronaut werde, obwohl ich das schon so lange als meine Bestimmung betrachtet habe. Aber es ist sehr tröstlich zu wissen, dass Gott mich liebt und mir in meinem ganzen Leben viel mehr*

*Gutes getan hat, als ich mir vorstellen konnte, und dass ich allen Grund habe, zu glauben, dass er auch hierbei alles zum Guten führt. In Römer 8, 28 heißt es: »Und wir wissen, dass für die, die Gott lieben und nach seinem Willen zu ihm gehören, alles zum Guten führt.«*

Als er die Bewerbung abgeschickt hatte, kam Rick herein und sah erschöpft, aber doch erleichtert aus. »Das war mit das Schwerste, was ich bisher machen musste«, sagte er. »Aber es gibt so ein gutes Gefühl, die Wahrheit zu sagen und es Gott zu überlassen und nicht selbst zu machen. Jetzt bin ich gespannt, was passiert.«

»Jetzt müssen wir uns einfach ruhig verhalten und aufpassen«, sagte ich. Immer wenn wir gern sehen wollten, dass Gott etwas für uns tut, sagten Rick und ich: »Jetzt müssen wir uns ruhig verhalten und aufpassen.« Letztlich hieß das, wir wollten Gott Gott sein lassen und nichts manipulieren. Rick hatte alles getan, was er konnte, um von der NASA angenommen zu werden; er hatte jedes Ziel erreicht und alle Bedingungen erfüllt. Jetzt konnten wir uns wirklich nur noch ruhig verhalten und aufpassen.

An dem Tag, nachdem Rick die Bewerbung abgeschickt hatte, war er sicher, er hätte sich vom Weltraumprogramm verabschiedet. Dann wurde während der Wetterinstruktionen bei der Staffel angesagt, es gäbe einen Vortrag über Raumfähren für alle, die kommen wollten. Rick blieb vor Staunen der Mund offen; er konnte es kaum glauben! War es Zufall, dass jemand vom Weltraumprogramm bei der Staffel in England war, oder wollte Gott ihm sagen, dass er sich doch nicht von seinem Traum verabschiedet hatte? Rick ging zu der Veranstaltung und staunte, wen er da traf.

In sein Tagebuch schrieb er:

*Es hat sich herausgestellt, dass der Mann, der berichtete, Jean Claude Nicollier war, ein Astronaut von der ESA, der bei der NASA arbeitet. Bei meiner Prüfung im Januar 92 nahm ich mit einer Mannschaft, die sich auf einen Einsatz vorbereitete, an einem simulierten Raumfährenstart teil. Jean Claude Nicollier war der, neben dem ich gesessen hatte! Und jetzt sitze ich ein gutes Jahr später in einem Vortrag und höre, wie er von dem Einsatz berichtet, den sie geflogen sind. Es war außerordentlich interessant und ich hatte wieder den starken Wunsch Astronaut zu werden … fast als ob Gott sagte: »Gib die Hoffnung nicht auf, vertraue mir!«*

Jean Claudes Vortrag an dem Tag war genau die Ermutigung, die Rick brauchte, aber dann warteten wir über ein Jahr und bekamen keine Nachricht.

Er schrieb in sein Tagebuch:

*Heute (4. Juni 1993) sollte die US-Luftwaffe die Liste der nominierten Astronauten herausgeben. Ich sage »sollte«, weil es kein festes Datum gibt. Das ist die erste Hürde bei der Auswahl. Wenn ich auf der Liste stehe, bin ich jedenfalls bei der Luftwaffe durchgekommen. Dann prüft die NASA die Listen von der Luftwaffe, der Armee, der Marine und die der Zivilisten und sucht Prüflinge aus. Ich bin gespannt, wie Gott auf das Ganze antwortet.*

Rick stand wirklich auf der Liste der Luftwaffe, aber er musste noch abwarten, ob die NASA interessiert war. Als er schon dabei war, den Mut zu verlieren, passierte etwas, das ihm zeigte, dass die NASA Erkundigungen über ihn einzog. Das Telefon klingelte bei David Jones und seine Tochter Caite nahm ab.

»Papa, das ist für dich«, sagte sie.

»Schreib die Nummer auf und frag, ob ich zurückrufen kann«, sagte David.

»Nein, Papa, nimm es lieber an. Es ist das FBI, sie wollen etwas über Rick wissen.«

David sprang auf und beantwortete etwa 45 Minuten lang Fragen.

»Bestimmt haben sie nicht geglaubt, dass Rick so war, wie ich ihn beschrieben habe«, sagt David. »Ich wusste, dass sie sich nicht vorstellen konnten, dass irgendjemand so nett ist und dabei so ungewöhnlich, aber er war so. Rick war einzigartig und davon wollte ich sie überzeugen.«

Dann sprach jemand von der NASA mit Ricks Vorgesetzten in England und wir wussten, dass die Institution jetzt ernsthaft interessiert war.

Schließlich bekam er einen Anruf von der NASA; er sollte noch einmal zur Aufnahmeprüfung nach Houston fliegen.

»Ich hab's geschafft, Evey«, sagte Rick in unserer Küche. »Sie haben mich zur Aufnahmeprüfung bei der NASA bestellt.«

Ich umarmte ihn fest. »Ich wusste, dass du es schaffst«, sagte ich. »Und jetzt kommst du wieder in die Staaten … sogar nach Texas! Ich bin richtig neidisch. Du kannst alles machen, was du willst, wenn du da bist, nur nicht zu Whataburger gehen.«

Er lachte. »Keine Angst deswegen! Ich muss Sport treiben wie verrückt, um gut in Form zu sein für die Prüfung. Ich darf nichts essen, was dick macht.« Ich schaute ihm ins Gesicht; er strahlte. In nur drei Jahren hatte er sich völlig verändert.

»Rick, hast du gemerkt, dass Gott dich rehabilitiert hat und dir noch eine Chance gibt, deinen Traum zu verwirklichen und Astronaut zu werden?«

Er nickte. In England hatte Rick seine Prioritäten neu gesetzt und ich hatte das Gefühl, dass Gott ihn damit belohnte, dass sein Wunsch erfüllt und er Astronaut wurde. Ich glaubte ganz fest, dass er angenommen würde.

»Auch wenn ich nicht als Astronaut ausgewählt werde«, sagte er, »hat mir Gott doch alle wesentlichen Wünsche erfüllt, Evey. Mein größter Wunsch ist ein guter Ehemann und Vater zu sein und dazu hilft Gott mir jeden Tag.« Er lächelte; er war zufrieden. »Ich habe alles, was ich brauche.«

Rick hatte Gott vertraut und in der Bewerbung die Wahrheit geschrieben, aber jetzt musste sich das Ergebnis zeigen. Er würde Menschen begegnen, die seine Bewerbung in der Hand hatten. Er wusste, dass er vielleicht würde erklären müssen, warum er geschrieben hatte, er hätte keine Kontaktlinsen getragen, aber Rick war bereit die Wahrheit zu sagen. Er wollte lieber alles offen zugeben als durch Lügen in das Programm zu kommen.

Bei der Prüfung in Houston musste Rick wieder dieselben schriftlichen, psychologischen und medizinischen Tests ablegen, aber dieses Mal wusste er, was ihn erwartete. »Das ist eine gründliche Prüfung«, sagt Scott Parazynski. »Sie führen alle nur denkbaren Tests durch und prüfen eingehend deine Arbeitsweise und deinen persönlichen Charakter, weil sie eine Menge Geld für dein Training ausgeben müssen. Da wollen sie sicher sein, die richtigen Leute zu kriegen.«

Wieder begegnete Rick hervorragenden Leuten, von denen jeder auf seinem Gebiet Spitzenkraft war, genau wie bei der Prüfung 1992. »Da triffst du all diese hoch qualifizierten Leute und denkst: Wow, von denen könnte jeder Astronaut sein«, sagt Scott. »Das sind Bomber-Testpiloten, Wissenschaftler, Ingenieure und Ärzte. Wenn man da hinkommt, denkt man nicht, man könnte irgendwie gut sein, denn die sind alle besser qualifiziert.«

Rick machte die vielen psychologischen Prüfungen mit, damit man sehen konnte, was für einen Charakter und was für ein Temperament er hatte. Das Entscheidende war: Sie suchten jemanden, der im Team arbeiten konnte und mit dem sie, wie Steve Lindsey sagt, »es sechzehn Tage in etwas aushalten können, das so groß wie ein Indianerzelt ist.«

An einem Abend eines Prüfungstages wurde Rick gesagt, dass er am nächsten Vormittag den Sehtest machen sollte.

Das beschrieb er in einem Interview so:

*Beim ersten Mal war ich beim Sehtest durchgefallen. Darum dachte ich: Liebe Güte, Gott, wo ich so weit gekommen bin! Auch wenn sie mich nicht nehmen ... diesen Test möchte ich doch sehr gern bestehen. Ich rief Evelyn an, sie war wieder in England, und sagte es ihr und sie setzte die Gebetskette in Bewegung mit zwei sehr treuen Christen, die mit mir in der Staffel waren: Angus Hogg und Chris Huckstep. Die beiden fasteten und beteten, bis ich den Test bestanden hatte. Evelyn erinnerte mich an den Vers: »Sprich mich frei, HERR, denn ich bin unschuldig, Höchster!« (Psalm 7, 9b).*

Der NASA-Sehtest war nicht der gewöhnliche Sehtest mit den verschieden ausgerichteten »E's«, sondern ein so genannter Landolt-C-Test: Der Buchstabe C erscheint auf einem Bildschirm und man nimmt einen Joystick und bewegt ihn jeweils in die Richtung, in die das C ausgerichtet ist. Würde Rick den Landolt-Test nicht bestehen, könnte er nicht angenommen werden. Ich rief Angus und Chris Huckstep bei der Staffel in Boscombe an und schilderte ihnen die Situation.

Am nächsten Tag um drei Uhr nachmittags klingelte unser Telefon zu Hause in England. Ich nahm ab und freute mich, Ricks Stimme am anderen Ende zu hören.

»Wie ist der Sehtest gelaufen?«, fragte ich.

»Ich hab ihn bestanden«, sagte er aufgeregt. »Ich war auf beiden Augen *sogar eine ganze Stufe* besser. Ich habe sehr intensiv gebetet, ehe ich hinging, und es war gar nicht schwierig, Evey.«

»Angus und Chris haben mit mir gefastet«, sagte ich. »Aber sie haben das Fasten gebrochen und bei der Staffel einen Keks gegessen, weil sie einfach wussten, dass du bestanden hast. Sie wussten, dass Gott treu sein würde.«

Rick beschrieb das Ereignis in einem Interview so:

*Auf den nächsten Test zu warten und mich darauf vorzubereiten hielt mich wach. Es war der entscheidende Augenblick der Wahrheit. Ich ging also und machte den Test und bestand! Beide Augen waren eine Stufe besser geworden! Angus und Chris warteten nicht einmal das Ergebnis ab. Sie gingen hinunter in den Mannschaftsraum bei der Staffel und brachen das Fasten, denn sie wussten einfach, dass ich bestanden hatte. Das war eine überzeugende Bestätigung für ihren Glauben. Es ist immer erstaunlich, wie wir unsere momentane Lage anschauen und uns fragen können: »Wie kann Gott da eine Lösung finden?« Ich habe im Lauf der Zeit gelernt, wenn ich mich einfach auf Gott verlasse, dann habe ich keine Ahnung, wie Gott das Problem löst, aber wenn ich dann irgendwann zurückschaue, passt alles wunderbar zusammen auf eine Art, die ich mir nie hätte vorstellen können.*

Rick handelte aus Glauben und setzte seinen Ruf aufs Spiel, um die Wahrheit zu sagen, und Gott zeigte ihm seine Freundlichkeit auf neuen, unbekannten Gebieten. Sollte er jetzt noch nicht in das Astronautenprogramm aufgenommen werden, machte das nichts; Gott hatte ihn rehabilitiert und dafür waren wir beide sehr dankbar.

Jahre später schrieb er Folgendes in sein Tagebuch:

*Der Glaube gibt uns nicht die Macht Dinge zu ändern; er gibt uns die Fähigkeit mit den Härten fertig zu werden, die uns begegnen. Gott lässt uns Druck aushalten, dem wir allein nicht gewachsen sind – damit wir erkennen, dass wir ohne ihn nicht leben können. Wir müssen Gott die Kontrolle über unser Leben geben und Ihn (rain) »regnen« lassen (das war Ricks Wortspiel – für »regieren« sagte er »regnen«). Wir müssen Gottes überwältigende Gegenwart und Liebe auf uns »regnen« und uns ganz durchtränken lassen, wie er will. Nicht wie wir es von ihm wollen. Hab nur keine Angst schmutzig zu werden!*

Rick hatte sich beschmutzt und war vor Gott doch sauber geworden.

Er beendete die letzten Prüfungstage, aber ehe er wieder nach England flog, tat er etwas, was gar nicht zu ihm passte: Er mietete einen Wagen, um zu Whataburger zu fahren. Er gab wer weiß wie viel Geld für einen Mietwagen aus, um einen Hamburger und ein Milchshake mit Schokolade zu kaufen! Rick hatte hohe Cholesterinwerte und musste immer kämpfen, um sie im normalen Bereich zu halten, aber an diesem Tag zählten seine Cholesterinwerte nicht. Ich konnte es kaum glauben. Rick war seit langem sehr sparsam: Er benutzte zu dieser Zeit immer noch den Kamm, den er in der Schule hatte, und stopfte tatsächlich seine Socken anstatt sie wegzuwerfen. Das wurde zu einem Familienwitz, denn seine Mutter schenkte ihm zu Weihnachten teure Unterwäsche. (Wahrscheinlich hatte sie Angst, er würde sonst die alte stopfen!) Wenn er etwas aufschrieb, nutzte er jeden Quadratzentimeter Papier. Unter eine voll geschriebene Karteikarte schrieb er: PMPP (Poor Man's Palm Pilot – der Palmtop des kleinen Mannes). Wir verkauften nie einen Wagen, um einen anderen zu kaufen; wir fuhren alle unsere Autos, bis sie auseinander fielen. Einmal hatten wir einen Chevrolet Celebrity, der schon über 300 000 Kilometer gefahren war; der Motor fiel endgültig aus, als wir gerade in einer Unterführung waren.

Als wir in unser Haus in Houston einzogen, ging Rick über die Baustellen in der Nachbarschaft und bat die Zimmerleute um Holz, das sie nicht mehr brauchten. Mit der Zeit sammelte er einen großen Stapel, kaufte Winkel und Schrauben für sechs Dollar und baute in unserer Garage raumhohe Regale. Der beste Beweis für seine Sparsamkeit ist natürlich, dass wir immer noch das Auto haben, das er während der Schulzeit gefahren ist! Viele Leute glauben, Astronauten verdienten eine Menge Geld. In Wirklichkeit werden sie nach ihrem militärischen Rang bezahlt oder, wenn sie Zivilisten sind, nach ihrer akademischen Ausbildung und ihrer Erfahrung. Wir haben nie eine teure Stereoanlage oder einen teuren Fernsehapparat besessen. Rick kaufte nie »Spielzeug«, wie man es Männern oft nachsagt, aber er brauchte es auch nicht; es war ja sein Beruf, Flugzeuge verschiedener Art zu fliegen. Er kaufte überhaupt nie etwas für sich selbst; darum war ich schockiert, als er tatsächlich ein Auto mietete, um sich einen Hamburger zu kaufen!

Rick kam wieder nach England und wir hörten mehrere Monate lang nichts. In derselben Dezemberwoche 1994 wurde Rick zum Oberstleutnant der Luftwaffe befördert, ich fand heraus, dass ich schwanger war, und wir bekamen *den* Anruf von der NASA.

Ich war im Obergeschoss, als das Telefon klingelte, und hörte mit halbem Ohr zu, weil ich wissen wollte, wer anrief. Ich dachte, es sei jemand aus dem Ort, denn ich hörte immer wieder: »Hmm, ... hmm ... gut ...« Da wurde ich ungeduldig, ging hinunter und stellte mich neben ihn. Er schaute mich an, hob und senkte die Augenbrauen, strahlte über das ganze Gesicht und streckte den Daumen hoch. Ich wusste immer noch nicht, wer anrief, hatte aber einen Verdacht. Er legte auf, umarmte mich und sagte: »Sie haben mich als Astronauten ausgesucht. Juhu!« Sein Traum war wahr geworden und wir waren ganz aus dem Häuschen. Er hob mich hoch und wirbelte mich herum.

»Ich bin so stolz auf dich«, sagte ich. Er setzte mich ab und umarmte mich fest.

»Ohne dein Beten und deine Unterstützung wäre das nicht gegangen, Evey. Ich habe dich so lieb!« Er umarmte mich noch fester und jubelte noch einmal laut vor Freude.

Die vierjährige Laura kam die Treppe heruntergerannt. »Was ist los, Papa?«, fragte sie.

»Papa wird Astronaut«, sagte Rick, beugte sich hinunter und schaute sie an. »Wir ziehen nach Texas. Komm, wir rufen Oma an, dann kannst du es ihr erzählen.« Wir riefen Jane an und Laura erzählte ihrer Großmutter, dass ihr Ältester den Traum seines Lebens erreicht hatte. Aus 3000 Bewerbern und 120 Prüflingen war Rick als einer von 19 Astronauten ausgewählt worden. Jetzt ging es nach Texas!

Es fiel uns nicht leicht England zu verlassen. Wir hatten viele enge Freundschaften geschlossen und waren sehr traurig bei dem Gedanken, von Angus und Carole wegzuziehen. Sie hatten uns ihre Liebe gezeigt und uns geistlich weitergeholfen, als wir es am nötigsten brauchten, und wir wussten, dass es schwer werden würde sie zurückzulassen. Es gab wieder einen Empfang, dieses Mal, um den amerikanischen Austauschoffizier zu verabschieden.

»Ich erinnere mich noch an diesen letzten Abend«, sagt Angus. »Ich war richtig traurig, dass er ging. Es war für uns beide das Ende einer entscheidenden Zeit. Ich kann nicht genug betonen, wie umgänglich er war. Er hatte eine seltene Mischung von echter Autorität und Freundlichkeit. Manche Menschen können gut führen, aber man kann sie schwer um sich haben. Rick konnte gut führen und man konnte ihn gut um sich haben. Seine Autorität ging mit einer natürlichen Bescheidenheit zusammen. Er brauchte nichts zu beweisen. Für mich persönlich war es sehr traurig, aber auch mein Beruf kam mir sehr leer vor, als er weg war, weil wir ja so eine besondere Beziehung hatten. Irgendwie hatte ich gehofft, diese Zeit würde nie aufhören.«

Wir verabschiedeten uns unter vielen Tränen und flogen nach Houston, um das nächste Kapitel zu erleben, das Gott für uns geschrieben hatte. Rick hatte von den Sternen geträumt, seit er klein war, und jetzt würde er sie endlich erreichen.

# 5

# Endlich bei der NASA

Ich hatte von dir nur vom Hörensagen vernommen; aber nun hat mein Auge dich gesehen. Hiob 42, 5

WIEDER NACH TEXAS ZU KOMMEN, bedeutete eine gewaltige körperliche Umstellung für uns. Es war erst Februar, aber in Houston war es schon heiß. Weil ich schwanger war, fühlte ich mich sehr unwohl. Vom Fliegen hatte ich zugeschwollene Nebenhöhlen, aber ich konnte keine Medikamente nehmen und war sehr krank. Wir zogen in eine Wohnung und wandten uns an einen Makler, um mit seiner Hilfe ein Haus zu finden. Als wir in das Büro des Maklers kamen, trafen wir da ein Ehepaar, Michael und Sandy Anderson, die auch nach Houston zogen. Das waren die ersten Menschen, die wir an unserem neuen Wohnort kennen lernten, und wir erfuhren, dass Rick und Mike im selben Ausbildungskurs für Astronauten sein würden! Wir ahnten da noch nicht, dass Rick und Mike am Ende denselben Flug zusammen unternehmen würden.

Zu unserer Freude fanden wir gleich in der ersten Woche ein Haus, aber es war noch im Bau; wir mussten also noch in der Wohnung bleiben, bis es fertig war. Mike und Sandy kauften schließlich ein Haus in derselben Gegend, einen Block von uns entfernt, und wir fühlten uns von Anfang an sehr mit ihnen verbunden. Mike war auch Pilot der Luftwaffe und wurde jetzt von der NASA zum Missionsspezialisten ausgebildet. Er war zurückhaltend und warmherzig und angenehm im Umgang. Er und Sandy konnten eine freundliche Atmosphäre schaffen und wir genossen es, sie besser kennen zu lernen. Im Lauf der Jahre wurde Sandy für mich wie eine Schwester. Wir besuchten dann auch dieselbe Kirche, die *Grace Community Church* in Clear Lake, nur ein paar Minuten von unseren Häusern entfernt. Zur Kirche gehörte eine Privatschule und nach einem Gespräch mit dem Direktor wussten wir, dass Laura, wenn sie eingeschult würde, dorthin kommen sollte.

Obwohl es schien, als hätte in Houston alles gut angefangen, war ich nicht sicher, wie es mir gefiel wieder in Texas zu sein. Mein erster Eindruck war, dass alles sehr schnelllebig war. Ich war gewöhnt jeden Nachmittag mit Carole Tee zu trinken, während Laura mit Douglas und Alison spielte. England war so entspannend gewesen; in Houston kamen mir alle Menschen eilig und laut vor.

Zwei Monate nach der Besprechung mit dem Makler zogen wir in unser Haus und jedes Mal, wenn ich die Treppe hinauf- oder hinunterging, bekam ich leichte Vorwehen. Oft dachte ich, jetzt würde ich das Kind bekommen, wenn ich eine Kiste mit der Aufschrift »Bad« die Treppe hinauftrug. Weil ich kaum etwas tun konnte und Ricks Unterricht bei der NASA sehr intensiv war, erbarmten sich Jane und Keith und kamen, um uns zu helfen.

Tagsüber packte ich Kisten aus, während Rick in das ASCAN-Programm einstieg: die Ausbildung für zukünftige Astronauten. Im Weltraumprogramm gibt es zwei Arten von Astronauten: Piloten und Missionsspezialisten. Rick war einer von zehn Piloten in seinem Kurs, zusammen mit neun Missionsspezialisten. (Auch Steve Lindsey war einer der zehn Piloten. Steve steuerte später die STS-87 und war 1998 der Pilot der STS-95 mit dem früheren Astronauten John Glenn an Bord, der mit 77 Jahren der älteste Mensch war, der je ins All geflogen ist. Steve war im Juli 2001 auch Kommandant der STS-104.) Außer Mike Anderson war auch Kalpana Chawla in dem Kurs, die dann zur Mannschaft der *Columbia* gehörte; sie wurde Missionsspezialistin. In den nächsten vierzehn Monaten lernten sie alles über die Raumfährensysteme und bekamen Unterricht in verschiedenen Naturwissenschaften, z. B. Geologie, Klimatologie, Ozeanografie und Astronomie. Sie besuchten alle NASA-Zentren und wurden in die Planung für die internationale Raumstation eingeführt, die damals auf der Erde im Bau war (der erste Teil der Raumstation startete erst 1998, ein Jahr vor Ricks erstem Flug). Rick hatte extrem viel zu tun.

»Ich kann kaum glauben, dass ich mit so hervorragenden Leuten in einem Kurs bin«, sagte Rick eines Abends. »Es ist eine Ehre dabei zu sein und mit ihnen zu lernen und ich weiß jetzt, was Angus meint, wenn er sagt, jemand hätte ein Gehirn so groß wie ein Planet. Meine Kurskollegen haben das! Sie sind in jeder Hinsicht prächtig.« Rick dachte nie daran, dass er einer von diesen prächtigen Leuten war. Er war nur dankbar, dass er mit ihnen lernen durfte.

»Das hast du dir gewünscht, seit du ein kleiner Junge warst«, sagte ich und setzte mich in meinem schwangeren Zustand neben ihm aufs Sofa. »Ich freue mich so, dass du im selben Kurs mit Leuten bist, die es so interessant für dich machen.«

»Wie viele Menschen können ihren Traum verwirklichen, Evey? Ich meine, wirklich darin leben? Es ist so ein großer Vorzug, dass ich mir den Wunsch erfüllen kann ein guter Mann und Vater zu sein.« Ich schaute ihn an und er grinste. »Ach ja, und Astronaut werde ich auch noch.«

Ich hielt die Hitze in Houston durch und brachte Matthew Douglas Husband am Morgen des 3. August 1995 zur Welt. Am Abend vor der Entbindung kam Rick sehr müde nach Hause; er hatte sehr früh aufstehen und abends noch an einem Abendkurs teilnehmen müssen. Als er hereinkam, sah ich, dass er völlig erschöpft war.

»So müde bin ich noch nie gewesen«, sagte er und schleppte sich nach oben ins Schlafzimmer.

Ich wünschte ihm eine gute Nacht, aber ich wusste genau, dass das Kind sehr bald kommen würde. Ich meinte, ich sollte etwas tun, um mich abzulenken. Sogar in diesem Zustand kurz vor der Geburt war mir bewusst, dass ein Uhr früh keine günstige Zeit ist um jemanden anzurufen, dass aber in England alle wach sein würden; also rief ich Jo Czaja an, eine gute Freundin, und als ich noch mit ihr sprach, verlor ich Fruchtwasser.

»Ich muss dich später wieder anrufen, Jo. Stell dir vor, jetzt kommen die Wehen!« Bestimmt habe ich sie furchtbar nervös gemacht, aber ich war ruhig. Ich tat es sehr ungern, aber ich stieg die Treppe hinauf und ging ins Schlafzimmer, in dem Rick fest schlief. Ich tippte ihm auf den Arm. »Es tut mir sehr Leid dich zu wecken«, sagte ich, »aber ich habe Wehen.«

Er sprang auf und wir holten Laura aus dem Bett. Ganz verschlafen sagte sie: »Das ist ein sehr wichtiger Augenblick, den werde ich nie vergessen!« Wir fanden das süß. Wir setzten sie bei unseren Freunden Joe (einem Arzt der NASA) und Holly Ortega ab. Im Krankenhaus legte man mich in ein Zimmer, in dem ein großer Sessel neben dem Bett stand. Rick setzte sich und schlief immer wieder ein.

»Ich bin wach«, sagte er immer, bevor er wieder einnickte. Lange dauerten seine Schläfchen nicht.

Matthew kam schnell zur Welt und wog über achteinhalb Pfund! (Ich hatte zu viele Whataburger gegessen, als wir wieder in Texas waren.)

Jeden Abend kam Rick mit einem Stapel Bücher nach Hause, aber er schaute nie hinein, ehe Laura und Matthew im Bett waren. Kein einziges Mal ruhte er sich zuerst aus; er half mir in der Küche oder spielte mit den Kindern. Rick lebte seinen Traum, aber er wollte seine Familie nicht dafür in Gefahr bringen. Er brachte die Kinder ins Bett und las Laura vor oder sang für Matthew, bevor er sich seine Bücher vornahm und die nächsten paar Stunden lernte. Rick und sein Kurs lernten im Johnson Space Center, wie man im Notfall schnell aus dem Raumfahrzeug kommt. Sie mussten das immer wieder üben, denn wenn es wirklich einen Notfall gäbe, müssten sie sich auf diese Grundausbildung verlassen können, um herauszukommen. Sie übten lange, wie man den Roboterarm steuert und sie hatten auch Unterricht im Raumfähren-Simulator, bei dem man lernt, wie man die Fähre beim Aufstieg, in der Umlaufbahn und beim Wiedereintritt steuert. Die Ausbilder simulieren verschiedene Fehlfunktionen, manchmal zehn oder zwölf Ausfälle bei einem einzigen Aufstieg, der achteinhalb Minuten dauert, damit die Mannschaften und die Flugkontrolle lernen zusammenzuarbeiten und ihr Wissen in schwierigen Situationen anzuwenden. Die NASA fordert ein intensives Training in den Simulatoren, denn wenn die Piloten und Missionsspezialisten in einem 120 Tonnen schweren Raumschiff in einem sehr lebensfeindlichen Umfeld arbeiten, müssen sie alle Systeme vorwärts und rückwärts beherrschen, damit sie wissen, was zu tun ist, wenn etwas Unerwartetes passiert. Eine Mannschaft, die in einem simulierten

Umfeld mit mehreren Fehlfunktionen zugleich zurechtkommt, kann wahrscheinlich auch mit den Überraschungen umgehen, die in der Spannungssituation eines echten Raumfluges auftreten. Der Raumfährensimulator ist insofern einmalig unter den Flugsimulatoren, weil er sich um 90 Grad in die Senkrechte hebt, um den Aufstieg zu simulieren.

»Als sich der Simulator das erste Mal mit mir drehte«, sagt Steve Lindsey, »kam es mir vor, als würde mein IQ um 50 Punkte fallen. Als ich das erste Mal in die Senkrechte gebracht wurde, lag ich ja auf dem Rücken und alle Schalter und Anzeigen im Cockpit sahen ›anders‹ aus. In der Waagerechten hatte ich oft trainiert, aber in der Senkrechten war es sehr seltsam – ganz anders als ein Flugzeug zu fliegen.«

Rick sagte mir, das sei ein unglaubliches Erlebnis. »Gerade wenn du denkst, du weißt etwas, merkst du, dass es nicht stimmt«, sagte er.

Zusätzlich zu ihrem Kursprogramm trainierten Rick und die anderen Piloten in einem T-38-Flugzeug, um in Übung zu bleiben, und flogen oft nach El Paso, um in dem Shuttle Training Airkraft (STA), einem Trainingsflugzeug für Weltraumfähren, zu üben. Das STA ist im Prinzip ein *Gulfstream*-Modell, aber so umgebaut, dass es wie eine Raumfähre fliegt. Die linke Hälfte des Cockpits ist innen identisch mit dem Cockpit der Raumfähre. Bei einem »Sturzflug« fliegt der ausbildende Pilot auf dem rechten Sitz das STA auf etwa 11 000 Meter Höhe und schaltet die Raumfähren-Simulation ein. Der Raumfährenpilot auf dem linken Sitz übernimmt die Steuerung und fliegt die »Raumfähre« bis zu einer simulierten Landung auf der Landebahn. Um dieselben Flugbedingungen zu erreichen wie die Raumfähre (Gleitflug mit hoher Geschwindigkeit gegen hohen Luftwiderstand), legt der Ausbilder bei jedem Sturzflug einen niedrigeren Landegang ein und lässt die Motoren rückwärts laufen, ehe er die Simulation einschaltet. »Wenn bei einem Flugzeug alle Motoren ausfallen, wird es zum Segelflugzeug«, sagt Steve Lindsey. »Wie weit es segelt, hängt von verschiedenen Faktoren ab, aber sie *können* ohne Motoren gleiten. Das STA gleitet auch, aber weil das STA so viel weniger Luftwiderstand hat als die Raumfähre, gleitet es ›zu gut‹ und zu weit. Darum geben die

Ausbilder ihm mehr Widerstand, indem sie die Motoren rückwärts laufen lassen, damit es wie die Raumfähre reagiert. Dann braucht man einen steileren Gleitwinkel, damit das Flugzeug die richtige Geschwindigkeit bekommt. In diesem Zustand ist es der Raumfähre im Fliegen und in der Handhabung ähnlicher.« Die Piloten und Kommandanten der Raumfähren führen in zwei Trainingsstunden etwa zehn solche Sturzflüge durch, und ehe man Kommandant werden kann, muss man mindestens tausend Sturzflüge gemacht haben.

Diese Zeit war mit die hektischste in unserem Leben. Laura kam in den Kindergarten und bekam Ballettstunden, Matthew war noch ein Säugling, Rick trainierte und wir waren immer erschöpft.

Rick schrieb in sein Tagebuch:

*Lieber Gott, die Erschöpfung lähmt mich! Erschöpfung zerstört mir die richtige Beziehung zu dir und zu meiner Familie.*

Rick wurde unzufrieden mit sich selbst, denn er wollte morgens vor dem Weggehen eine stille Zeit mit Gott halten, aber manchmal war es schwer. Er hatte Schwierigkeiten diese Zeiten richtig einzuteilen und das ärgerte ihn.

Eine andere Eintragung lautete:

*Sogar Gott ruhte, als er Himmel und Erde gemacht hatte. Wir müssen auch ausruhen und Gott am Sabbat ehren. «Sabbat« bedeutet »Ruhetag«. Herr, hilf mir die Ruhe zu bekommen, die ich brauche. Ich will dich am Sabbat ehren und ihn nicht entheiligen oder ihn zum Alltag machen.*

Obwohl Rick erschöpft war, wollte er nie daran denken am Sonntag Schlaf nachzuholen und er achtete konsequent darauf, dass wir zusammen zur Kirche gingen.

Oft schien es uns, als hätten wir uns viel zu viel vorgenommen, aber Rick sorgte immer dafür, dass wir Zeit füreinander hatten.

Auch wenn er müde war, war er bereit bei uns zu sein, wenn er abends heimkam. Während ich kochte, tobte er mit den Kindern auf dem Fußboden und ließ sie auf sich herumhüpfen. Laura kletterte auf seinen Schoß und er las ihr aus einem Buch vor, spielte mit ihrem Haar und küsste sie. Laura genoss die Zeit mit ihrem Papa. Matthew kreischte und kicherte bei allem, was Rick tat. Rick hob ihn gern hoch und ließ ihn durchs Haus »fliegen« wie ein Flugzeug. Jedes Mal, wenn er »absackte«, strampelte und lachte er.

Bevor Laura geboren wurde, hatten wir in einem Elternkurs gelernt uns als Ehepaar Zeit zum Gespräch zu nehmen; wir sollten uns hinsetzen und in zehn Minuten sollte jeder berichten, was er den Tag über erlebt hatte. Wir versuchten das, aber immer wenn wir uns hinsetzten, drängten sich die Kinder zwischen uns. Rick sorgte dafür, dass wir in der Küche oder woanders reden konnten. An manchen Tagen sahen wir uns nur ein paar Minuten, aber Rick achtete darauf, dass wir uns Zeit nahmen zusammen zu sein.

In einer Sondersendung der PBS-Rundfunkanstalten sagte Rick:

*Ich versuche ein so guter Ehemann und Vater zu sein, wie ich irgend kann. Das heißt nicht, dass ich so viel Zeit für meine Familie habe, wie ich gern möchte, aber ich tue mein Bestes. Selbst wenn man Astronaut wird und eine Menge interessante Sachen tun kann, kommen diese doch irgendwann zu einem Endpunkt. Wenn man dabei seine Familie zu kurz kommen lässt oder bei seinen Werten Kompromisse eingeht, hat es sich nicht wirklich gelohnt. Jedenfalls nicht für mich.*

Diese vierzehn Unterrichtsmonate waren hart, aber wir schafften es. Ich weiß, dass Rick schwere Schuldgefühle hatte, weil er meinte, er nähme sich nicht so viel Zeit für uns, wie er es gern täte, aber er tat sein Bestes und das wusste ich. Ich sagte ihm, das sei so in Ordnung und er solle sich nicht damit belasten. Aber ich weiß, dass es ihn störte.

»Ich kann das einfach nicht alles so hinkriegen, wie ich möchte«, sagte er einmal nach dem Abendessen.

Ich sah, dass er frustriert war. »Rick, ein Tag hat nur so viele Stunden wie er hat und ich finde es großartig, wie du das im Griff hast.«

»Ich kann nicht alles schaffen, Evey. Gerade wenn ich denke, ich habe meine Arbeit fast aufgeholt, geht etwas kaputt und muss repariert werden. Ich habe das Gefühl immer hinterherzuhinken und du, Laura und Matthew, ihr leidet darunter.« Er stand auf, nahm die leeren Teller vom Tisch und spülte sie im Spülstein ab. Ich füllte den Rest aus dem Schmortopf in ein kleineres Gefäß.

»Rick, weißt du, wie glücklich Laura und Matthew sind? Sie finden, du bist der beste Papa der Welt. Du spielst mit ihnen; du hast sie lieb; du betest jeden Tag für sie. Rick, sie haben viel mehr, als andere Kinder je bekommen. Sie gedeihen großartig. Mir geht es ausgezeichnet. Gott hat uns so viel gegeben. Rede dir nicht ein, du tätest nicht genug für uns oder wir wären unglücklich. Das stimmt einfach nicht.« Ich sah, dass er immer noch niedergeschlagen war. »Muss ich dich hochheben, hm? Muss ich dich hochheben?«

Er warf den Kopf zurück und lachte. »Nein. Aber ich würde zu gern sehen, wie du es versuchst!«

Gott gibt Ehepaaren eine erstaunliche Fähigkeit: Wenn der eine niedergeschlagen ist, kann der andere ihn aufrichten. Das hatten Rick und ich in unserer Ehe schon oft erlebt. Wenn es mir schlecht ging, war ich immer sehr dankbar für sein positives Wesen, und wenn er es brauchte, freute ich mich, dass ich ihm aufhelfen konnte.

---

Vor seiner Abschlussprüfung forschte Rick noch intensiver in der Bibel. Er bemühte sich jeden Tag näher zu Gott zu kommen; das war wichtiger als jede Prüfung und jeder Flugauftrag in den Weltraum.

In dieser Zeit schrieb er in sein Tagebuch:

*Heute war ich dankbar:*
*1. für den Gottesdienst und die Möglichkeit Gott anzube-*

*ten und zu wissen, dass er alles beherrscht und dass er uns liebt;*

2. *dass ich die Männer im Chor ein bisschen besser kennen lerne;*
3. *für Richard und Janetta Curtis und ihre Gabe anderen bei ihren Finanzen zu helfen. Es war schön sie kennen gelernt zu haben und wir sind dankbar für ihre Hilfe;*

(Die Curtis' sind sehr liebe Leute aus unserer Gemeinde, die Rick und mir geholfen haben endlich einen Haushaltsplan aufzustellen.)

4. *dass ich mit Laura einen Baseballhandschuh kaufen und dann im Garten mit ihr spielen konnte. Sie ist so lieb und es macht so viel Spaß, zu sehen, wie sie sich an den Wurfübungen freut;*
5. *Matthew vorzulesen und ihn so viel reden zu hören – und seine Mimik zu sehen. Das breite Lächeln, das er auf seinen Lippen hatte, als wir ihn von der Sonntagsschule abholten, war unbezahlbar!*
6. *mit Evelyn zu beten.*

*Gott, ich danke dir für all das viele Gute. Bitte hilf mir sicherer zu werden und zielgerichtet und fleißig zu arbeiten. Bitte hilf mir mit Beruf und Familie zurechtzukommen und das Air War College abzuschließen, bevor mir ein Flug zugeteilt wird.*

(Das Air War College [wörtlich: Luftkrieg-College] ist ein Kurs, der zur Ausbildung von Luftwaffen-Offizieren gehört. Rick absolvierte ihn im Fernunterricht, als er Oberstleutnant war.)

*Im Namen Jesu, Amen.*

In allen Eintragungen wird deutlich, was Rick zu dieser Zeit am wichtigsten war. Jeden Tag bezeichnet er Freunde oder Familienmitglieder als Geschenk. Auch wenn er bei der Arbeit war, wusste ich, dass sein Herz bei uns war. Rick hatte gelernt, seine Arbeit nicht mit nach Hause zu bringen. Er wusste, er konnte unmöglich alles erledigen, darum ließ er seine Arbeit liegen und kam zu uns nach Hause. Irgendwie schaffte es Rick bei seinem hektischen Stundenplan, noch etwas Neues anzufangen.

Im Frühjahr 1998 schrieb er:

*Heute war das Erste Matthews niedliche Stimme, die etwa um 6.40 Uhr sagte: »Papa, ich bin aufgewacht!« Ich war sehr müde! Aber um zu wissen, dass man nach 5 1/2 Stunden Schlaf müde ist, braucht man kein Raketenspezialist zu sein. Die Cottens passten auf Matthew auf, während Laura und ich zum Baseballtraining gingen. Das Training lief gut, aber ich fühle mich ein bisschen fehl am Platz, weil ich noch nie Trainer war. Irgendwann ist es immer das erste Mal! Trotzdem bin ich dankbar, dass ich das mit und für Laura machen kann; ich weiß ja, wie viel es mir bedeutet hat, als mein Vater in der dritten Klasse mein Softballteam trainiert hat.*

Es ehrte ihn Lauras Baseballteam in der dritten Klasse zu trainieren, aber er war sehr nervös.

»Rick, du hast es geschafft Astronaut zu werden«, sagte ich, erstaunt, dass er mehr als vierzig Flugzeugtypen fliegen konnte, aber beim Training mit Achtjährigen so unsicher war!

»Das ist leichter«, sagte er. Er hatte Angst die Mannschaft zu enttäuschen.

Ich weiß noch, dass ich vor jedem Spiel für ihn betete. (Ich glaube, ich habe sogar mehr für ihn gebetet als für Laura!)

Laura, Matthew, Jane und ich nahmen an Ricks Abschlussfeier von der Astronautenschule teil und auf einem Video der NASA ist er zu sehen, wie er den Arm um Mike Anderson legt und ihm auf die Schulter klopft. In den vierzehn Monaten der Ausbildung waren Mike und Rick Gebetspartner und gute Freunde geworden. Wir wussten damals nicht, dass Gott sie auf den gemeinsamen Auftrag vorbereitete, den sie bekommen sollten.

---

Wenn ein neuer Kurs sein Training anfängt, dauert es meist zweieinhalb Jahre, bis die Teilnehmer den ersten Flugauftrag bekommen. Rick war der letzte von zehn Piloten, dem ein Flug zugeteilt wurde, aber so ging es auch Neil Armstrong. Er freute sich, als er 1998 seinen Auftrag bekam, denn das hieß, dass er vor einem der Gebäude des Johnson Space Center parken durfte; vorher hatte er in der »Wildnis« parken müssen. Seine Kurskollegen veranstalteten ein Fest für ihn und der Kuchen hatte die Form eines Parkplatzes. Das war, als wäre er endlich angekommen!

Rick wurde als Pilot des Raumtransportsystems 96 auf der Raumfähre *Discovery* ausgesucht, das im NASA-Jargon STS-96 genannt wird. Er sollte auf dem rechten Sitz in der Raumfähre sitzen und den Kommandanten Kent Rominger unterstützen und war verantwortlich für die elektrischen Anlagen, die Aushilfs-Energiesysteme, die Steuerungsmotoren für die Umlaufbahn, die Düsen, die die Lage kontrollierten, und beim Aufstieg für die Hauptmotoren der Raumfähre. Die folgenden neun Monate musste er für den Einsatz trainieren. Seine Mannschaft sollte die zweite sein, die die unbemannte internationale Raumstation besuchte, die ein Jahr früher gestartet war. Sie waren aber die erste Mannschaft, deren Raumfähre daran andockte. (Die erste Raumfährenmannschaft, STS-88, erreichte die Station mit einem mechanischen Arm, dockte also nicht wirklich an.) Die Mannschaft sollte Vorräte auf die Station bringen und zwei Astronauten sollten einen Weltraumspaziergang machen, um Installationen und Reparaturen durchzuführen. (Rick wurde als Ersatzmann trainiert für den Fall, dass einer der beiden ersten Weltraumspaziergänger nicht einsatzfähig war.) Sie sollten zehn Tage im All bleiben und Rick war sehr begeistert.

In sein Tagebuch schrieb er:

*Gott hat mich beauftragt der Pilot der Raumfähre zu sein. Herr, hilf mir stark und mutig zu sein und deinem Plan für mein Leben weiter zu folgen. Hilf mir nicht an der Vergangenheit festzuhalten, sondern auf die Zukunft zu schauen, die du für mich hast. Hilf mir dir Ehre zu machen durch die Art, wie ich meine Arbeit mache, und die Art, wie ich als Ehemann und Vater lebe. Im Namen Jesu, Amen!*

Unabhängig von seinem Auftrag wollte Rick Gottes Namen Ehre machen. Am Ende einer Tagebucheintragung schrieb er:

*Alles, was ich tue, soll zu Gottes Ehre sein!*

Das war Ricks wichtigster Auftrag. Er bedeutete ihm alles.

## 6

# Zu den Sternen

Stirb nicht, bevor du tot bist!! Lass es nicht zu, dass etwas Gottes Absicht für dein Leben im Weg steht. Aus Ricks Tagebuch

RICK KREMPELTE DIE ÄRMEL HOCH und bereitete sich auf die nächsten neun Monate Training mit der Mannschaft der STS-96 vor. Zu ihr gehörten Ellen Ochoa, Tammy Jernigan, Dan Barry, Julie Payette, Valery Tokarev (ein russischer Kosmonaut) und Kent Rominger als Kommandant.

»Die Vorbereitung für diesen Flug war ein tolles Erlebnis und Rick hat dabei eine wichtige Rolle gespielt«, sagt Kent. »Er gehörte zu den Leuten, zu denen man sich gerne hält, weil er so selbstlos war. Er war ein einfühlsamer, warmherziger Mensch mit viel Humor. Er hatte die lustigsten Sprüche. Manchmal sagte er: ›Hier drin kann man keine tote Katze herumwirbeln, ohne einen Ingenieur zu treffen‹ oder ›Ich fühle mich mehr wie jetzt als vorhin, als ich ankam‹, und ich musste jedes Mal lachen. Er war auf eine sehr unkomplizierte Art wahnsinnig komisch. Sein Humor war nie gemein oder sarkastisch. Unsere Mannschaft ist zu einer sehr fest gefügten Gruppe zusammengewachsen und ich war stolz darauf, wie sie als Einheit funktionierte. Ich hoffte tatsächlich, unser Einsatz würde verschoben, weil das Training so viel Freude machte. Ich wollte nicht, dass das aufhört.« (Nicht einmal vier Jahre später sollte Rick mit der Mannschaft der *Columbia* immer wieder Verschiebungen erleben.)

In den neun Monaten entwickelte Rick einige enge Freundschaften mit Mannschaftsmitgliedern der STS-96. Er sagte immer, das Beste am Training sei die Verbundenheit mit den Menschen. »Wir waren eine sehr einige Mannschaft«, sagt Dan

Barry. »Für einen Weltraumflug zu trainieren ist immer fantastisch, weil man im Lauf des Jahres sechs neue, wirklich gute Freunde bekommt. Wir flogen für zwei Wochen nach Russland. Wir flogen T-38er und übten intensiv am Simulator. Wenn man so jeden Tag zusammen ist, weiß man am Ende des Trainings schon, was die anderen Mannschaftsmitglieder denken, ehe sie etwas sagen; man vertraut diesen Leuten völlig zuversichtlich sein Leben an. Besonders Rick brachte Humor mit und war das Band, das uns zusammenhielt. Mit ihm konnte man über alles reden. Er war der ideale Pilot für unseren Flug.«

Zum Training für die STS-96 gehörte, dass Rick oft nach El Paso, Cape Canaveral oder zum Luftwaffenstützpunkt *Edwards* in Kalifornien flog, um das STA, das Trainingsflugzeug für Raumfähren, zu fliegen und Landungen zu üben, oder zum Ellington Field in Houston, um eine T-38 zu fliegen. Dan Barry war auf vielen von diesen Flügen mit Rick zusammen. »Wir sind oft zusammen in der T-38 geflogen«, sagt er. »Rick war einer der besten Piloten der Welt. Er hat meine Flugtechnik wirklich verbessert, während wir für den Einsatz übten. Wenn er mir am Himmel das Fliegen beibrachte, war er wie mein großer Bruder. Er hatte eine natürliche Lehrbegabung. Er konnte so unterrichten, dass ich mir selbst gut vorkam. Er wurde nicht aufgeregt oder unzufrieden. Er war sehr geduldig und zeigte sich immer warmherzig. Man konnte diesen Menschen nicht aufregen. Er korrigierte mich manchmal, aber ich hatte keine Angst, er würde mich hinauswerfen. Das Schlimmste, was ich zu hören bekam, war: ›Ich hab's‹. Dann griff er ein und übernahm alles. Er war beim Unterricht immer humorvoll und freundlich und wollte mir oder jedem, der mit ihm flog, helfen, besser zu werden. Es war nicht seine Art, jemanden bloßzustellen oder lächerlich zu machen. Wenn man mit Rick flog, gab er einem das Gefühl, zu einem Team zu gehören. Auf die Flüge mit ihm habe ich mich immer gefreut, und wenn ich jetzt fliege, kann ich jedes Mal anwenden, was ich von ihm gelernt habe.«

Rick arbeitete routinemäßig in den Flugsimulatoren und er trainierte im Schwerelosigkeitslabor, einem riesigen Schwimmbecken, um sich auf den Weltraumspaziergang vorzubereiten. (Dieses Schwimmbecken ist das größte der Welt; es ist 12 Meter tief, 30 Meter breit und 60 Meter lang; die Ladebucht der Raumfähre passt da hinein.) Die beiden Weltraumspaziergänger Dan und Tammy Jernigan und Rick als Ersatz-EVA (EVA ist die Abkürzung für »extra vehikular activity«, auch Weltraumspaziergänger genannt) zogen Raumanzüge mit Gewichten an und übten einen Schwebezustand im Wasser, sodass sie weder sanken noch stiegen. Die Astronauten regulieren die Gewichte so, dass sie unter Wasser auf einer Höhe bleiben. Das ist für Astronauten die größte Annäherung an den Zustand der Schwerelosigkeit, abgesehen von dem so genannten »Kotz-Kometen«, mit dem sie aber keine Weltraumspaziergänge üben können, weil die Schwerelosigkeit immer nur 20 bis 30 Sekunden andauert. (Der »Kotz-Komet« ist eine KC-135, eine Luftwaffen-Variante der Boeing 707. Im hinteren Teil des Flugzeugs sind alle Sitze entfernt, stattdessen ist es gepolstert und mit Messinstrumenten versehen. Der Pilot lässt das Flugzeug im Winkel von 45 Grad steigen und steuert dann plötzlich unter 45 Grad abwärts. Damit erreicht man im Training für Astronauten 20 bis 30 Sekunden Schwerelosigkeit.)

Rick war auch der Ersatzmann für die Bedienung des Roboterarms, musste das also auch trainieren. Das war viel Arbeit und dauerte viele Stunden; er hatte eine Menge zu tun. Rick war begeistert, dass er an all diesen Übungen teilnehmen konnte, aber manchmal schien es ihm doch zu viel. »Was vor dem ersten Flug als Erstes passiert, ist, dass man sich völlig überfordert fühlt«, sagt Scott Parazynski. »Die Ansprüche sind hoch. Alle beobachten dich. Das schafft einen enormen Druck und das Gefühl, alles lernen und immer bereit sein zu müssen. Man hat ein Jahr oder mehr Zeit sich vorzubereiten, aber wenn man sich über die ganze Nutzlast (Nutzlast ist das, was ein Raumschiff ins All bringt; wenn also eine Raumfähre Ausrüstung für die Internationale Raumstation ISS transportiert, ist das die Nutzlast) und die besonderen Aufgaben der Mission informieren muss, dann kann es anstrengend werden, weil man das Gefühl hat sich nicht genug vorbereiten zu können. Erst einen oder zwei Monate vor dem Flug fängt man an das Erlebnis wirklich zu genießen und hat das Gefühl startbereit zu sein.«

Rick musste für den Einsatz sehr viel lernen, und wenn die Kinder abends im Bett waren, blieb er noch lange auf, lernte und bereitete sich vor. Das wurde bei uns zum normalen Ablauf: Kinder ins Bett bringen, lernen, Kinder ins Bett bringen, lernen. Eines Abends, als Rick einen besonders anstrengenden Tag gehabt hatte, setzten wir uns gegen elf Uhr aufs Sofa und konnten endlich miteinander sprechen. »Wie läuft das Training?«, fragte ich.

»Ich habe nicht den Eindruck die Systeme gut zu kennen. Rommel (Nicks Spitzname für Kent Rominger) hat mir viel Mut gemacht, aber er sagt, ich muss die Systeme noch viel besser kennen. Ich habe noch nicht die Fertigkeiten, die ich als Pilot brauche. Ich muss noch viel mehr lernen, aber ich weiß einfach nicht wann. Ich muss es wirklich gut machen, Evey.«

Ich wusste, dass Rick erschöpft war von seinen Bemühungen, dem Training und uns gerecht zu werden.

»Mein Hauptziel ist, es so gut wie möglich zu machen und hoffentlich Gott zu ehren durch die Art, wie ich es mache, aber ich weiß, dass es nicht so ist.«

Ich griff nach seiner Hand. »Gut, dann müssen wir einen praktikablen Plan für dich machen, damit du nicht immer so müde bist«, sagte ich. Wir wussten, dass das lange Aufbleiben nicht die Lösung war, aber wir konnten tagsüber einfach nicht alles schaffen. »Wir müssen früh schlafen gehen, damit du früh aufstehen und lernen kannst, wenn du nicht so müde bist. Wir müssen einfach ernsthaft beten, dass du die Arbeit und das Lernen schaffen kannst.«

Auch wenn um zehn Uhr die Wäsche noch nicht fertig oder eine Rechnung noch nicht bezahlt war, zwangen wir uns trotzdem, schlafen zu gehen. Was nicht fertig war, musste einfach bis morgen warten. So konnte Rick zwischen 4.30 und 5 Uhr aufstehen und lernen, wenn er mindestens sechs Stunden geschlafen hatte.

Mehrere Wochen später kam Rick vom Kurs nach Hause und sagte: »Rommel sagt, ich kann jetzt viel besser mit den Systemen umgehen.«

Als wir unseren Zeitplan umgestellt hatten, konnte Rick viel effektiver arbeiten. Wir baten Gott einfach und er gab uns Zeit, von der wir gar nicht wussten, dass wir sie hatten. Rick war begeistert über das Ergebnis. Sein größter Wunsch war, seine

Arbeit hervorragend zu machen, weil er niemanden aus der Mannschaft in Schwierigkeiten bringen wollte, und er wusste: Wie er mit seiner Arbeit und mit seinem Leben umging, spiegelte Gott wider.

---

Ein halbes Jahr vor dem Start wurde Rick gebeten, in der *Crockett Middle School*, seiner früheren Schule in Amarillo, einen Vortrag zu halten. Es war für ihn wie früher, als er dort hinging; er sprach immer gern mit Schülern, weil er fand, dass ihre Zukunftsträume wichtig sind und dass sie außer der Familie noch jemanden brauchen, der sie ermutigt. In seinem Fliegeranzug stand er in der Aula und erzählte den versammelten Schülern von der bevorstehenden Mission.

Am Schluss der vorgesehenen Zeit sagte er:

*Wenn ihr euch hohe Ziele setzt und in der Schule hart arbeitet und alles, was ihr tut, so gut wie möglich macht, dann könnt ihr fast alles erreichen, was ihr euch vornehmt.*

Nach dem Gespräch mit den Schülern hatte Rick einen Termin bei dem örtlichen Fernsehsender und er sprach über seine Schulzeit. In einer Sondersendung, die vor dem Start ausgestrahlt wurde, sagte er:

*Kinder müssen wissen, dass sie sich für etwas begeistern dürfen und sich ein Ziel setzen und hart dafür arbeiten können, dieses Ziel zu erreichen. Auf diesem Weg können sie eine Menge lernen und auch eine Menge Spaß haben … Der ganze Weg zu dem Ziel, an das sie kommen möchten, ist das Erlebnis, das sich lohnt. Ich wollte ihnen einfach klar machen, wie wichtig es ist zu versuchen, sich Ziele zu setzen.*

Rick sprach sehr gern mit Schülern, weil ihm bewusst war, dass ihre Wünsche und Ziele der Weg in unsre Zukunft sind. Er wollte ihnen zeigen, dass es keinen bequemen Weg zu irgendeinem Ziel gibt; jeder Zukunftswunsch erfordert viel harte und ausdauernde Arbeit, aber man kann ihn verwirklichen. So wie Ricks Wunsch. Er musste sich vier Mal bei der NASA bewerben und wurde schließlich aufgenommen. Er würde ins All fliegen!

---

Im Januar 1999 besuchten Rick und ich ein Konzert von Steve Green in Houston. Steve gehörte schon lange zu unseren Lieblingssängern. Nach dem Konzert gingen wir nach vorn; da standen die Leute Schlange, um Steve zu begrüßen. Wir wollten ihn und seine Familie zu Ricks Start im Mai einladen. Endlich kamen wir nach vorn zur Bühne und Rick sagte Steve, dass er seine Musik schon immer gern gehört und auch ein paar von seinen Liedern in der Kirche gesungen hatte. Aber er sagte nicht, dass er Astronaut war. Ich sah, dass da noch mehr Leute waren, die mit Steve sprechen wollten, und dass wir uns beeilen mussten, wenn wir ihn zum Start einladen wollten. Ich beugte mich nahe zu Steve und sagte: »Er ist Astronaut.« Er bekam große Augen.

»Da wachte das Kind in mir auf«, sagt Steve. »Fliegen war immer einer von meinen Träumen und jetzt war hier ein echter, leibhaftiger Astronaut! Ich sagte allen, die noch im Saal waren, dass Rick Astronaut war, und die Schlange bewegte sich auf ihn zu, weil die Leute ein Autogramm von ihm wollten. Ricks Bescheidenheit hat mich an dem Abend und in den nächsten Jahren tief beeindruckt. Wir neigen dazu, unser Selbstwertgefühl aus unserer Leistung zu beziehen, aber was Rick leistete, erfuhr man gar nicht, wenn es einem niemand sagte. Viele Leute spielen sich auf, sie wollen wahrgenommen werden und bedeutend sein, aber wenn ich mit Rick sprach, merkte ich, dass er unglaublich klug war und dabei ganz bescheiden. Noch eine Eigenschaft von Rick war, dass er sehr diszipliniert war – das muss man, wenn man beruflich so weit kommen will. Besonders diszipliniert war er in seinem geistlichen Leben und in seiner Sprache. Er wählte seine Worte sorgfältig. Er sprach sehr gutmütig und bedacht. Die einfache, aber ruhige Art, wie er von

Gott sprach, beeindruckte mich. Wie jemand in der Öffentlichkeit mit seinem Glauben umgeht, das interessiert mich immer, und Rick tat es besonders liebenswürdig.«

An dem Abend schafften wir es nicht mehr Steve zum Start einzuladen, aber ich rief sein Büro in Nashville an und tat es telefonisch. Ich war sogar so mutig zu fragen, ob Steve bei einem Empfang singen würde, den ich am Tag vorher in Florida geben wollte, und freute mich sehr, dass er dazu bereit war.

Der Raumflug war für die Zeit vom 27. Mai bis zum 6. Juni geplant. In den Tagen davor setzten Rick und ich uns zusammen und gingen unsere Finanzen durch. Er schrieb alles Wichtige auf, damit ich alle Namen und Telefonnummern zur Verfügung hatte, falls etwas passierte. Eigentlich wusste ich, dass er etwas Gefährliches tat. Seit die *Challenger* beim Start explodiert war, wusste ich, dass uns ein Unglück treffen könnte, aber ich wollte nie darüber nachdenken. Wir besprachen alles Wichtige und sorgten dafür, dass ein Testament da war, aber wir sprachen nie speziell über einen Unglücksfall – wir sorgten nur vor, wie es alle Ehepaare tun sollten.

Rick musste Gegenstände sammeln, die er für verschiedene Leute und Organisationen mit ins All nehmen sollte. (Etwas mit in die Raumfähre zu nehmen ist eine Art Ehrung für Menschen, die etwas für den Fortschritt der Menschheit getan haben.) Die Astronauten können auch persönliche Gegenstände von Familienmitgliedern mitnehmen und ich beschloss Rick meinen Ehering mitzugeben. Er hatte seinen Ehering und ich dachte, meinen bei sich zu haben würde uns irgendwie symbolisch zusammenhalten. Die NASA musste all diese Gegenstände sammeln und besonders versiegeln, also gab ich ihn Rick schon Monate vor dem Start.

»Bitte bring mir das zurück«, sagte ich und reichte ihm den Ring. Es war aufregend für mich ihn wegzugeben, denn ich hatte ihn seit unserer Hochzeit an der Hand getragen.

»Das werde ich auf jeden Fall«, sagte er.

Vor jedem Start eines Raumschiffs muss die Besatzung eine Woche lang in Quarantäne gehen. Die Quarantäne beginnt in Texas im Mannschaftsquartier im Johnson Space Center, endet aber im Kennedy Space Center in Florida. Die Ehepartner werden ärztlich untersucht, und wenn sie gesund sind, dürfen sie die Partner in der Quarantäne besuchen. Kinder unter 18 Jahren dürfen nicht hinein, darum konnten Laura und Matthew Rick die ganze Woche über nicht sehen. Bei einem Abendessen in der Quarantäne unterschrieben die Mannschaftsmitglieder gegenseitig ihre Testamente und letzten Verfügungen und das Ganze machte mich sehr nervös. Sie nahmen nicht leicht, was sie da taten; sie mussten über diese Dinge nachdenken und sie vor dem Start regeln, aber ich wollte nicht von ihnen hören, was man im Fall eines Unglücks tun muss.

Mannschaftsquartiere sind keine gewöhnlichen Gebäude, denn sie haben außer im Speiseraum keine Fenster und an der Decke sind viele Lampen angebracht, sodass die Astronauten damit eine Lichttherapie bekommen. Weil sie in den Mannschaftsquartieren oft im Schichtwechsel schlafen, wachen sie häufig nachts auf, wenn es draußen dunkel ist. Dann simuliert man Tag mit hellem Lampenlicht und versucht ihren Körper zu zwingen, sich entsprechend einzustellen. Es gibt eine Turnhalle und es gibt Laptops und Computeranlagen, damit sie arbeiten können. Jeder, der die Mannschaft besuchen darf, muss ärztlich untersucht worden sein und eine Genehmigung haben. Sie dürfen niemandem zu nahe kommen, der nicht dazu berechtigt ist.

Zu meinem Erstaunen gab es in dieser sterilen Umgebung das ungesündeste Essen der Welt. Man erwartet eine abgeschirmte Gesundheitsoase, aber alles was ungesund ist, ist dort vorzufinden: Schokolade, Kartoffelchips und Schalen mit Erdnüssen und M&Ms. Während Ricks Aufenthalt schliefen die Astronauten in Schichten, sodass ihr Tagesrhythmus ganz durcheinander war. Wenn ich gegen sechs Uhr abends ankam, gab es Pfannkuchen und Würstchen, weil die Astronauten eben aufgestanden waren und frühstücken wollten. Alle riefen fröhlich: »Guten Morgen!«, nur ich dachte: *Es ist sechs Uhr abends!* An einem Abend schaute Rick aus den Fenstern des Speiseraums und sagte: »Ach, guck mal, die Sonne hat beschlossen an der falschen Stelle aufzugehen!«

In der Quarantäne rief mich eines Abends nach dem Abendessen die Babysitterin von unserem Haus aus an. Sie konnte den dreijährigen Matthew nicht dazu bringen einzuschlafen und er fühlte sich fiebrig an. Ich hatte den ganzen Tag auf diese kurze, festgelegte Zeit mit Rick gewartet und war sehr enttäuscht. Gerade war ich angekommen und fuhr nur sehr ungern wieder weg. Rick wollte auch nicht, dass ich wegfuhr, darum stieg er schnell mit mir ins Auto. Ich fuhr nach Hause und Rick versteckte sich auf dem Boden des Wagens, damit Laura ihn nicht sah. Wir wussten, wenn sie ihn sähe, würde sie gleich zum Wagen herauskommen, aber er dürfte sie nicht anfassen und das würde eine ganze Reihe neue Probleme geben. Das konnte Rick nicht riskieren. Ich ging hinein und stellte fest, dass Matthew kein Fieber hatte; er war nur erhitzt, weil er in eine Decke gewickelt war. Wir hatten keine Zeit für Krankheiten und ich war dankbar, dass er gesund war. Als ich Rick wieder zum Mannschaftsquartier fuhr, versuchte ich ihn zu überreden mit in ein Schnellrestaurant zu kommen, aber er wollte nicht.

»Es ist nur so eine Idee«, sagte ich.

»Ich darf nichts essen, was die NASA nicht anbietet«, sagte er. Ich dachte nur an diesen Tisch voll mit minderwertigen Knabbereien. »Wenn etwas passierte, wäre ich schuld.« So war Rick; er legte sehr großen Wert darauf die Regeln einzuhalten.

Rick und seine Mannschaft flogen zum Kennedy Space Center, um ihre Quarantäne dort abzuschließen. Er rief mich abends an, als er angekommen war, und sagte: »Wir sind da, Evey.«

Ich hatte einen unvorstellbar anstrengenden Tag gehabt und sagte ihm, ich würde am nächsten Tag nicht mit dem NASA-Flugzeug nachfliegen, denn es war mir nicht möglich vorher noch alles zu erledigen. »Wir kommen dann am Dienstag mit einem normalen Flugzeug«, sagte ich.

Er schwieg einen Augenblick. »Du musst morgen mit dem NASA-Flugzeug kommen«, sagte er dann.

»Ich schaff es einfach nicht«, sagte ich aufgebracht. »Ich habe noch gar nicht mit Packen angefangen.«

»Evelyn, du und die Kinder, ihr müsst mit diesem Flugzeug kommen!«

Rick musste ins Mannschaftsquartier, er legte also auf und sagte, er wolle mich später anrufen. Ich schaute die achtjährige Laura und den dreijährigen Matthew an und sagte: »Ihr könnt jetzt gleich ins Bett gehen, dann können wir morgen mit dem

NASA-Flugzeug fliegen oder wir bleiben zu Hause und sehen Papas Start im Fernsehen zu.« Zum ersten Mal in ihrem Leben gingen meine Kinder allein ins Bett und ich blieb auf und packte bis drei Uhr früh.

Am Morgen des Tages vor dem Start verabschiedete ich mich beim Strandhaus auf dem Gelände des Kennedy Space Center von Rick. Es war vor ein paar Jahren renoviert worden und war wie ein Kongresszentrum. Ich hielt Rick fest, denn ich freute mich zwar, aber ich hatte auch Angst. In den letzten Tagen vor dem Start konnte ich nicht unterscheiden, ob ich mich freute oder unruhig war, denn ich hatte alle möglichen Gefühle zugleich.

»Ich liebe dich«, sagte er. »Du bedeutest mir mehr, als du je erfahren wirst.« Er küsste mich und ich hielt ihn noch fester.

»Ich werde dich sehr vermissen«, sagte ich. »Wir werden jeden Tag beten. Ich hoffe, dass alles sehr gut läuft, denn ich weiß ja, dass du dir so einen Flug schon immer gewünscht hast.« Er küsste mich wieder. »Nimm dir Zeit da oben die Aussicht zu bewundern und komm wieder zu mir, wenn du fertig bist.« Ich ging los.

»Du bist eine schöne Frau, Evelyn Husband«, sagte er lächelnd.

Ich drehte mich um und schaute ihn an. Da war dasselbe Lächeln, in das ich mich vor zweiundzwanzig Jahren verliebt hatte, als er mich mit Wasser begossen hatte.

»Ich bete jeden Tag für dich und die Kinder.«

Ich wusste, dass das stimmte; er hielt immer sein Wort.

»Es gibt ein paar wirklich schwierige Sachen, die wir vor dem Start tun müssen«, sagt Scott Parazynski. »Es ist sehr schwer sich von den Kindern zu verabschieden, wenn man etwa eine Woche vor dem Start in Quarantäne geht, weil da das unterschwellige Gefühl ist: ›Wenn nun etwas passiert?‹ Und das Letzte, was wir tun und was einen emotional ergreift, ist der Abschied von unseren Ehepartnern am Tag vor dem Start. Das ist ein schwieriger Augenblick. Man versucht nicht anzudeuten, was passieren könnte, aber es ist doch unterschwellig sehr deutlich.«

Ich bin sicher, dass uns beiden, Rick und mir, an diesem Tag solche Gedanken durch den Kopf gingen, als wir uns verabschiedeten, aber wir sprachen nicht über die Gefahren. Als ich dann vom Strandhaus wegging, ließ jeder den anderen in Gottes Hand.

Am selben Nachmittag gab ich in der nah gelegenen *Calvary-Chapel* einen Empfang für 400 Verwandte und Freunde und Steve Green sang. Steve und sein Sohn Josiah waren zum Start nach Florida gekommen. Es war sehr schön, wie er auf dem Empfang sang. Es war eine sehr gute Zeit, Gott für Rick und seinen Glauben zu danken. Nur einen Tag später sollte sich sein Lebenstraum erfüllen.

Am Abend ging ich in unser Hotel, bestellte Pizza für Laura, Matthew und mich und ging dann schwimmen, ehe ich sie zu Bett brachte. Ich war so müde, dass meine Lippen sich taub anfühlten, aber ich musste aufbleiben und unsere Sachen packen. Um zwei Uhr früh mussten wir startbereit sein, um den Start um 6.48 miterleben zu können.

Im Kennedy Space Center ist es Tradition, in einem der Büros des Startkontrollzentrums eine Tafel aufzustellen, auf die die Kinder der Astronauten in diesen letzten Vorbereitungsstunden Weltraummotive malen dürfen. Wenn sie fertig sind, wird die Tafel mit Plexiglas bedeckt und in der Vorhalle als ständige Erinnerung an diesen Tag aufgehängt. Laura und Matthew genossen diese Zeit ohne Erwachsene, in der sie mit den anderen Mannschaftskindern auf die Tafel malten, und ich war zu beschäftigt, um mir Sorgen um sie zu machen. Rick und die Mannschaft wurden gegen vier Uhr morgens im Raumschiff angeschnallt; da waren wir noch gar nicht im Kennedy Space Center. Sobald die letzte Kontrolle, die man Neun-Minuten-Kontrolle nennt, vorüber war, würde man uns auf das Dach des Startkontrollzentrums führen, um den Start zu beobachten. Dann waren Rick und die Mannschaft startbereit. Ich fragte mich, was Rick beim Warten auf den Start durch den Kopf ging, denn das war ja sein Augenblick; er verwirklichte seinen lebenslangen Traum.

»Wenn man endlich angeschnallt ist«, sagt Scott Parazynski, »kann man es einfach nicht fassen, dass man wirklich da ist und ins All fliegt. Man versucht sich auf all die Anlagen vor sich zu konzentrieren und ist sehr gesammelt. Vor allem will man nichts verkehrt machen – viele Menschen zählen auf einen. Es gibt auch kurze Zeitabschnitte, in denen die Uhr zwar läuft, aber für die Mannschaft nicht viel zu tun ist, darum fangen wir an Witze zu machen, um die Spannung abzubauen. Wir können nichts tun außer zu warten.«

Wir hatten mehr als 400 Gäste nach Cape Canaveral eingeladen, aber nur die nächsten Angehörigen der Mannschaft, also Laura, Matthew und ich, durften den Start vom Dach des Startkontrollzentrums aus sehen. Weitere Familienmitglieder und Freunde hielten sich auf Tribünen außerhalb des Gebäudes Saturn 5 auf. Ich war bis zum Start so beschäftigt, dass ich gar keine Zeit hatte, nervös zu werden. Aber als die Neun-Minuten-Kontrolle vorbei war und ich zum Dach des Startkontrollzentrums ging, überfiel es mich: Ich hatte Angst! Aber die Astronauten im Raumschiff erleben es ganz anders.

»Wenn die Neun-Minuten-Kontrolle erst vorbei ist«, sagt Scott, »ist die Sache in Gang und wir sind sehr konzentriert. Über zwei Stunden haben wir auf dem Rücken gelegen und auf den Start gewartet, im Oberkörper hat sich Flüssigkeit gesammelt, wir tragen einen 35 Kilogramm schweren Raumanzug, der nicht perfekt gekühlt ist, es ist Druck auf der Blase und es wird unbequem. Wenn die Zeit für den Start gekommen ist, wollen wir nur noch, dass es losgeht – und nicht, dass wir am nächsten Tag dasselbe noch einmal machen müssen.«

»Was dann abläuft, kennen wir schon gut, weil wir es so lange geübt haben«, erklärt Dan Barry. »Aber die Begeisterung und Spannung und die Freude, dass wir erleben, wie unser Traum sich endlich erfüllt, die kann man unmöglich beschreiben. Das ist ein unvergleichliches Gefühl. Der Start ist laut und das Raumschiff vibriert und man wird plötzlich in den Sitz hineingepresst. Aber dieses Gefühl ist stärker. Es ist so ein Empfinden: *Genau jetzt passiert das, worauf ich mein Leben lang gewartet habe!*«

Jeder weiß, dass der Start gefährlich ist, und die Angst ist nach der *Challenger*-Explosion noch gestiegen. Die Gefahr, dass beim Start ein Unglück passiert, ist recht groß wegen der starken dynamischen Kräfte, die bei raketengetriebenen Flügen auftreten, und weil so unglaublich viel Energie gebraucht wird. Eine voll getankte Raumfähre auf der Abschussrampe wiegt über 2000 Tonnen; das ist zum größten Teil hochexplosiver und flüchtiger Raketentreibstoff. Die Antriebsraketen und die Hauptmotoren der Raumfähre zusammen enthalten 3400 Tonnen Treibstoff, der das Raumschiff in nur achteinhalb Minuten von 0 auf 28 000 km/h beschleunigt. Die Hauptmotoren der Fähre verbrennen flüssigen Wasserstoff und flüssigen Sauerstoff so schnell, dass eine einzige Brennstoffpumpe ein Schwimmbad von offiziellen olympischen Ausmaßen in 30 Sekunden aussaugen könnte. Die Antriebsraketen sind wie riesige Wunderkerzen; sie müssen hundertprozentig genau arbeiten, denn wenn sie gezündet sind, kann man sie nicht mehr abstellen.

Rick kannte die Gefahren, die mit dem Beruf verbunden sind. Das tun alle Astronauten. Mike Anderson hat einmal gesagt: »Ich nehme das Risiko auf mich, weil ich meine, dass wir da etwas wirklich Wichtiges tun. Mir geht es darum, dass das, was ich tue, große und segensreiche Folgen für alle, für die ganze Menschheit haben kann.« Darüber brauchen die meisten von uns in ihren Berufen nie nachzudenken, aber Astronauten müssen vor jedem Flug an die Gefahr denken.

»Über eines muss man sich als Astronaut klar werden: Wie groß ist die Gefahr und bin ich bereit, das Risiko für mich und meine Familie einzugehen, und ist der Nutzen das Risiko wert?«, sagt Steve Lindsey. »Jeder muss das durchdenken und gut überlegen, ehe er sich entscheidet zu fliegen. Rick dachte immer, dass der Nutzen von dem, was wir im Weltraum tun, das Risiko wert ist.«

An dem Tag stand ich auf dem Dach des Gebäudes, schaute auf die Raumfähre in der Entfernung und wusste, dass ich nicht beeinflussen konnte, was jetzt geschehen würde. Ich fing an, Gott um Frieden zu bitten. Ricks Mutter saß auf der Tribüne vor dem Gebäude Saturn 5 und hatte dieselben Gefühle.

»Ich kann mich nicht erinnern, schon einmal aufgeregter gewesen zu sein als beim Warten auf diesen Start«, sagt Jane. »Ich hatte keine Angst, dass Rick etwas Falsches täte, denn er hatte ja so lange und intensiv dafür gearbeitet, aber das Warten war entsetzlich.«

Alle Familien der Mannschaft standen schweigend auf dem Dach des Startkontrollgebäudes und ich betete still weiter, dass Gott mir Frieden gäbe. Etwa 90 Sekunden vor dem Start kam

Joe Tanner, ein anderer Astronaut, zu mir und betete für mich; da musste ich weinen.

Der Countdown fing an und ich nahm Matthew auf den Arm und hielt Lauras Hand fest. Das war der Moment, den Rick ersehnt hatte.

»Zehn Sekunden vor dem Start – das ist ein erstaunliches Gefühl«, sagt Scott. »Im Raumschiff spüren wir die Vibration vom Flutungssystem.« Tausende Liter Wasser fließen unter dem Raumschiff durch, damit die Kacheln sich durch die Vibration nicht lösen; das Wasser schützt aber auch die Startrampe. »Sechs Sekunden vor dem Start zünden die Hauptmotoren und die Raumfähre schwankt etwas. Diese Bewegung spüren wir«, fährt Scott fort. »Bei Null zünden die Startraketen und die Kraft presst uns in den Sitz. Während des Starts sind wir bis zum Dreifachen der normalen Gravitationskraft (3 g) ausgesetzt; das ist dreimal unser Eigengewicht mit dem des Anzugs. Viele sagen, das ist, als ob einem ein Gorilla auf der Brust sitzt.«

»Die Kraft ist von der Brust zum Rücken gerichtet«, sagt Dan Barry. »Wenn man in einem Überschallflugzeug zu viel solche Kräfte erzeugt, kann man bewusstlos werden, aber im Raumschiff wirkt die Kraft nicht vom Kopf zu den Füßen wie im Flugzeug. Wir sind nur 3 g ausgesetzt, das ist nicht viel im Vergleich zu einem Kampfflugzeug, aber es ist doch ein interessantes Gefühl. Da merkt man genau, dass etwas passiert!«

Als die Raumfähre startete, spürte ich, wie mein Herz schlug; es trommelte gegen meinen Brustkorb. So ein Start hat etwas Ehrfurcht gebietendes, die ungeheuren Kräfte sind überwältigend zu sehen. Matthew, Laura und ich sahen schweigend zu, wie die Raumfähre aufstieg, zuerst durch eine dünne Wolkenschicht, dann schoss ein Schatten, eine gerade Rauchwolke in den Himmel; es sah aus wie ein Kreuz. Im ersten Moment hielt ich es für Einbildung, aber ein paar Astronauten, die hinter mir standen, sprachen auch über die Kreuzform. Für mich war das eine Gebetserhörung, denn es gab mir Frieden. Ich sah die Raumfähre steigen, steigen, steigen und dachte: *Weiter, Rick! Weiter!*

»Man kann sich nicht vorstellen, dass es etwas gibt, das so lange und so schnell beschleunigen kann«, sagt Scott. »Bei 3 g müssen wir, um atmen zu können, tief einatmen, die Luft anhalten und dann kräftig ausatmen. Das ist viel schwerer als normal zu atmen, aber wir wissen, dass die kleine Mühe nicht lange dauert. Wir sind blitzschnell im All.«

Ich hielt den Atem an und versuchte das Raumschiff noch weiter steigen zu sehen. Am Saturn-5-Gebäude beobachtete Jane, wie die *Discovery* immer höher stieg. »Als das Ding abhob, fing ich an zu weinen«, sagt sie. »Ich dachte immer nur: *Da drin ist mein Sohn und ich kann nichts dagegen tun.*«

Zwei Minuten nach dem Start wartete ich darauf, dass die Startraketen abfielen. Laura war sehr still. Matthew hielt sich an mir fest, aber als die Startraketen abfielen, meinte er sich auch losmachen zu können. Er wand sich aus meinen Armen und fing an zwischen den Beinen der Astronauten durchzulaufen, die hinter uns standen. Mit beängstigender Geschwindigkeit schaffte er es, die Treppe des Startturmgebäudes hinunterzulaufen. Ich lief hinter ihm her und der Start der Raumfähre war vergessen. Ein Astronaut sah, wie ich Laura hinter mir herzog, und rannte Matthew nach. Schließlich holte er ihn ein, und ich bin mir sicher, es war noch bevor Matthew die Schalter finden konnte, die die NASA mit der internationalen Raumstation verbinden.

Als der Flug in die Umlaufbahn nach achteinhalb Minuten beendet war, suchte ein Astronaut Jane und Keith auf und übergab jedem einen Brief. Jane öffnete ihren. Er war von Rick:

*Liebe Mama,*
*ich hab's geschafft! Ich habe dich sehr lieb und möchte dir für die viele Liebe und Ermutigung danken, die du mir mein Leben lang gegeben hast.*
*Du hast nie versucht mir das Fliegen oder die Arbeit bei der Luftwaffe oder das Astronautwerden auszureden. Du hast mir immer wieder gesagt, ich könnte es – und dafür bin ich ewig dankbar. Ich hoffe, Evelyn und ich können das auch für Laura und Matthew tun.*
*Ich danke Gott jeden Tag, dass er mir dich als Mutter gegeben hat. Während ich weg bin, bete ich jeden Tag für dich – so wie jetzt.*
*Ich habe dich sehr lieb und wir sehen uns gleich nach der Landung!* *Liebe Grüße, Rick*

Jane lächelte trotz ihrer Tränen, als sie den Brief zu Ende las. Auch Keith las seinen:

> *Lieber Keith,*
> *ich hab's geschafft! Hoffentlich hat der Start dir gefallen. Mir bestimmt, darauf kannst du dein Gehalt verwetten.*
> *Ich möchte dir nur sagen, wie lieb ich dich habe. Ich danke Gott jeden Tag, dass er mir dich zum Bruder gegeben hat. Danke, dass du so ein wunderbarer Bruder für mich, Sohn für unsere Mutter, Schwager für Evelyn und Onkel für Laura und Matthew bist.*
> *Ich wünsche dir einen sehr schönen 39. Geburtstag. Jetzt hast du Mama beinahe eingeholt. Ich bete jeden Tag für dich. Pass auf dich auf, dann sehen wir uns nach der Landung.*
> *Liebe Grüße, Rick*

Er hatte sich die Zeit genommen auch an Laura, Matthew und mich Briefe zu schreiben, und als alles ruhiger wurde, konnte ich sie lesen. Er schrieb, dass er uns liebte und dass in seinem Leben ohne uns etwas fehlen würde, und dankte für die Zeit der Unterstützung und Opfer, die wir während seiner Ausbildung in Kauf genommen hatten. Rick konnte sich so gut ausdrücken, dass ich weinte, noch bevor ich einen Brief fertig gelesen hatte. Ich spürte immer seine Liebe zu uns, auch wenn der Brief nur ganz kurz war. Ich las diesen zu Ende und konnte mir nur ausmalen, was Rick wohl im Augenblick tat.

»Achteinhalb Minuten lang konnten wir beobachten, wie der blaue Himmel schwarz wurde«, sagt Dan. »Kent und Rick hatten von den vorderen Plätzen aus einen herrlichen Blick und konnten alles sehen, als wir durch die Wolken brachen. Der ganz besondere Augenblick kam, als wir uns abschnallten und durch das Raumschiff schwebten. Wir schwebten gleich zu den Fenstern und drückten die Nasen an die Scheiben und betrachteten die Erde aus dem All. Wie schön die Erde ist, das gibt kein Film wieder. Er kann die Farben und Kontraste der Erde einfach nicht darstellen. Rick war begeistert – wir alle.«

Nach dem Start ist es Sitte, dass sich die Familien der Mannschaftsmitglieder mit dem Direktor der NASA treffen; diese Zeit suchte Matthew sich aus, um das Blaue vom Himmel herunterzureden und dem Direktor zu erzählen, wie froh er sei, dass sein Papa Astronaut ist. – Ein paar Sekretärinnen hielten es für eine gute Idee Matthew Autoaufkleber zum Spielen zu geben, um ihn zu beschäftigen. Eine andere Sitte ist, dass NASA-Beamte, sobald eine Raumfähre im All ist, einen Aufkleber von diesem Flug an eine bestimmte Tür kleben. Auf einer Seite der Tür sind mehrere Aufkleber bis zu dem der *Challenger*, aber nach der *Challenger* ist die Tür frei; um den Mannschaftsmitgliedern Ehre zu erweisen, hat man nach diesem Aufkleber keinen mehr auf dieser Seite der Tür angebracht.

Bei der offiziellen Begrüßung stand Matthew neben dieser Tür und an der Art, wie er seine Autoaufkleber festhielt, konnte ich sehen, was er dachte. Ich stand mehrere Plätze von ihm entfernt; im hinteren Teil des vollen Raums war ich eingekeilt und konnte ihn daher schlecht rufen oder ihn zu mir ziehen. Die NASA-Beamten redeten über den Shuttle-Einsatz, aber ich hörte nicht, was sie sagten, denn ich war ganz auf Matthew konzentriert, ob er seine Autoaufkleber an die Tür kleben würde. Ich betete: *Bitte, Herr, lass nicht zu, dass er das tut. Lass es nicht zu!*

Als die Beamten den Aufkleber an die Tür kleben wollten, wurde Matthew von irgendetwas abgelenkt und er drehte sich um und schaute hinter sich. Ich seufzte tief auf: Wieder eine Katastrophe im letzten Moment abgewendet.

Wir gingen in ein anderes Zimmer, wo die Sitte fordert, dass man nach einem Start braune Bohnen isst. Ich habe keine Ahnung, wie diese Tradition angefangen hat, aber mir scheint, irgendwann hätte jemand das ändern und für diese Starts am frühen Morgen etwas Angenehmeres anbieten sollen. Aber bei der NASA sind Traditionen sehr wichtig. Mir wurde schon bei dem Gedanken schlecht, um sieben Uhr morgens Bohnen zu essen, ich aß daher nur eine einzige Bohne.

Etwas später an diesem Morgen flog die NASA uns wieder nach Houston. Es war ein turbulenter Tag und ich war erschöpft, denn wir waren seit zwei Uhr auf gewesen. Immer wenn ich im Flugzeug eingenickt war, fragte Matthew: »Mami, schläfst du?« Ich schleppte unser Gepäck wieder zurück ins Haus und brachte Laura und Matthew an diesem Abend um sieben Uhr ins Bett.

»Aber ich bin gar nicht müde«, sagte Laura.

»Wenn du die Augen zumachst, bist du müde«, sagte ich.

»Nein.«

Ich war zu erschöpft, um mich auf Rede und Gegenrede einzulassen.

»Dann lies noch ein bisschen«, schlug ich vor.

Laura nahm ein Buch und war nach einer halben Minute eingeschlafen.

Ich fiel ins Bett, dankte Gott für den schönen Start und schlief ein.

# 7
# Ricks Mission

Alles, was ich tue, soll zu Gottes Ehre sein. Aus Ricks Tagebuch

In den zehn Tagen des Weltraumfluges konnte ich bei Tag und Nacht den Kanal der NASA einschalten und Rick sehen. Die Kinder faszinierte es, auf den Bildschirm zu schauen und zu warten, bis ihr Papa oder wenigstens ein Teil von ihm ins Blickfeld schwebte.

»Guck, da ist Papas Ohr«, sagte Laura dann.

»Da ist seine Uhr«, sagte ich.

»Das ist Papas Nase«, sagte Matthew und lachte.

Ich hörte, wie Rick und die anderen sich unterhielten, und es war sehr beruhigend seine Stimme zu hören. Er genoss das Ganze.

»Rick war selig«, sagt Dan Barry. »Auch als Mannschaft ging es uns wunderbar auf diesem Flug. Einmal war ich auf dem Mitteldeck und Rick arbeitete im Cockpit. Er sagte: ›He, Dr. Dan, komm mal hier rauf.‹ Ich schwebte hinauf und er hatte im Cockpit alle Lichter ausgeschaltet. Er zog mich ans Fenster und zeigte auf ein fantastisches Schauspiel von Südlichtern: Über eine unglaublich lange Strecke, bestimmt mehr als tausend Kilometer, glühte die Atmosphäre über der Südspitze von Südamerika. Wir ließen es eine Minute lang auf uns wirken und es war unbeschreiblich schön. Dann ging es wieder an die Arbeit. Rick konnte Arbeit und Freizeit hervorragend einteilen.«

Während Ricks Flug besuchte uns meine Mutter und das gab mir Gelegenheit zur Flugkontrolle zu fahren und zu beobachten, was vor sich ging. Es war faszinierend und ich freute mich sehr für Rick. Nach jahrelangem Arbeiten für sein Ziel und vier

Bewerbungen hatte er es geschafft. Er erlebte seinen Traum und ich hörte die Freude in seiner Stimme; an seinem Gesicht konnte ich sehen, dass er es noch nicht fassen konnte, dass er wirklich im All war.

»Er verließ sich auf sein Können«, sagt Dan, »und ich glaube, das kam von seinem Glauben; der gab ihm eine spürbare Zuversicht. Bei allem, was er tat, wirkte er beruhigend und zuversichtlich – ob im Simulator oder in einer T-38 oder auf dem Weg ins Weltall. Er wusste, was er konnte, aber er war nie herrisch und zeigte uns immer Anerkennung. Er erkannte, wo jemand begabt oder geschickt war, und konnte uns ganz einfach ermutigen. Mit so jemandem zu arbeiten ist herrlich.«

Oft, wenn ich Rick bei der Flugkontrolle beobachtete, stiegen mir Tränen in die Augen vor übergroßem Glücksgefühl und weil ich sah, wie Gott uns geradezu mit Liebe überschüttete. Gottes Güte überwältigte mich.

In den zehn Tagen, die Rick im Weltall war, schlich meine Mutter jede Nacht hinunter, um sich etwas Eiskrem zu holen. Sie machte sich nicht einmal die Mühe eine Schüssel zu benutzen; sie nahm nur ein paar Löffel voll aus dem Behälter und ging wieder zu Bett. In einer Nacht glitt sie auf der Treppe aus, fiel die letzten paar Stufen hinunter und durchstieß mit der Schulter die Gipskartonwand.

Am nächsten Morgen beim Aufstehen fand ich ein klaffendes Loch in der Wand. Ich konnte mir nicht denken, wie in aller Welt das passiert war.

»Wieso ist da ein Loch in der Wand?«, fragte ich.

Ganz verlegen erzählte mir meine Mutter die Geschichte.

Laura und Matthew nennen meine Mutter Grammy und nannten das Loch zu Ehren meiner Mutter »das Grammy-Loch«. Am nächsten Tag kamen ein paar Astronauten zu uns, machten ein digitales Foto von den Kindern neben dem Loch und schickten es Rick ins All; das fand er sehr lustig. Er liebte meine Mutter und konnte es kaum abwarten, sie mit dem Grammy-Loch aufzuziehen, das sie in unserer Wand hinterlassen hatte.

Ich hatte Bedenken, Mutter könnte sich bei dem Sturz den Fuß verletzt haben, denn sie klagte immer wieder darüber; ich dachte, sie hätte vielleicht einen kleinen Knochen angebrochen oder Ähnliches. Ich rief einen der Ärzte von der NASA an, er heißt Chris Flynn und ist eigentlich Psychiater, und er sagte, sie solle den Fuß röntgen lassen.

Nach mehreren Stunden kam sie nach Hause und erzählte viel von Chris. »Das ist einer der nettesten Menschen, die ich je getroffen habe«, sagte sie. »Ich habe noch nie jemanden getroffen, der mich einfach reden und reden und reden lässt, aber das hat er gemacht. Er hat einfach nur zugehört. Er hat mich nicht unterbrochen!«

»Das kommt, weil er Psychiater ist«, sagte ich lachend, »und bestimmt hat er dich sehr interessant gefunden.«

Rick hatte ungeheuren Spaß an der Geschichte und hörte nicht auf, meine Mutter damit aufzuziehen.

Die *Discovery* sollte am Morgen des 6. Juni 1999 um 2.30 Uhr landen. Laura hatte eine Ballettvorführung, konnte also nicht mitkommen, und weil es mitten in der Nacht sein würde, beschloss ich, dass auch Matthew zu Hause bleiben sollte.

Am Tag der Landung herrscht eine ganz andere Atmosphäre; es gibt überhaupt keine Nervenanspannung und alle Ehepartner freuen sich. Man ist voller Energie, weil die Mission ein Erfolg war und die Mannschaft wiederkommt. Die NASA flog uns am Tag vor der Landung nach Florida und am Abend gingen alle Familien zusammen essen. Wir lachten und redeten und lachten wieder. Ich bin sicher, das Personal war froh, als wir gingen, aber wir konnten unsere Vorfreude nicht beherrschen, denn unsere Ehepartner kamen zurück!

Kurz nach Mitternacht wurden wir am Hotel abgeholt, damit wir um 2.30 Uhr bei der Landung sein konnten.

Meine Mutter war aufgestanden, um die Landung zu sehen, und Matthew musste aufstehen um ins Bad zu gehen und kam leise zu ihr herunter. Zusammen schauten sie der Landung zu, die ohne Zwischenfälle verlief; dann schlich Matthew wieder nach oben in sein Zimmer. Sein Papa war gut angekommen, da konnte er bis zum Morgen schlafen.

Sobald die Raumfähre gelandet war, wurden die anderen Ehepartner und ich zu dem Gebäude gebracht, in das die Raumfahrer kommen, wenn sie aus der Fähre gestiegen sind. Als ich Rick sah, wurde mir warm ums Herz. Ich kann mich nicht erinnern, je so überglücklich gewesen zu sein, dass er wieder bei mir war. Ich war so froh ihn berühren und umarmen zu können. Er war gesund angekommen und wieder auf der Erde; jetzt konnten wir wieder anfangen normal zu leben. Ich lachte, weil er nicht gerade gehen konnte; er schwankte, weil sein Gleichgewichtssinn noch nicht funktionierte, aber ich konnte nicht aufhören ihn zu umarmen.

Nach seiner Untersuchung stiegen wir ins Auto und ich hielt bei der U-Bahn und besorgte ihm ein Sandwich. Er sagte immer wieder, wie wunderbar das Brot roch. »Das ist das Beste, was ich je gerochen habe«, sagte er. Ich roch gar nichts. »Das ist unglaublich! Ich muss immer daran riechen.« Er war Essen gewöhnt gewesen, das gar nicht roch, und hatte jetzt den Eindruck, das Brot sei wie von einem französischen Chefkoch gebacken. Ich hatte einen normalgroßen Becher Coca-Cola gekauft, aber er hatte ihn sofort leer. Als wir in unserem Hotel ankamen und Jane, Keith und ein paar andere trafen, bestellte Rick eine Cola nach der anderen. Am Ende brachte ihm eine freundliche Kellnerin einen riesigen Krug Coca-Cola und wir sahen verblüfft zu, wie er die ganze Kanne austrank. Rick liebte kohlensäurehaltige Getränke, besonders mit Koffein. An diesem Tag schmeckte ihm Cola einmalig gut (besonders als das Koffein anfing zu wirken!).

Er erzählte eine Geschichte nach der anderen, und als er von dem Flug erzählte, leuchteten seine Augen auf. Er kam gerade vom größten Erlebnis seines Lebens zurück und konnte es kaum erwarten, uns alles bis ins Kleinste zu berichten.

Ich weiß nicht mehr, um welche Zeit wir an dem Vormittag ins Bett fielen; ich weiß nur noch, was für ein gutes Gefühl es war, wieder Ricks Arm um mich zu haben. »War es so schön, wie du es dir vorgestellt hast?«, fragte ich.

»Es war viel, viel schöner, Evey«, sagte er. »Wie schön die Erde ist, das kann ich gar nicht beschreiben. Sie ist einfach unvorstellbar schön und beeindruckend und ich kann es nicht fassen, dass ich sie erst vor ein paar Stunden von da draußen gesehen habe!«

»Willst du da wieder hin?« Ich wusste die Antwort.

»Ich kann es kaum abwarten«, sagte er. »Ich will das alles so bald wie möglich wieder machen.« Er legte den Arm um mich und schlief ein.

Ehe ich einschlief, dankte ich Gott, dass er zu Hause war. Ich hatte ihn so sehr vermisst.

Am Nachmittag wachten Rick und ich auf und machten uns fertig, um abends zum Essen auszugehen. Wir fuhren an einen schönen Platz und setzten uns auf die Terrasse eines Restaurants mit Blick aufs Meer. Die Sonne ging gerade unter und es war sehr romantisch; ich genoss es bei ihm zu sein. Ich betrachtete den Sonnenuntergang und sah ihn dann an.

»Das ist doch jetzt sicher ziemlich langweilig für dich«, sagte ich.

»Die Sonne geht im All blitzschnell auf und unter«, sagte er. (Das sehen die Astronauten im Weltraum alle 45 Minuten.) »Gott hat den Sonnenuntergang auf der Erde so geschaffen, dass er schön und langsam ist, damit wir Zeit haben ihn wirklich zu genießen.«

---

Viele Menschen, besonders Reporter, haben Rick über die gegensätzlichen Sichtweisen von Naturwissenschaften und Religion befragt. Als er vom Flug der *Discovery* zurückkam, war er gern bereit ihre Fragen zu beantworten.

In einem aufgezeichneten Interview sagte Rick:

*Schon wenn Sie das Universum mit all seinen Sternen anschauen, unser Sonnensystem – wie das alles geordnet ist, die Tatsache, dass die Planeten um die Sonne kreisen und wie sich die verschiedenen Galaxien verhalten, all die vielen Wechselwirkungen, die es da gibt … Ich glaube nicht, dass das einfach durch Zufall passiert ist.*
*Niemand kann erklären, woher alles gekommen ist und warum es jetzt hier ist. Schauen Sie sich einfach um, dann sehen Sie Komplexität in so vielen Dingen und Details in vielen kleinen Dingen: wie die einfachste Zelle funktioniert, wie daraus ein Baum entsteht, ein Mensch; schon das*

*Wunder zu sehen, wie unsere Kinder geboren werden, da sagt man: »Das kann nicht zufällig passiert sein.« Auch wenn Sie sich eine Anlage wie die Raumfähre ansehen: Das ist die komplizierteste und ausgefeilteste Flugmaschine der Welt, sie ist nicht durch Zufall entstanden und sie ist nicht annähernd so komplex wie ein Mensch. Viele Menschen haben viel Zeit aufgebracht, sich darangesetzt und diese Raumfähre und die ganze Anlage geplant und gebaut. Wenn man dann denkt, das ganze Weltall könnte einfach durch Zufall entstanden sein, das ergibt für mich keinen Sinn.*

*Mir scheint fast, man braucht mehr Glauben, um zu akzeptieren, dass das durch Zufall passiert ist, als zu akzeptieren, dass Gott das Weltall geschaffen hat.*

In einem Interview vor dem Start der *Columbia* wurde er gefragt, wie die Sonnenauf- und -untergänge im All auf dem *Discovery*-Flug auf ihn gewirkt haben. Er sagte:

*Das Ganze hat mich Bescheidenheit gelehrt ... aber Gott ist in seiner Schöpfung hier auf der Erde ebenso zu erkennen wie dreihundert Kilometer darüber. Und auch, wenn Sie nur einmal all die Menschen, an denen Sie Tag für Tag vorbeigehen, betrachten – wenn Sie gesehen haben, wie Ihre Kinder geboren werden, und Ihnen klar wird, was für ein Wunder jeder einzelne Mensch ist und wie schön Gott alles hier auf der Erde geschaffen hat – es gibt genauso viele Beweise hier, wie wenn man im Weltall ist.*

Für Rick hat es auf diesem Gebiet nie Konflikte gegeben; die Naturwissenschaften vertieften nur seine Bewunderung für Gottes Schöpfung. Für ihn war Gott der kompetenteste Wissenschaftler, der Zellen schafft und weiß, wie jede einzelne funktioniert; er gibt Menschen das Wissen, um Heilmittel gegen Krankheiten zu finden und so komplizierte Dinge zu erfinden wie die Raumfähre; er hat Mond und Sternen im Weltall ihren Platz gegeben und bestimmt, wann sie nachts aufgehen sollen. Weil Gott alle Naturwissenschaften und die Mathematik erfunden hat, war das, was Rick tat, für ihn selbst nur ein Fünkchen auf dem Radarschirm im Vergleich zu der Größe Gottes.

---

Am nächsten Tag flogen wir zum Ellington-Field-Flughafen in Houston, wo die Astronauten zu einer riesigen Feier erwartet wurden. In den Monaten danach waren sie mit Vortragsreisen beschäftigt. Sie besuchten die Schulen, die etwas mit der Raumfähre ins All geschickt hatten, und sprachen mit den Kindern über ihren Flug. Sie fuhren durch ganz Kanada, weil ein Mitglied der Mannschaft, Julie Payette, Kanadierin war, und begegneten da den verschiedensten Menschen. Sie hatten viel zu tun, aber ich hatte wenigstens das Gefühl, dass Rick wieder da war. Alles erschien wieder normal.

---

In diesem Sommer machten wir eine lange Urlaubsreise nach Destin in Florida, Atlanta, Chattanooga und Nashville. Bevor Rick wieder zur Arbeit musste, besuchten wir dort Steve Green und seine Familie, mit denen wir uns immer besser verstanden. Die Kinder fanden es herrlich. Wenn wir in Urlaub fuhren, dann war auch Rick im Urlaub. Er arbeitete intensiv, aber noch intensiver genoss er seine Freizeit.

Wenn ein Astronaut von einem Flug zurückkommt, dauert es gewöhnlich zwei Jahre, bis er wieder fliegt. Als Rick wieder zur Arbeit ging, bekam er die Aufgabe, als technischer Sicherheitsoffizier die Vorbereitung von Flügen auf Sicherheit zu überprüfen. Er trainierte auch weiter, um in keiner seiner Fertigkeiten nachzulassen.

Das war eine wunderbare Zeit für unsere Familie. Wir spielten Spiele und bestimmten jeden Freitagabend zum »Familienabend«; dann machten wir Pizza und liehen einen Film aus. Laura und Matthew hatten es besonders gern, wenn wir im Wohnzimmer alle Möbel aus dem Weg räumten und ihnen Betttücher über den Kopf legten. Dann mussten sie versuchen Rick und mich zu finden. Sie schrien dabei vor Lachen. Wir machten

Schnitzeljagden und spielten sogar hinten im Garten im Schlafanzug Softball. (Ich bin so dankbar für unseren Sichtschutzzaun!)

Rick fing an, alles was die Kinder ihm einmal gegeben hatten, in einem Buch zu sammeln und schrieb von ihren lustigen Aussprüchen manches auf. Einmal sagte Laura: »Der Himmel ist hinter dem Schwarzen im Weltall; er ist nicht direkt im Weltall«, aber am nächsten Tag sah sie es anders und sagte: »Der Weltraum ist hinter dem Blauen; der Himmel ist *hinter* dem Schwarzen.« Rick klebte Aufkleber, Spielkarten und Papierflugzeuge in das Buch, ebenso ein Blatt, das Matthew ihm bei einem Picknick im Houstoner Zoo gegeben hatte. Als er einen Stein mit Klebstreifen befestigte, dachte ich, er habe den Verstand verloren! Aber dann las ich, was er dazu geschrieben hatte:

*Diesen Stein hat Matthew mir gegeben, als er und ich Laura zur Schule brachten. Er reichte ihn mir und sagte: »Hier, Papa, nimm das als Erinnerung an mich.« Was für ein süßer Junge!*

Einmal brachte Laura nach der Schule Fotos von Footballspielern für Rick mit. Er klebte sie in das Buch und schrieb:

*Sie hätte einen Lutscher oder irgendetwas für sich kaufen können, aber sie hat dies für mich gekauft. Was für ein freundliches Geschenk von Gott!*

Rick klebte auch einen winzigen Splitter in das Buch, den wir aus Matthews Daumen geholt hatten. Wir brauchten im Ganzen fünf Stunden, um ihn herauszubekommen (wir fingen am Freitagabend an, ihn herauszuziehen und versuchten es am Samstag wieder). Das wollte Rick dokumentieren, damit wir es niemals vergessen würden. Wir wissen es noch!

Irgendwann in dieser Zeit dachten Rick und ich, es wäre gut zusammen eine Art Familienandacht zu halten. Ich weiß nicht, wie gut wir das überlegt haben, wenn man bedenkt, dass wir damals ein vierjähriges Kind hatten. Wir wollten etwas tun, was Gottes Wort einen Platz in Lauras und Matthews Leben gab, aber es sollte der ganzen Familie Spaß machen. Wir fingen in bester Absicht an, aber jede Andacht wurde schnell zur reinsten Komödie.

Rick las einen oder zwei Sätze aus dem Buch; dann fingen Laura und Matthew an zu reden.

»Pst! Hört Papa zu«, sagte ich dann.

Rick las wieder einen Satz oder zwei und sie fingen wieder an zu reden.

»Papa will uns etwas vorlesen«, sagte ich, dieses Mal mit mehr Nachdruck.

Rick nahm wieder das Buch und fing an zu lesen. Matthew stand auf und lief im Zimmer herum.

»Matthew, komm her! Papa will uns etwas sagen!«

Ich weiß nicht, wer verrückter war: Rick, weil er dachte, er könnte einen Vierjährigen zum Zuhören bewegen, oder ich, weil ich versuchte einen Vierjährigen zum Stillsitzen zu bringen.

Irgendwie kamen wir durch die Andacht und sollten dann Fragen aus dem Buch beantworten, das wir gemeinsam benutzten. Eine Frage lautete, was wir als Familie am liebsten täten.

»Schlafen«, sagte ich.

»Matthew hauen«, sagte Laura.

Es war hoffnungslos. Am Schluss beteten wir, dass wir lernten besser zu gehorchen und uns nicht zu unterbrechen, aber ich hatte Zweifel.

Von Zeit zu Zeit versuchten wir es in diesem Sommer öfters, eine Andacht zu halten. Als Matthew gerade fünf geworden war, brachte er mehrere »Preise« mit zur Andacht. Er legte eine Münze aus, die aussah wie eine olympische Medaille, und ein paar Kaugummis und Süßigkeiten.

»Was ist das?«, fragte Rick.

»Das ist für alle, die still bleiben können«, antwortete Matthew.

Rick war beeindruckt; vielleicht lernte Matthew doch noch etwas. Aber als Rick anfing zu lesen, fing Matthew sofort an zu reden.

»Pst, sei still, Matthew«, sagte er.

Er las weiter und Matthew redete weiter mit sich selbst.

»Matthew, ich lese vor«, sagte Rick.

Er nahm wieder das Buch vor und Matthew redete lustig.

»Matthew, setz dich hin. Sei still und hör zu, sonst kriegst du keine Medaille.«

»Ich brauche keine Medaille«, sagte Matthew und schaute ihn an. »Ich bin doch der Schiedsrichter.«

Wir dachten, vielleicht könnte ein Ortswechsel helfen, und beschlossen eines Tages zur Cafeteria *Piccadilly* zu gehen (oder Pickle Dilly, wie Matthew sie nannte). Wir fingen an zu essen und merkten, dass Matthew sein Gemüse nicht aß. Ich forderte ihn immer wieder auf, es zu essen, mit dem altbekannten Satz: »Damit du groß und stark wirst.« Er rührte es nicht an.

»Ich will kein Gemüse essen«, sagte er. »Ich esse nur Nachtisch.«

Dann fingen wir mit der Andacht an und sahen gleich, dass unser genialer Plan, den Ort zu wechseln, doch nicht so genial war.

Rick schrieb an den Rand des Andachtsbuches:

*Einmal musste ich mit Matthew zur Toilette gehen um ihm ins Gewissen zu reden, denn er unterbrach uns ständig. Danach ging es viel besser.*

Unsere Familienandachten trugen nicht die erhofften Früchte. Die wichtigste Frage, die Matthew in dieser Zeit hatte, war: »Warum sagen wir am Ende des Gebets immer ›Abend‹?« Es war wohl nicht die Zeit der größten geistlichen Erleuchtung für uns alle, aber es war lustig. Die Kinder freuten sich an den Spielen nach jeder Lektion. Wir spielten im Garten Zirkus und Laura schrieb Sketche, bei denen sie und Matthew die Schauspieler waren und gab uns selbst gebastelte Einladungen zu den Vorführungen. Es war eine sehr schöne Zeit, die uns einander immer näher brachte und Rick genoss sie.

In sein Tagebuch schrieb er:

*Gott hat mir Einfluss auf meinen Sohn gegeben und ich bin dafür verantwortlich alles zu tun, was ich kann, damit er*

*Jesus als seinen Herrn kennen lernt. Herr, bitte gib, dass Matthew dich kennen lernt.*

Er hatte schon mit Laura gebetet und ihr erklärt, dass Jesus für uns alle am Kreuz gestorben ist. Als sie vier Jahre alt war, hatte Laura Jesus gebeten in ihr Herz zu kommen, damit sie eine enge persönliche Beziehung zu ihm haben konnte, und Rick wollte, dass Matthew ihn auch annahm.

Rick nutzte die Zeit zwischen den Weltraumflügen, um Bibelstellen auswendig zu lernen und sein Leben mit Gott stetig fortzusetzen. Jeden Morgen nach dem Aufstehen las er die Bibel und betete eine Zeit lang, ehe er zur Arbeit ging. Wenn er das nicht konnte, war er sehr frustriert. Wenn er diese Zeit frühmorgens mit Gott nicht hatte, schien ihm der ganze Tag verloren zu sein. Ein Reporter fragte ihn einmal, wie wichtig es für ihn sei, regelmäßig die Bibel zu lesen. Da sagte er:

*Das ist beinahe ähnlich wie beim Sport. Wenn man nicht regelmäßig Sport treibt, bleibt der Körper nicht fit. Wenn man nicht regelmäßig die Bibel liest, bleibt man geistlich nicht fit. Ich muss nachlesen und mich ständig wieder daran erinnern, was Gott in der Bibel zu uns sagt. Jesus hat alles durchgemacht, was wir erleben. Er hat jeden Schmerz erlebt; er ist auf jede mögliche Art versucht worden. Das hat er durchgemacht und den Sieg darüber erzielt. Alles, was er zu sagen hat, ist sehr hilfreich, sehr motivierend. Man muss sich ständig damit versorgen. Bei solchen Dingen soll man sich keine Diät auferlegen. Man braucht sie, um geistlich weiterzuwachsen. Man braucht sie, um damit durch jeden Tag zu kommen, besonders bei all den Entwicklungen, die wir heute in der Welt sehen – da macht es Mut, auf die Bibel zurückzugreifen und zu sehen, dass Gott die Dinge in der Hand hat.*

Gott war Rick immer treu gewesen und auch er wollte seiner Aufgabe treu bleiben, ein Mensch zu sein, der Gott folgt und ein guter Ehemann und Vater ist.

Ich habe diese Zeit als eine Zeit starker Unterstützung im Gedächtnis; es war, als ob Gott uns beide auf ein kommendes

Ereignis vorbereitete. Dasselbe Gefühl hatte ich in Kalifornien gehabt, als ich an meiner Beziehung zu Gott arbeitete und Rick dann mit mir über die Belastungen sprach, die ihm schon seit Jahren zu schaffen machten. Wir wussten nicht, was passieren würde, aber wir merkten, dass Gott uns körperlich, geistig, emotional und geistlich stärker machte für etwas, was auf uns zukam.

# 8

# Die *Columbia* und ihre letzte Mannschaft

Die Zukunft gehört nicht den Ängstlichen; sie gehört den Mutigen.
Präsident Ronald Reagan in einer Rede an die Nation nach dem Unglück der Raumfähre *Challenger*

IM SEPTEMBER 2000, fünfzehn Monate nach Ricks erstem Raumflug, wurde die wissenschaftliche Besetzung der *Columbia* bekannt gegeben: Michael Anderson, Oberstleutnant und Pilot der Luftwaffe, war zum Kommandeur für die Nutzlast bestimmt. Es war kaum zu glauben: Mike und Sandy waren die ersten Menschen, die wir in Houston kennen gelernt hatten, und nun würden er und Rick zusammen in derselben Flugmannschaft sein. David Brown, Pilot der Marine und Flugarzt, sollte der Missionsspezialist sein, ebenso Kalpana Chawla (oder K. C., wie alle sie nannten), eine in Indien geborene promovierte Luftfahrtingenieurin. Laurel Clark, eine Kommandantin der US-Marine, Sanitätsoffizierin für U-Boote und Flugärztin, war zur Missionsspezialistin bestimmt und Ilan Ramon, ein mehrfach ausgezeichneter Oberst der israelischen Luftwaffe, war als Nutzlastspezialist vorgesehen und würde als erster Israeli ins All fliegen.

Die Flugmannschaft, die nur aus dem Kommandanten und dem Piloten besteht, wurde erst drei Monate später, im Dezember 2000, bestimmt, und da wurde Rick sein zweiter Weltraumflug zugewiesen. Er sollte Kommandant sein. Willie McCool, ein Testpilot der Marine, der unter 1000 Studenten der US-Marineakademie den zweitbesten Abschluss gemacht hatte, wurde als Pilot ausgesucht.

Üblicherweise müssen Piloten zwei Raumflüge absolvieren, manchmal auch drei, ehe sie als Kommandant infrage kommen. Rick wurde nach nur einem Flug zum Kommandanten ernannt, das hatte es bei der NASA seit Jahren nicht gegeben.

»Rick war ein sehr begabter Pilot«, sagt Kent Rominger. »Er war sehr natürlich, das spielte eine große Rolle dabei, warum er schon nach einem Flug zum Kommandanten bestimmt wurde. Er war sehr tüchtig und zeigte klar, dass er auch nach einem Flug schon fähig war das Kommando zu übernehmen. Das können nicht alle Piloten, aber Rick war außerordentlich begabt.«

Rick dachte nie primär an Beförderung; von solchen Gedanken ließ er sich nie leiten, sondern er konzentrierte sich auf das, was getan werden musste.

Mir war sehr bewusst, dass die Ernennung etwas Besonderes war. »Ist das nicht eine tolle Sache, dass du schon nach einem Flug zum Kommandanten bestimmt worden bist?«, fragte ich.

Er fand es unwichtig. »Ich war eben zur richtigen Zeit am richtigen Platz«, sagte er. »Rommel war so ein großartiger Kommandant, dass ich von ihm alle Führungsqualitäten gelernt habe.«

»Rick, du solltest anerkennen, dass du auch selbst dazu beigetragen hast. Du hast auf dem ersten Flug unglaublich gut gearbeitet.«

Aber davon wollte Rick nichts hören. Er war immer schnell dabei, die Anerkennung anderen zukommen zu lassen; das hat mich manchmal frustriert.

»Das verdanke ich alles nur Rommel«, sagte er. »Ich habe auf dem Platz neben ihm gesessen. Er hat mir gezeigt, was ich wissen muss.« Rick war bescheiden, aber andere sahen, was er konnte, und erkannten seine Führung an.

In einer Sondersendung im Fernsehen mit dem Titel *Sechzehn Tage: Der letzte Flug der Columbia*, die auf dem Discovery-Programm lief, sagt Robert Hanley, der Leiter des Trainingsteams für die Mannschaft: »Ich habe im Lauf meiner Karriere mit etwa 55 Mannschaften gearbeitet … und ich habe gelernt, dass der Kommandant in einer Mannschaft den Ton angibt. Wie er mit den Mitgliedern arbeitet, so arbeiten sie miteinander und so begegnen sie anderen Menschen. Dies würde ein Flug mit sehr hohen Ansprüchen werden, weil ja ein israelischer Astronaut an

Bord kam, und sie wählten Rick, weil sie wussten, wenn irgendjemand, dann konnte er mit dem Stress und mit allen Aspekten eines langen Fluges umgehen, die Experimente und alles organisieren, und er hatte die richtige Einstellung dazu. Er war der ideale Mann als Kommandant der STS-107.«

Beth Vann, eine Mannschaftstrainerin, sagt: »Er war einfach ein sehr freundlicher, sehr guter Mensch, abgesehen davon, dass er einfach Amerika verkörperte. Wenn er hereinkam, hatte man den Drang den amerikanischen Treueschwur, die *Pledge of Allegiance*, aufzusagen. Ich würde sagen, er war Texas und *apple pie* (ein amerikanisches Nationalgericht)!«

Dr. Angel Abbud-Madrid, führender Wissenschaftler bei einem der Zündversuche, erinnert sich an ein Gespräch mit K. C. während des Trainings: »Ich sagte K. C., dass es wirklich Spaß machte, mit dieser Mannschaft zu arbeiten … sie seien alle sehr hilfsbereit, sie arbeiteten als Team gut zusammen, und sie sagte: ›Das kommt alles durch Rick.‹ Damals habe ich das nicht verstanden, aber als ich später Geschichten hörte, wie er die Mannschaft zusammenhielt und wie zielstrebig er war, da verstand ich, wie wichtig seine Rolle war.«

Rick wäre es peinlich gewesen, die Kommentare in dieser Sendung zu hören, denn ihn machte es eher bescheiden, dass er als Kommandant dieser Mannschaft ausgesucht wurde, die er so hoch achtete. Er sagte mir mehrmals, es gäbe in der ganzen Gruppe keine Schwachstelle. Sie seien alle unglaublich stark, begabt, intelligent und sehr bescheiden. (Ich glaube, es ist schwer, einen eingebildeten Astronauten zu finden; sie sind alle sehr realistisch und bescheiden, wenn es um ihre Fähigkeiten geht.) Bei der Mannschaft der STS-107 gab es keine Schwierigkeiten mit persönlichem Stolz; ich glaube, keiner von ihnen war nennenswert stolz oder empfindlich. Rick suchte nach Wegen, jeden Einzelnen optimal einzusetzen, denn er wollte, dass sie alle glänzten. Vom ersten Tag an wusste er, dass es bei der Mission nicht um ihn als Kommandanten ging; es ging um die ganze Mannschaft und den gemeinsamen Einsatz. Rick genoss jede Minute, die er mit der Mannschaft verbrachte.

Wenn Angus in England über jemandes Intelligenz sprach, sagte er: »Er hat ein Gehirn so groß wie ein Planet.« Rick bekam schnell den Eindruck, dass K. C. ein solches Gehirn hatte. Sie war schon einmal mit der *Columbia* ins All geflogen und sollte beim Flug STS-107 auf dem Platz hinter Rick und Willie sitzen, auf sie achten und dafür sorgen, dass alle Apparaturen richtig funktionierten. K. C., 41 Jahre alt, war eine vielseitig begabte Frau, aber im Wesen blieb sie sich immer gleich. Ich habe sie nie mürrisch oder frustriert gesehen; sie kannte keine Stimmungsschwankungen und sie hatte mit das schönste Lächeln, das ich je gesehen habe; wenn sie lächelte, wurde es hell. Obwohl sie überaus intelligent war, konnte man leicht mit ihr ins Gespräch kommen. Sie gab einem das Gefühl, der einzige Mensch der Welt zu sein, mit dem sie jetzt sprechen wollte. Mit den Mannschaftskindern ging sie ganz natürlich um und war immer liebevoll zu ihnen.

An einem Abend hatten sie und ihr Mann, J. P., uns zum Essen eingeladen und es gab ein sehr delikates indisches Essen. Danach zog sie allen Kindern prächtige indische Kleider und Schmuck an und sie führten uns eine Modenschau vor. K. C. stellte jedes Kind als König oder Königin Soundso vor. Ich weiß nicht, wem es mehr gefiel, den Kindern oder K. C.

Mike, 43, war auch schon im All gewesen und wurde für den Flug der *Columbia* als Veteran betrachtet. Mike sprach immer sehr leise und sehr höflich. Er hatte ein unvorstellbares Lächeln und ein sanftes, friedliches Wesen. Seit dem Augenblick, als wir ihn und Sandy im Maklerbüro getroffen hatten, fühlte sich Rick sehr mit ihm verbunden; er freute sich sehr, als er erfuhr, dass Mike in seiner Mannschaft sein würde. Mike liebte Computer und konnte sie ohne große Mühe auseinander nehmen und wieder zusammensetzen. Er rüstete seinen Computer jedes Jahr nach und tat das vor dem Start der *Columbia* auch mit unserem. Mike war Nutzlastkommandant der Mannschaft (noch einmal: Nutzlast ist das, was die Raumfähre mitnimmt – bei der *Columbia* waren die wissenschaftlichen Versuche die Nutzlast) und legte großen Wert darauf, ganz sicher zu sein, dass mit der Nutzlast alles genau stimmte. Er träumte nachts, er sei nicht da, wo er sein müsste, und alles endete im Chaos, aber das passierte natürlich nie.

Mike liebte seine Frau und die beiden gemeinsamen Töchter Sydney und Kaycee mehr als alles andere, und er war ein wunderbarer Ehemann und Vater. Mike und Rick fingen sogar zusammen eine Bibellesegruppe an und Mike kam zu einer Väter-Gebetsgruppe, die Rick angefangen hatte; da trafen sich Väter und beteten für ihre Kinder. Amüsant an Mike war, dass er immer gepflegt aussah. Wenn die anderen nach einer harten Trainingsstunde die Helme abgenommen hatten und wüst aussahen, sah Mike großartig aus. Als die Mannschaft in Wyoming auf einen Berg stieg und alle erschöpft und abgespannt aussahen, sah Mike großartig aus.

Willie McCool, 41, hatte den richtigen Namen für einen Testpiloten der Marine! Es sollte sein erster Flug mit der *Columbia* sein und er freute sich sehr darauf. Rick bewunderte die unglaubliche Energie, die Willie in das Team einbrachte. Er war immer fröhlich und fing jeden Tag voller Eifer und Begeisterung an. Willie konnte hervorragend planen: Wenn jemand ihn bat, etwas zu tun, war er schon damit fertig, bevor der andere ausgeredet hatte. Er war ein großartiger Vater und immer für seine Frau da. Als ich ihn und Lani das erste Mal traf, konnte ich sehen, wie unglaublich liebevoll sie zueinander und zu ihren drei Jungen waren. Er war Läufer und konnte darin jeden besiegen. Willie liebte Sport jeder Art. Er genoss die Spannung bei Wettkämpfen. Rick freute sich sehr, Willie im Weltall neben sich zu haben.

Dave Brown, 46, sollte mit der *Columbia* zum ersten Mal ins All fliegen und bei der NASA wusste jeder, wie sehr er sich darauf freute. Dave war der einzige allein Stehende bei diesem Einsatz und Rick betrachtete ihn als Kavalier alter Schule. Als er auf dem College war, war Dave mit dem Zirkus *Kingdom* aufgetreten; er besaß zwei Flugzeuge, eine *Piper Cub* und eine *Bonanza*, und wohnte direkt an einer Startbahn in Houston (diese war gleich hinter seinem Haus); er fotografierte gern und er war Pilot der Marine und Flugarzt. Er war sehr mit seinen Eltern verbunden und sprach immer mit viel Respekt und Wertschätzung von ihnen. Dave war still und etwas schüchtern, aber wenn man ihn kennen lernte, sehr freundlich und geistreich. Während des Trainings für den Einsatz der STS-107 blickte Dave oft zu Rick und sagte: »Das ist ja so spannend. Das ist richtig cool.« Er war begeistert wie ein Kind und das steckte an. Er konnte kaum glauben, dass er in den Weltraum fliegen würde.

Rick bewunderte Ilan Ramon, denn er war ein sehr warmherziger, unverstellter Mensch. Er war ungeheuer stolz auf sein Land und gerade das war eine der Eigenschaften, die Rick Respekt abnötigten. Ilan, 48, genoss es in den Staaten zu sein, aber wenn er und seine Frau Rona von Israel sprachen, war klar, dass das ihre Heimat war. In Israel war er ein Nationalheld, aber wenn man sich mit Ilan unterhielt, merkte man davon nichts; er war sehr bescheiden und sprach nicht gern von sich selbst. Seine Mutter hatte den Holocaust überlebt. Während seiner Zeit in den Staaten wurde Ilan von vielen Gruppen im ganzen Land gebeten, zu ihnen über seine Mutter zu sprechen. Er sagte seinen vier Kindern immer wieder, wie sehr er sie liebte, und es war klar, dass die Kinder ihren Vater bewunderten und liebten. Rick empfand es als ein besonderes Geschenk, Ilan in der Mannschaft zu haben und fühlte sich geehrt, dass er ihn kennen gelernt hatte. Ilan stieg tatkräftig in das Training ein und konnte seinen ersten Weltraumflug kaum erwarten.

Laurel Clark, 41, gehörte zu den einfühlsamsten und fürsorglichsten Menschen, denen ich je begegnet bin. Ihren achtjährigen Sohn Iain vergötterte sie geradezu und wollte an allem teilnehmen, was er tat. Ihr Mann, Jon, arbeitet als Flugarzt bei der NASA. (Flugärzte werden auf dem Gebiet der Weltraummedizin ausgebildet. Gewöhnlich hat jede Mannschaft eines Raumfahrzeugs einen Haupt- und einen Ersatzflugarzt. Die Flugärzte registrieren alles, was die Gesundheit der Mannschaft beim Training, während des Fluges und danach angeht.) Laurel freute sich so nahe bei Jon arbeiten zu können. Rick fand Laurel unglaublich begabt und kompetent und mochte ihren Charakter sehr gern. Wenn sie trainierten, sagte sie manchmal: »Das macht so viel Spaß. Ich bin froh, dass du mein Kommandant bist.« Sie wirkte immer ermutigend. Laurel kostete ihren Ruhm aus, indem sie einen ganzen Satz Blusen, Ohrringe, Anstecker und Halsketten mit dem Aufdruck STS-107 kaufte, und immer, wenn man sie sah, trug sie sie. Sie konnte ihre Begeisterung über ihren ersten Flug einfach nicht verbergen.

»Dieses Team ist bemerkenswert«, sagte Rick eines Abends kurz vor dem Schlafengehen. »Ich kann immer noch nicht darüber hinwegkommen, wie brillant sie sind und dass ich ausgesucht worden bin, sie zu führen.« Ich schlug die Bettdecken auf und legte mich neben ihn. »Es ist ein Geschenk, mit diesen Leuten zu arbeiten, Evelyn. Es kommt mir gar nicht wie Arbeit vor, wenn wir zusammen sind.«

»Der Traum wird also immer größer und schöner, nicht wahr?«

Er schüttelte den Kopf und schaute lächelnd an die Decke. »Ich bete nur, dass Laura und Matthew dann im richtigen Alter erkennen, was Gott für sie zu tun hat, denn ich möchte, dass sie mit ihrer Arbeit zufrieden und gesegnet sind wie ich.«

Ich lächelte. Rick war immer mit seinem Beruf zufrieden gewesen. Er liebte einfach das Fliegen und die Arbeit mit Menschen.

Er sah mich an. »Ich möchte diese Mannschaft nicht enttäuschen, Evey.«

»Das wirst du auch nicht, Rick. Ich weiß, dass du sie ganz ehrlich und selbstlos führen wirst.«

»Bete für mich, Evey. Bete, dass ich ein guter Kommandant bin, denn ich will die Mannschaft oder die NASA und auch Gott nicht enttäuschen. Es gibt einen Grund, warum er mir diese Aufgabe gegeben hat und ich will nur so führen, dass es ihm Ehre bringt bei allem, was ich tue. Ich will nicht, dass die Leute mich sehen. Ich will, dass sie sehen, wie Gott in meinem Leben gehandelt hat.«

Ich legte den Arm um ihn und wir redeten noch ein paar Minuten, bis Rick einschlief. Bevor ich auch einschlief, legte ich meine Hand auf seine Brust und betete, wie es in den Psalmen heißt, dass er die Mannschaft »mit einem aufrichtigen Herzen« führte (Psalm 78, 72).

---

Der Flug dieser Mannschaft war der 113. im Shuttle-Programm. Er sollte 16 Tage dauern und der Biologie-, Physik- und Weltraumforschung dienen und die Mannschaft sollte in zwei Schichten (dem »roten« und dem »blauen Team«) 24 Stunden täglich arbeiten und an Bord der Raumfähre *Columbia* mehr als achtzig Experimente durchführen.

Es würde der 28. Flug der *Columbia* sein; ihre erste Weltraumfahrt war 1981. Damals standen eine halbe Million Menschen am Strand, auf Dächern und am Straßenrand beim Kennedy Space Center und erwarteten den ersten Start im Raumfährenprogramm.

Im Juli 1972 hatte die NASA einen Vertrag mit der nordamerikanischen *Rockwell Corporation* geschlossen, die das Raumschiff planen und bauen sollte. Für die Programme Mercury, Gemini und Apollo wurden die Raumfahrzeuge beim Eintritt in die Atmosphäre durch ein Material geschützt, das beim Flug durch die Luftschicht langsam verbrannte, aber diese Raumschiffe waren nur für einen Flug ins All gedacht und nicht für mehrere. Die Raumfähre musste mehrere Flüge aushalten. Nach jahrelangen umfassenden Versuchen beschloss die NASA, geschäumte und mit Borosilikatglas beschichtete Silicium- (also Sand-) Kacheln zu verwenden, die die Waffen- und Raumfahrtfirma *Lockheed* entwickelt hatte. Die Kacheln wogen nur etwa 145 Kilogramm pro Kubikmeter, aber sie schützten die Raumfähre beim Eintritt in die Atmosphäre überraschend gut vor Temperaturen bis 1650 °C. Die Kacheln herzustellen dauerte sehr lange: Jede war eine Einzelanfertigung und unterschied sich von der benachbarten, und dann folgte die zeitraubende und demotivierende Arbeit, fast 25 000 Kacheln anzubringen.

Schließlich, am 12. April 1981, brachen der 50-jährige John Young auf dem Kommandantensitz und der 43-jährige Robert Crippen, auf dem Pilotensitz angeschnallt, zu einer zweitägigen Mission ins All auf. Elf Minuten nach dem Start schickte Präsident Ronald Reagan eine Botschaft an das Team im Raumschiff:

> *Wir sind die Ersten und wir sind die Besten. Das ist so, weil wir frei sind. Ihre Reise von der Erde weg in einem Fahrzeug, das keinem gleicht, das je gebaut worden ist, ist eine Meisterleistung amerikanischer Technologie und Willenskraft. Bei diesem wagemutigen Unternehmen begleiten Sie die Hoffnungen und Gebete aller Amerikaner. Gott segne Sie und bringe Sie sicher zurück.*

Als die *Columbia* startete, erhob sich ein ohrenbetäubender Lärm von Jubel und Hurrarufen, während sie in den Weltraum aufstieg. Das war der Jungfernflug des amerikanischen Raumfährenprogramms und es war ein glänzender Anfang.

Weihnachten 1958: Ricks Frühförderung für den Militärdienst

Jane Husband mit ihrem dreijährigen Sohn Rick

Rick (Mitte) mit seinen Freunden Carl Lorey und David Jones 1972 vor der Crockett Junior High School in Amarillo, Texas

Rick in seinem letzten High School-Jahr 1975 beim Fliegen mit Tante Josie

Rick Husband und Evelyn Neely 1979 bei einem Ball der Reserveoffiziere im Texas Tech

Weihnachten 1981: Rick Husband und Evelyn Neely – verlobt!

Evelyn und Rick: Trauung in der First Presbyterian Church in Amarillo, Texas, am 27. Februar 1982.

Evelyn und Ricks Mutter Jane stecken Rick nach der Abschlussprüfung am Texas Tech und der Aufnahme in die Luftwaffe die Schulterklappen an (daneben Ricks Vater Doug und sein Bruder Keith)

Evelyn steckt Rick nach dem Abschluss der Pilotenausbildung im Dezember 1981 »Flügel« an

1983 am Luftwaffenstützpunkt *Moody*: Evelyn heißt Rick mit einem Kuss willkommen.

Rick und Evelyn an Evelyns Geburtstag am 18. September 1990; im nächsten Monat wurde Laura geboren.

Hauptmann »Rippchen« Husband (nach seiner Lieblingsspeise benannt) 1990 am Luftwaffenstützpunkt Edwards

Rick als Pilot des Fluges STS-96 bei der Ankunft in Florida im Mai 1999

Rick 1990 mit Laura als Baby am Luftwaffenstützpunkt *Edwards*

Chuck Yeager und Rick am Luftwaffenstützpunkt *Edwards*, wo sie 1990 an einem Nachmittag zusammen geflogen sind

Familie Husband Weihnachten 1995 (»Alle Männer auf dem Foto tragen Windeln«, sagt Evelyn)

Matthew besucht seinen Papa 2001 beim Training für STS-107

Angus Hogg und Rick im Garten der Husbands in Houston, Texas

Rick, Evelyn, Laura und Matthew in ihrem Vorgarten

Rick mit seinem langjährigen Freund (seit der 4. Klasse) David Jones

Die Mannschaft der *Columbia*, nachdem sie die große Wasserscheide überquert und den Gipfel des 4021 Meter hohen Wind River Peak in Wyoming erreicht hat

Evelyn und Rick vor der Raumfähre *Columbia* bei einer Führung am 14. Januar 2003 im Kennedy Space Center

Das Abzeichen der *Columbia* Mission STS-107 für interdisziplinäre und geowissenschaftliche Forschungszwecke

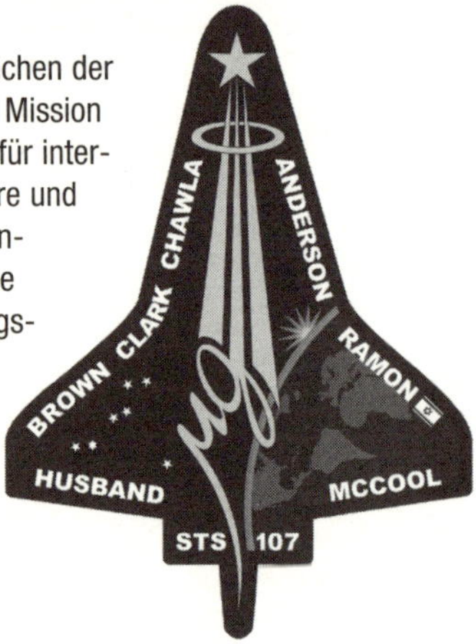

Matthew und Laura mit Rick nach seiner Rückkehr vom Kurs bei der NOLS, der Nationalen Freiluft-Schule für Leiterschaft, im August 2001

Bei der Führung durch das Kennedy Space Center am 14. Januar 2003. Von links: Ilan Ramon, J. P. Harrison (Besatzungsmitglied Kalpana Chawlas Mann), Rona Ramon, NASA-Flugspezialist Clay Anderson, Rick, Evelyn und Oberst der US-Luftwaffe Steve Lindsey

Abflug des *Columbia*-Teams am 16. Januar 2003 (Foto der NASA)

Start der *Columbia* am 16. Januar 2003 (Foto der NASA)

Ricks Familienfoto in seinem Kommandantenbuch. Das Bild war auf einer Filmrolle, die auf einem Trümmerfeld in Osttexas gefunden wurde (Foto der NASA)

Das Team der *Columbia* im All. Auch dieses Bild stammt von der gefundenen Filmrolle (Foto der NASA)

Rick und Evelyn bei der Erneuerung ihres Heiratsversprechens im August 2002

Familienfoto der Husbands, 11. September 2002

Oben: Laura, Evelyn und Matthew am 1. Februar 2003 vor der großen Landeuhr, nicht wissend, dass die *Columbia* schon auseinander gebrochen war

Links: Würdigung der Mannschaft der *Columbia* durch den Zeichner Jeff Parker von der *Florida Today/USA Today*

Evelyn und Pfarrer Billy Graham in San Diego am Muttertag 2003

Matthews Kunstwerk in Erinnerung an seinen Papa

Sean und Lani McCool, Laura Bush und Präsident George W. Bush, Evelyn, Laura, Evelyns Vater Dan Neely und Matthew beim Gedenkgottesdienst der NASA am 4. Februar 2003 (Foto des Weißen Hauses)

Evelyn, Laura und Matthew mit dem Altpräsidenten George H. W. Bush

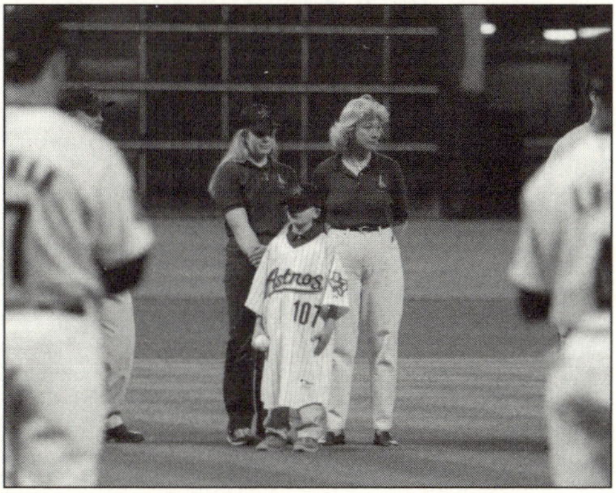


Matthew, zusammen mit den anderen Mannschafts-kindern, warf den ersten Ball zur Saisoneröffnung 2003 der Houston Astros Baseball-Mannschaft

Evelyn, Laura und Matthew in Colorado vor dem 4261 hohen Columbia Point

# 9
# Bergsteigen

Ricks Glaube gehörte genauso zu ihm wie sein Humor.

John Kanengieter, Trainingsdirektor der National Outdoor Leadership School

DIE MISSION STS-107 war für den Sommer 2001 angesetzt; so hatten Rick und seine Mannschaft eigentlich reichlich Zeit für das Training, aber von Anfang an gab es Probleme und Verzögerungen. Zusätzliche Inspektionen und verzögerte Reparaturen, als die *Columbia* in Kalifornien für 70 Millionen Dollar gewartet wurde, warfen alle Terminpläne um und verschoben den für Juli geplanten Start. Rick war nicht beunruhigt. Er war sicher, die Mannschaft würde zur richtigen Zeit fliegen.

Als die *Columbia* nach Florida zurückgebracht wurde, musste noch mehr daran gearbeitet werden, aber die NASA hatte zwei Missionen für die Raumfähre geplant: STS-107, den Forschungsflug, den Rick mit durchführen sollte, und die Wartungsmission STS-109 für das Weltraumteleskop *Hubble* (an *Hubble* musste eine große Kamera ausgewechselt und an den Kontrollsystemen gearbeitet werden). Die Wartung des Teleskops war notwendiger als der Forschungsflug, also setzte die NASA die *Hubble*-Mission zuerst an.

In der Wartezeit hatte Rick eine Idee. Er hatte andere Astronauten erzählen hören, sie hätten einen Kurs an der NOLS (*National Outdoor Leadership School*, der Nationalen Freiluft-Schule für Leiterschaft) gemacht, und meinte, das wäre ideal für die Mannschaft.

Als die NASA anfing mit der russischen Weltraumagentur zusammenzuarbeiten und Astronauten zur Raumstation *Mir* zu schicken, stellte sie fest, dass es ein ganz neues Arbeitsfeld sein würde, nicht wie bei einer normalen Mission zehn Tage, sondern ein halbes Jahr im Weltraum zu bleiben. Man behauptete, wenn die USA, Russland und andere Staaten die internationale Raumstation gemeinsam bauen würden, müssten wir lernen über einen langen Zeitraum als Team zusammenzuarbeiten. Die NASA hat Bedenken bei längeren Weltraumaufenthalten – darum gibt sie sich so große Mühe bei der Auswahl der Astronauten. Bei jeder Mission ist der Charakter des Einzelnen von Bedeutung und die Leiter der NASA müssen sich sicher sein, dass sie Menschen auswählen, die mit jemandem zusammen wohnen und arbeiten können, der vielleicht einem anderen Volk, einer anderen Ethnie oder Religion angehört.

Ein Astronaut hatte als junger Mann einen Kurs bei der NOLS absolviert und jemandem bei der NASA davon erzählt. 1999 schickte die NASA einige Astronauten probeweise zu einem Kurs in Wyoming, darunter Shannon Lucid, der auf der Raumstation *Mir* gewesen war. Das Programm war konzipiert, um Führungsqualitäten und Zusammenarbeit zu schulen, und war ein Erfolg, sodass die NASA auch andere Astronauten dafür vorsah, die auf der Internationalen Raumstation arbeiten sollten.

Die Ausbildungstouren der NOLS folgten einem ähnlichen Führungsmuster wie die NASA mit den Schwerpunkten Kompetenz, Verhalten bei der Expedition, Kommunikation, Ertragen von Schwierigkeiten und Unsicherheit, Urteils- und Entscheidungsfähigkeit, Selbstwahrnehmung und vorausschauendes Handeln. Rick fand das Programm faszinierend und wollte, dass die *Columbia*-Mannschaft das Training mitmachte. Eine ganze Flugmannschaft war noch nie dorthin geschickt worden, aber die Geschäftsführung der NASA sah auch ein, dass es wesentlich zum Training von Führungsqualität und Zusammenarbeit beitragen würde; dem Antrag wurde zugestimmt. Im August 2001 sollte die Mannschaft zu einer zehntägigen Bergtour nach Wyoming fliegen. Sie fingen bei der NASA schon an, schwere Rucksäcke zu tragen und damit Tribünen und Treppen hinaufzusteigen, um sich auf die Reise vorzubereiten. Houston ist nicht bekannt für bergiges Gelände, aber es gibt Umlaufberge an Seen und Flüssen, kleine Erderhebungen, die nicht einmal den Wettbewerb um die Bezeichnung »Hügel« gewinnen würden. Trotzdem stellte die NASA Rick ein Paar teure Stiefel und er ging diese Erhebungen suchen, um sich an das Tragen von Stiefeln und Rucksack zu gewöhnen.

Rick freute sich auf die Reise; die Mannschaftsmitglieder verstanden sich schon gut, aber er war sicher, dass das Erlebnis bei der NOLS sie noch enger zusammenführen würde; sie würden gegenseitig ihre Launen und Eigenheiten kennen lernen und wie man all die Charakterzüge der Einzelnen zu einer geschlossenen Mannschaft zusammenfügen konnte. Er wusste, der Kurs würde ihm helfen, diese Gruppe von unglaublich intelligenten, begabten, hoch motivierten und qualifizierten Spitzenkräften besser zu führen.

Während Rick in das Flugzeug nach Wyoming stieg, bereitete sich Matthew auf seinen ersten Tag in seiner »Wildnis«, dem Kindergarten vor. Die Erzieherin hieß passenderweise Mrs. Flowers (Blumen). Aber nicht nur die Männer in unserer Familie erlebten ihre Wildnis; Laura und ich betraten das unerschlossene Land von »Schule zu Hause«. Eine gute Freundin machte das bereits, sie unterrichtete ihre Kinder selbst und erzählte oft von den lustigen Methoden, mit denen sie im Fernunterricht Naturwissenschaften, Geschichte und sogar Mathematik lernten. Mir gefiel das und ich wusste, dass Laura ein Jahr Unterricht zu Hause in einem anderen Lerntempo genießen würde. Solange Rick weg war, würden wir viel zu tun haben.

In den Bergen von Wyoming funktionieren Handys nicht. Wenn jemand sich irgendwie verletzte, würden Rick und die Mannschaft aufeinander angewiesen sein. Andrew Cline, Ausbilder und Führungsberater der NOLS, und John Kanengieter, der Ausbildungsleiter, holten sie am Flugplatz ab.

»Ich weiß noch, dass ich ihre Lebensläufe las, bevor wir zum Flugplatz kamen«, sagt John, »und ich war sehr beeindruckt. Sie waren alle so vielseitig ausgebildet. Am Anfang war ich unsicher, wie schwer es wäre mit einer Gruppe auszukommen, die offenbar auf verschiedenen Gebieten der Medizin und Naturwissenschaften so intelligent war, aber als ich sie kennen lernte, war mein Eindruck ganz anders. Rick hatte so ein breites, strahlendes Lächeln und war ganz unkompliziert. Willie war ein ausgezeichneter Kampfpilot, aber er war wie ein erwachsener Opie Taylor, so freundlich.«

Andy wusste allerdings nicht, wie er Willie einschätzen sollte, als er ihm das erste Mal begegnete. »John und ich waren im Flughafenrestaurant und Willie war der Erste, den ich von der Mannschaft traf. Gleich am Anfang sagte er etwas, sodass ich dachte, jetzt müsste ich es zwei Wochen mit diesem Tom Cruise/Top-Gun-Kerl aushalten, aber dann schaute ich ihm in die Augen. Sie waren erstaunlich sanft und freundlich, wie Willie eben ist. So war die ganze Mannschaft: alles sehr freundliche, sanfte, warmherzige Leute.«

Die Mannschaft blieb über Nacht in einem Hotel, aber am nächsten Tag fuhr sie zweieinhalb Stunden bis zum Anfang des Wanderweges in die zerklüftete, von Gletschern zerfurchte Kette der Wind River Mountains im Westen des zentralen Wyoming. In den nächsten zehn Tagen sollten sie lernen, was Überlebenstechniken in der Wildnis für den Weltraum bringen, indem sie die große Wasserscheide überquerten und zum Gipfel des Wind River Peak aufstiegen, der mit über 4000 Metern einer der höchsten Berge in diesem Staat ist.

Mehrere Mannschaftsmitglieder machten Andy gegenüber Bemerkungen, dass Rick ihr Kommandant sei. »Nicht in einer unfreundlichen Weise«, sagt Andy. »Sie hatten alle große Achtung vor Rick und zeigten uns, dass die Gruppe strukturiert war, aber ich bekam den Eindruck, sie würden erwarten, dass Rick in den folgenden zwei Wochen die Führung übernahm. Aber Rick kannte das Gelände überhaupt nicht und wusste nicht, was sie zu erwarten hatten. Ich sprach ein paar Minuten lang zur ganzen Mannschaft und informierte sie, was ihnen bevorstand und dass sie John und mich in der Wildnis als Führer betrachten mussten, nicht Rick. Ricks Autorität als Kommandant der Mannschaft wurde nicht angezweifelt. Es war mir peinlich das zu sagen, aber als ich fertig war, sagte Rick etwas zur Mannschaft, was uns allen klar machte, dass John und ich auf dieser Expedition durch die Wildnis die Führer waren. Mit einer einzigen Bemerkung entspannte er die Atmosphäre und die Sache war für den Rest der Reise kein Thema mehr.«

Sie wanderten etwa drei Kilometer zu ihrem Zeltplatz und

John und Andy zeigten ihnen, wie man als Mannschaft in der freien Natur kocht, zeltet und lebt. Das konnte nicht jeder für sich; sie mussten alles gemeinsam tun.

»Wir erklärten ihnen, wie wichtig Essen und Trinken sind«, sagt John, »denn auch wenn man keinen Durst spürt, kann man doch zu viel Wasser verlieren.« Sie versuchten ihnen klar zu machen, dass es von entscheidender Bedeutung ist, morgens zu frühstücken.

»Ich frühstücke nicht«, sagte Ilan.

»Auch wenn du keinen Hunger hast, brauchst du das Essen, um den ganzen Tag genug Energie zu haben«, sagte Andy.

»Ich frühstücke nie«, sagte Ilan. »Ich trinke nur Kaffee.«

Andy und John widersprachen nicht. »Wir wussten, dass er es von selbst merken würde«, sagt John. »Wir hatten genug Berge bestiegen, um zu wissen, dass der Körper das Essen braucht.«

Am nächsten Tag standen alle auf und frühstückten, ausgenommen Ilan, während sie über das Thema sprachen, wie sie sich selbst als Team charakterisieren würden. Das gehörte zum Training der NOLS und sollte helfen, ihre Arbeit als Gruppe gezielter auszurichten. Sie waren nicht nur Einzelpersonen; als Einzelne bildeten sie eine Mannschaft und mussten klären, wie sie sich selbst darstellen wollten: Arbeiteten sie als Mannschaft zusammen oder folgten sie alle dem Kommandanten und ließen ihn alles entscheiden? Waren sie ein Team, bei dem zwei der Mitglieder einer Sache nachgingen, während andere etwas anderes taten?

»Mike leitete die Diskussion und sie dauerte zwei Stunden«, sagt Andy. »Er machte das sehr geschickt. Er musste ja Teilnehmer und Moderator zugleich sein, aber er hat beide Rollen auf sehr angenehme Art verbunden.«

»Es war eine große Diskussion«, erinnert sich John. »Alle beteiligten sich und ich merkte, dass Rick ein hervorragender Leiter für diese Gruppe war. Er hatte echte Autorität; er sagte genau, was er meinte; es gab keine Hintergedanken. Er freute sich, wenn seine Kameraden etwas besser machten als er. Er war der Inbegriff des Leiters, denn er konnte ein Gefühl der Zusammengehörigkeit schaffen; das war ihm wichtig.«

»Rick gehörte zu den beeindruckendsten Leitern, die ich je bei einem Team gesehen habe«, sagt Andy. »Er bestärkte seine Leute, indem er ihnen, sooft es ging, die Möglichkeit gab, die Führung zu übernehmen. Er war immer auf der Suche nach Gelegenheiten, in denen sie gegenseitiges Vertrauen aufbauen konnten, und Rick wusste, wie man die Voraussetzungen dafür schafft. Und noch besser, er wusste auch, dass auf dieser Bergtour die Natur ihr Lehrer sein würde und die entsprechenden Bedingungen bereitstellte.«

Rick nahm für die Zeit der Wanderung ein Tagebuch mit, und bevor er abflog, hatten wir ausgemacht, jeden Tag einen Psalm zu lesen, angefangen mit dem ersten. Er schrieb jeden Tag auf, was er las. Ich bin mir sicher, dass ich die Tage durcheinander gebracht habe, aber Rick las systematisch jeden Tag einen Psalm. Über die Seite für den zweiten Tag schrieb er: »Psalm 2 gelesen.« Er suchte immer Möglichkeiten sich weiterzubilden und nach der Diskussion an diesem Morgen schrieb er unter die Notiz über Psalm 2:

*Führung: Nicht nur das, was du tust, sondern auch, was du als Nächstes tust.*

Auf die nächste Seite schrieb er:

*Wir brauchen ein hohes Maß an Toleranz: für Unsicherheit und Verschiedenheit.*

Als ich Ricks Tagebuch durchlas, war mir klar, dass er mit diesen Worten das Überleben in der Wildnis gemeint hatte, aber ich merkte auch, dass sie gut auf das Leben an sich passen: Das Leben selbst ist eine Wildnis voll Unsicherheit und Verschiedenheiten. Ich wusste das, aber achtzehn Monate später sollte es nur allzu real werden.

Zum Schluss der Diskussion an diesem Vormittag kam die Mannschaft zu dem Ergebnis, dass sie ein Team war, das zusammenarbeitet; jede Person war so wichtig wie jede andere. An einer Stelle des Gesprächs sagte Rick: »So haben wir als Gruppe noch nie miteinander gesprochen.« Er war erschöpft; aber Rick freute sich über jede Art von Durchbruch, die eine

Beziehung stärkte und verbesserte. So wie er die Gruppe kannte, war er sicher, dieses Gespräch würde ihnen allen helfen, als Mannschaft besser zusammenzuwachsen.

Sobald das Gespräch beendet und alles gepackt und startbereit war, übernahmen Willie und K. C. die Führung (jeden Tag arbeiteten zwei von der Mannschaft als Lotsen für die Gruppe) und führten die Mannschaft zum nächsten Zeltplatz. Es sollte ein langer Tag werden: Sie mussten sieben Kilometer in zirka 4000 Meter Höhe und mit fast 30 Kilogramm Gepäck zurücklegen. Sie schätzten die Richtung nicht ganz richtig ein und John und Andy beobachteten ohne einzugreifen, wie sie das Problem zu lösen versuchten und schließlich am Ende eines schönen Flusstals den Platz für die Nacht fanden.

»Auf diesen Wanderungen lernten wir sehr viel von ihnen«, sagt Andy. »Die ganze Mannschaft war voll Schelmereien, aber sehr konzentriert auf ihre Aufgabe. Sie sorgten nicht nur für sich selbst, sondern achteten stets darauf, wie sie den anderen unterstützen konnten. Das ist der wesentliche Grund, warum sie so hervorragend miteinander auskamen.«

»Beim Wandern zogen sie sich immer wieder gegenseitig auf und machten Witze miteinander«, sagt John. »Auf all diesen Touren waren sie in bester Laune.«

In sein Tagebuch schrieb Rick:

*Ilan und ich machten das Abendessen: aufgebackene Bohnen, Reis, Käse – auf Mehltortillas. Hmmm! Mein Lieblingsessen! Fantastisch! Vielen Dank!*

Rick hatte allen erzählt, wie er einmal zu einem Übernachtungsausflug mit Laura auf einem Schiff gewesen war. Es war ein Ausflug der Pfadfinder und Pfadfinderinnen des CVJM auf der USS *Lexington*, die ständig in Corpus Christi vor Anker liegt.

»Rick konnte wunderbar Geschichten erzählen«, sagt John. »Er kannte mehr Witze und Anekdoten als irgendjemand sonst und wir freuten uns schon immer auf das, was er uns erzählen würde.«

Rick erzählte, der Kapitän habe während des Aufenthalts auf dem Schiff allen eingebläut bei den Mahlzeiten zu sagen: »Hmmm! Mein Lieblingsessen! Fantastisch! Vielen Dank!«

»Natürlich rief die ganze Mannschaft das von da an bei jedem Essen«, sagt John.

An dem Abend schrieb Rick:

*Das Wetter war den ganzen Tag herrlich. Ich bete wie verrückt für gutes Wetter auf der ganzen Tour, für meine Familie, für mich und die Mannschaft und die Ausbilder.*

Früh am nächsten Morgen stand Laurel auf und fotografierte einen Baum, der grotesk in allen Richtungen verdreht war. »Sie sagte, der Baum tue ihr Leid, er habe Arthritis«, erinnert sich John. »Sie sagte, sie verstünde ihn so gut, weil sie sich nach zwei Tagen Wandern und Klettern auch so fühle. Das war typisch Laurel. Sie machte ständig irgendwelche Bilder, weil sie von der freien Natur restlos begeistert war.«

Rick stand eines Morgens auf und hatte die Höhenkrankheit. Ihm war speiübel und er hatte heftige Kopfschmerzen und Schüttelfrost. Sein Gepäck wurde auf die ganze restliche Mannschaft aufgeteilt, damit er an diesem Tag nicht so viel zu tragen brauchte. Er erzählte mir, dass er an diesem Tag völlig neben sich stand und nur mechanisch die nötigen Bewegungen machte, damit sie zum nächsten Zeltplatz kamen. Aber auf dem Weg beeindruckte ihn die Schönheit der Landschaft und er fing an zu singen.

Er schrieb:

*Auf dem Weg sang ich »Amazing Grace« (O Gnade Gottes wunderbar) und als der Vers kam: »Doch hat die Gnade mich bewahrt«, kamen mir die Tränen.*

Gottes Gnade war Rick immer sehr bewusst und er war besonders dankbar dafür.

Sobald die Zelte aufgeschlagen waren, ging Rick in seines und legte sich hin. Zur Besprechung des Tagesablaufs hockte sich die

Mannschaft um den Zelteingang, damit Rick zuhören und am Gespräch teilnehmen konnte. Er schrieb:

> *Die Leute in meiner Mannschaft sind ein großes Geschenk. Alle sind hilfsbereit, fühlen sich verantwortlich und sind bereit, mehr zu tun als ihren Anteil. Sie sind auch alle sehr angenehm im Umgang. »Es kann gar nicht mehr besser werden!«*

Nach dem Bericht versuchte Rick zu schlafen in der Hoffnung, am nächsten Tag ginge es ihm besser. »Es ist sehr unangenehm, krank zu werden, aber es passiert oft«, sagt John. »Rick spielte die Lage herunter. Er war der beste Nachahmer des Esels I-Aah aus Winnie-der-Pu, den ich je gehört habe – mit einem tiefen ›Mach dir keine Sorgen um mich, ich komme schon zurecht‹-Tonfall. Man merkte sofort, dass er seinen Kindern viele, viele Male mit dieser Stimme vorgelesen hatte. Tagsüber hatte er mit uns mitgehalten, aber am Abend war er völlig erschöpft. Er ging gleich schlafen, aber als er am nächsten Morgen aufstand, freute er sich auf den Tag.«

An diesem Tag gab Ilan endlich zu, dass er müde war, weigerte sich aber immer noch zu frühstücken. »Nichts konnte ihn umstimmen«, sagt John und lacht. »Als er sagte, er frühstücke nicht, da meinte er es auch.«

»In Ilans Augen war immer ein Funkeln«, sagt Andy. »Sie strahlten regelrecht. Als wir unterwegs waren, gab es wieder neue Spannungen zwischen Israelis und Palästinensern. Da wurde ich neugierig, seine Meinung zu hören. Einmal sprach ich mit ihm über Israel und seine Antworten waren sehr gut durchdacht. Ich wusste, dass er viel mit dem israelischen Militär zu tun gehabt hatte. Er erzählte mir, dass Juden und Palästinenser friedlich im selben Gebiet gewohnt hatten, bevor Israel ein Staat war, und er meinte, das könnte und sollte wieder so sein. Er war ein sehr wirksamer Botschafter seiner Kultur.«

Sie wanderten sechs Kilometer und zelteten an einem namenlosen See, den sie sofort See 107 nannten (die NOLS hat den Namen beibehalten). K. C. und Dave machten Pizza für die Mannschaft, obwohl Dave protestierte, er sei kein Koch.

Andy und John sagten, wenn er zum Team gehören wolle, müsse er auch Koch sein. »Aber er hat sich nicht beklagt«, sagt John. »Er hat sich darangemacht.«

»Wenn er merkte, dass er etwas lernen sollte«, sagt Andy, »stieg er voll ein und lernte es, ob es nun Kochen oder Fliegenfischen war. Er ging ganz darin auf.«

»Dave war sehr neugierig«, sagt John. »Er hatte einen sehr trockenen, feinen Humor, sodass man viel Spaß mit ihm hatte – das heißt, wenn er nicht gerade seine Videokamera dabeihatte.«

Rick sagte, Dave sei mit seiner Videokamera verheiratet. Er dokumentierte alles, was die Mannschaft tat, in stundenlangen Videofilmen.

»Er wollte dauernd irgendwelche Szenen aufnehmen«, sagt Andy, »aber wenn die geringste Gefahr bestand, dass jemand es missverstand, dann löschte er es immer. Jeder von ihnen achtete immer darauf: ›Tut das der Mannschaft gut und dem, was wir machen?‹ Darin war die Mannschaft wirklich außergewöhnlich. Sie hatten immer die Frage im Blick: ›Stärkt es die Gruppe? Hilft es bei dem, was die Mannschaft vorhat?‹«

Dave kämpfte sich durch das Pizzabacken, so gut er eben konnte, und als er sie an diesem Abend servierte und die Mannschaft sie sah, zogen die Leute ihn auf, es wäre vielleicht gut nicht zu essen, was er gekocht hatte. Aber alles wurde restlos aufgegessen. Nach dem Essen kramte Willie eine seiner Lieblingsbeschäftigungen aus, ein Cribbage-Kartenspiel mit Markierbrett.

»Er spielte sehr gern Cribbage«, sagt John. »Er spielte es wettkampfmäßig, aber in einer freundlichen Art, die Spaß machte. Er hielt sich für unschlagbar, aber Andy und ich gewannen immer und das machte ihn verrückt. Sobald ein Spiel fertig war, sagte er: ›Lass uns noch einmal spielen.‹«

Einmal kam Laurel zu John und Andy und fragte: »Von welchem Tier stammt die Losung, die ich hier habe?«

Andy schaute in ihre Hand. »Elch«, sagte er.

Laurel schaute sie an und nickte.

»Sie war unsere Biologiestudentin«, sagt John. »Alles, was die Natur zu bieten hatte, interessierte sie. Sie konnte bei Pflanzen unglaublich gut erkennen, zu welcher Familie sie gehörten. Oft fragte sie: ›Wie heißt diese Blume? Sieht aus wie eine aus der Wickenfamilie, oder?‹ Würde man Laurel im Supermarkt treffen, könnte man sich nicht im Entferntesten vorstellen, welchen Beruf sie hatte, aber man wüsste, dass sie Ehefrau und Mutter war. Sie tat ihre Arbeit mit Begeisterung, aber noch wichtiger war es ihr, eine gute Mutter und Ehefrau zu sein.«

»Laurel war bescheiden und leicht kennen zu lernen«, erklärt Andy. »Sie hat mich an ›die Frau aus der Nachbarschaft‹ erinnert: Sie war liebenswürdig und ganz ohne Allüren. Sie war Mutter und darauf konzentriert, ihren Sohn zu erziehen, aber wenn man sich mit ihr unterhielt, hörte man, was sie alles Erstaunliches tat und konnte (sie war Ärztin der Marine für den Einsatz in U-Booten, Flugärztin und begeisterte sich für das Leben im Freien), aber bei all dem war sie ganz bescheiden.«

Am nächsten Tag sollten Rick und Laurel das Team über den Coon-Pass führen. Das war eine schwere Klettertour, von der Anforderung her ungefähr so, als ob man auf ein 90 Stockwerke hohes Haus ohne Treppen klettern wollte; es gab nicht einmal einen Trampelpfad. Da lagen umgestürzte Bäume, glatte Pflanzendecken, unebener Boden, eine Steigung von fast 300 Metern und ein Geröllfeld.

»Das ist eine Herausforderung, milde ausgedrückt«, sagt John, »aber Rick und Laurel haben uns ausgezeichnet geführt, obwohl Rick noch in der Nacht krank gewesen war. Rick war ein hervorragender Führer, egal in welchem Umfeld er sich befand. Er sah unbekannte Situationen als Möglichkeit zu lernen und nahm sie eifrig in Angriff.«

Es war ein langer, harter Tag, aber John und Andy sagten, die Mannschaft sei mit Lachen und Scherzen zum Coon-Pass hinaufgestiegen. »Offensichtlich hatten sie Freude daran beieinander zu sein«, sagt John.

Sobald das Lager aufgeschlagen war, schlug Willie vor, an diesem Abend noch einmal einen Cribbage-Wettbewerb durchzuführen. »Er hatte sich zum Ziel gesetzt zu gewinnen«, sagt John, »aber er verlor wieder. Es fing an für die ganze Mannschaft lustig zu werden.«

»Willie liebte den Umgang mit Menschen«, sagt Andy. »Er scheute sich nicht, auch auf ganz persönlicher Ebene mit einem

Menschen zu reden, und das Persönlichste ist, darüber zu sprechen, was gerade jetzt, gerade hier zwischen uns und mit uns vor sich geht. Er war im Reinen mit sich selbst und mit dem, was er tat und war immer sehr lustig. Er verstand es, Gelegenheiten *nicht* verstreichen zu lassen, sondern zu nutzen. Das kann nicht jeder. Willie schaffte an einem Tag mehr, als die meisten in einer Woche erreichen. Ich kenne nur wenige, die mit ihm mithalten könnten.«

An diesem Abend mussten sie früh schlafen gehen, denn am nächsten Morgen sollten sie um 4.45 Uhr aufstehen und 800 Meter bis zum Gipfel aufsteigen. Das würde nicht leicht werden; John und Andy informierten sie, dass das Gelände schwierig war. Man musste um Felsblöcke klettern, die so groß wie Waschmaschinen waren und bei der kleinsten Bewegung ins Rollen kommen konnten. Mike und Willie sollten heute die Lotsen sein, aber Mike sagte, vielleicht wäre es besser, wenn er nicht mitkäme.

»Der Raumflug war sein Lebensinhalt und er wollte keinerlei Verletzung riskieren«, sagt John. »Das Geröll liegt lose, das ist also eine Gefahr. Wenn bei diesem Aufstieg etwas passierte, hatten alle eine Menge zu verlieren. Mike überlegte sich das und fragte sich: ›Warum soll ich das riskieren? Ich habe eine Frau und Kinder zu versorgen.‹ Das war ein wichtiges Argument und gab ihnen allen etwas zum Nachdenken und Reden.«

»Ich weiß«, sagt Andy, »dass Mike, wenn es nach ihm gegangen wäre, lieber bei seiner Frau und den Mädchen geblieben wäre, aber er hat diese Wandertour für das Team mitgemacht und für die NASA und für Rick. Er hatte einen stark ausgeprägten Teamgeist und wollte nichts tun, was die Mannschaft gefährdete.« Auch andere dachten an die Verletzungsgefahr auf dieser Strecke und manche meinten, vielleicht sollte man sich in zwei Mannschaften teilen: eine die aufstieg und eine die zurückblieb.

»Wir erinnerten sie, dass sie vor zwei Tagen gesagt hatten, sie seien eine Mannschaft oder gar keine«, sagt John. »Das war, als ob ihnen ein Licht aufginge: ›Wir haben das gesagt, aber jetzt, wo es darauf ankommt, wie sind wir da wirklich? Was tun wir?‹«

Nach einer langen Diskussion wurde beschlossen, sie wollten alle so hoch klettern, wie sie konnten, und wenn einer zu erschöpft würde, würden sie alle da bleiben und sich damit zufrieden geben. Aber die Mannschaft der STS-107 war nicht aufzuhalten. Sie stieg den ganzen Berg hinauf und kam um 10.45 Uhr auf dem Gipfel an.

Rick schrieb:

*Der »Plan« war, in zwei Gruppen zu gehen, aber am Ende sind wir den ganzen Tag zusammengeblieben. Alle wollten bis zum Gipfel kommen.*

»Sie waren ganz glücklich«, erinnert sich John. »Mike hielt das Plastikemblem des Fluges 107, die Gruppe stellte sich um ihn und wir machten ein Foto von ihnen mit nichts als Himmel um sie herum. Sie gingen ein bisschen umher, dann fing Rick an die Doxologie zu singen und mehrere stimmten ein. Es wurde sehr still, der Himmel war wolkenlos. Andy und ich bemerkten mehrmals auf der Tour, wie beeindruckt wir waren, dass die Mannschaft solche Zeiten der Stille so problemlos miteinander aushielt.«

Rick schrieb:

*Die Aussicht war immer wieder Ehrfurcht gebietend! Ich dankte Gott auf dem ganzen Weg für den schönen, klaren, wolkenlosen Tag, den er uns erleben ließ.*

Als die Mannschaft ausgeruht und gegessen hatte, packte John ein Handy aus, von dem er ihnen nichts gesagt hatte, und wählte die Nummer von Monika Schultz, der Managerin für das Expeditionstraining der Astronauten. Sie nahm nicht ab, aber sie hinterließen eine Nachricht auf ihrem Anrufbeantworter: »Die *Columbia* ist gelandet«, sagten sie und riefen und jubelten ins Telefon.

Jeder Einzelne unterschrieb das Plastikemblem und sie ließen es in einem Erdnussbutterglas auf dem Berggipfel stehen. »Später haben wir gehört, dass eine andere Bergsteigergruppe es da gesehen hat«, sagt John.

Der sechste Tag schließlich war ein Ruhetag, damit die Mannschaft sich von der Gipfelerstürmung ausruhen konnte. Sie teilte sich in drei Gruppen auf: Rick, Willie und Ilan gingen Regenbogenforellen fischen, während John, K. C. und Mike im Lager blieben. Dave und Laurel gingen mit Andy zurück zum See 107, um den Kaffeefilter zu holen.

»Kaffee wurde für manche in der Gruppe zu einem wichtigen sozialen Ereignis – besonders für Ilan«, sagt Andy. »Wir waren jeden Morgen, Nachmittag und Abend auf der Suche nach der perfekten Zubereitungsart, darum brauchten wir unbedingt den Kaffeefilter.«

Am Ende des Tages, als alle zurückgekommen waren, aßen sie dank Rick, Ilan und Willie eine köstliche, frische Fischsuppe. Dave filmte wieder viele Ereignisse des Tages, aber dieses Mal wurde er mutiger mit seinem Vorhaben; es reichte ihm nicht mehr, nur mit der Kamera im Hintergrund herumzustreichen.

»Er machte nicht mehr nur Videoaufnahmen«, sagt Andy. »Er fing an zu drehen und Regie zu führen und machte einen richtigen Film!« Nach der Expedition sollte jeder eine Kurzversion von dem bekommen, was Dave gefilmt hatte. Er trat sogar in einem Teil zusammen mit Laurel auf, der zeigte, wie wichtig die Kommunikation ist. Auf großen Steinen an einem Fluss saßen sie sich gegenüber.

»Ich habe hier ein paar neue Kommunikationstechniken gelernt«, sagte Dave. »Und ich finde, du bist ein Trottel.«

Laurel nickte. »Ich bin zu dem Schluss gekommen, dass du auch ein Trottel bist.«

Es wurde wahnsinnig komisch, weil keiner von beiden ein solches Gespräch führen konnte. Es lag nicht in ihrem Wesen so zu reden. Willie packte am Abend erneut das Cribbage-Brett aus, aber wieder ohne Erfolg. »Das machte ihn verrückt!«, sagt John.

Laurel und Dave waren am siebten Tag die Lotsen. Willie fand, man könnte die Wanderung interessanter machen, wenn man John und Andy zu einem Wettspiel herausforderte. »Das war typisch Willie«, sagt John. »Er war immer auf etwas aus, was den Tag spannender und die Herausforderung größer machte.«

Die Mannschaft beschloss, sie wollte einen Vorsprung vor Andy und John bekommen und die Führung an dem Tag allein übernehmen; John und Andy sollten eine halbe Stunde später die Verfolgung aufnehmen. Wenn Andy oder John sie sähen, ohne dass jemand aus der Mannschaft es merkte, hätten Andy und John gewonnen, aber wenn ein Mannschaftsmitglied sich an Andy oder John anschleichen könnte, hätte die Mannschaft gewonnen. Eine Art »Feindberührung« ohne Wissen des Feindes.

»Andy und ich waren sicher, das Spiel zu gewinnen«, sagt John. »Wir gingen absichtlich vom Weg ab, weil wir sicher waren, sie würden sich daran halten. Sie kannten die Gegend ja nicht wie wir.«

John und Andy passten scharf auf jede Bewegung auf dem Weg auf; sie waren sicher, jeden Augenblick jemanden von der Mannschaft zu sehen. Beide wussten, sie würden an einen Felsgrat kommen und wieder auf den Weg zurückgehen müssen. Als sie in die Gegend kamen, schlichen sie möglichst geräuschlos wieder auf den Weg zu.

Was John und Andy vergessen hatten, war, dass die Mannschaft der STS-107 bis auf K. C. eine militärische Ausbildung hatte. Sie betrachtete das Spiel als militärische Operation und machte sich klar, dass John und Andy den Weg verlassen würden und dass sie an die Felswand kommen und auf den Weg zurückgehen mussten. Sie suchten sich Verstecke hinter Felsblöcken oder umgestürzten Bäumen und warteten sehr geduldig auf die Ankunft des »Feindes«.

»Wir kamen auf den Weg und hörten Gebrüll und Hallo«, sagt John. »Wir schauten nach oben, da kam die Mannschaft schreiend aus den Verstecken gerannt mit hoch erhobenen Armen. Wir waren in einen Hinterhalt geraten; es war blamabel. Das war ein schwerer Schlag für uns!«

»K. C. hatte glänzende Augen vor Siegesfreude«, sagt Andy. »Sie war richtig schadenfroh, aber zugleich sehr mitfühlend. Als ich sie zum ersten Mal traf, erinnerte sie mich an eine gute Freundin. Ich kenne nur wenige, die so ruhig und zielbewusst sind wie K. C. Sie hatte Laseraugen, die einen genau fixierten, wenn sie sprach, und man wusste genau, was sie sagen wollte, weil sie immer so ehrlich war. K. C. war ein Mensch, der durch und durch auf Handeln, Direktheit und positive Veränderung ausgerichtet war. Einmal nutzten wir einen Nachmittag auf der Tour, um die verschiedenen Führungsstile zu analysieren. An einem Punkt des Gesprächs unterbrach K. C. die Gruppe und sagte fest mit ihrem singenden indischen Akzent zu uns allen: »Ich glaube, ich bin nicht so eine Führungsperson, wie ihr alle sagt.« Aber bevor sie weitersprechen konnte, brachen wir alle in Lachen aus. Dieses Lachen war wie ein Spiegel, in dem sie sich sah, denn K. C. war eine Führungspersönlichkeit, wie sie im Buch steht. Sie unterbrach sich und lachte mit. Sie hatte gemerkt, dass sie durchschaut war. Das war ein umwerfendes Erlebnis, weil wir sahen, wie jeder für den anderen mitdachte und wie sie sich aufeinander verließen. Das war keine Gleichmacherei. Sie wollte es wissen. Sie gehörte zu den besten Forschern in einem der beeindruckendsten und leistungsstärksten Teams, die ich je gekannt habe. Sie war immer bereit zu schimpfen, Späße zu machen und auf die Stille zu hören. Ich habe nie ganz verstanden, wie sie das machte, aber sie konnte alle drei Dinge zugleich tun.«

An diesem Abend fragten John und Andy die Mannschaft, wie der Start und der Flug ablaufen würden. Die Mannschaft setzte sich mehrere Minuten lang zusammen, ehe sie alle auf den Zeltplatz zurückkamen. Da fingen sie an »ihre Raumanzüge anzuziehen«, dann gingen sie in Formation über die »Laufplanke« und winkten den »Reportern« zu. In der Reihenfolge, die sie schon für den Start geübt hatten, stiegen sie ins »Raumschiff« und legten sich auf den Rücken; in dieser Lage würden sie den Start erleben. Sie fingen an imaginäre Instrumente zu bedienen und Rick spielte den Verständigungstest mit »Houston«.

»Wir lachten uns halbtot«, sagt John. »Er führte das Gespräch für sich selbst und die Flugkontrolle und sah ganz ernst aus, aber wir anderen schrien vor Lachen.«

Als die »Überdruckkräfte« ihren Körper trafen, fing die ganze Mannschaft an heftig zu zittern und sie hielten nur die Köpfe fest an ihrem Platz. Sobald sie im All waren, zogen sie die Anzüge aus, bewegten sich »schwerelos« über den Zeltplatz und prallten auch aufeinander, als ob sie im Weltraum schwebten. Sie spielten noch ein paar Experimente vor, die sie im All durchführen sollten, und zogen dann ihre Raumanzüge wieder an, um zu landen.

»Das war eine herrlich lustige Stegreifpantomime«, sagt Andy. »Sie zeigte, wozu wir da draußen waren und was das Team ausmachte.«

Am achten Tag führten Rick und Mike die Mannschaft. In sein Tagebuch schrieb Rick:

*Psalm 8 gelesen: HERR, unser Herrscher, herrlich ist dein Name auf der Erde!*

*Es war wieder ein wunderschöner Tag und ich habe Gott immer wieder dafür gedankt.*

Die Mannschaft wanderte ohne Hilfe von Andy oder John zu den Zwillingsseen. Über diese Wanderung schrieb Rick:

*Ich habe allen das Lied vom »Hot Dog« von PDQ Bach beigebracht, das David Jones und ich in der Schule gelernt haben.*

Das Lied wird im Kanon gesungen und wenn beide Gruppen singen, kommen sie gleichzeitig bei »hot dog« an. Sie sangen:

*Loving is as easy as falling off a log*
*A cat'll love a cat and a dog'll love a dog*
*When you're hot you know you're hot*
*And when you're not you know you're not.*

*(Lieben ist so einfach wie von einem Holzklotz zu fallen.*
*Eine Katze liebt einen Kater, ein Hund liebt einen Hund.*
*Wenn du heiß bist, weißt du's, und wenn nicht, dann bist du's nicht.)*

Jetzt wissen Sie, was Astronauten in ihrer Freizeit tun! Bei aller Intelligenz haben sie alle eine Antenne und ein Gedächtnis für lächerliche Kleinigkeiten.

Beim Lotsen gab es ein paar Schwierigkeiten, aber sie kamen so rechtzeitig an einen See, dass sie vor dem Abendessen noch schwimmen konnten. Sie bekamen Unterricht in Konfliktmanagement, und als sie fertig waren, spielten sie »Überlebender des schwächsten Gliedes«, ein Spiel, das John und Andy erfunden hatten um zu prüfen, was die Mannschaft in dem Kurs über das Leben draußen und über das persönliche Leben der anderen gelernt hatte.

»Sie mussten Dinge wissen wie: Wo hat Willie als Student gearbeitet?«, sagt John. »Oder: Wie ist Ricks zweiter Vorname? Rick hat gewonnen und wir haben uns bei dem ganzen Spiel köstlich amüsiert.«

An diesem Abend notierte Rick in seinem Tagebuch:

*Die Mannschaft 107 hat den Hot-Dog-Kanon gesungen und Willie und Laurel haben endlich doch ein Cribbage-Spiel gewonnen!*

»Wir haben sie gewinnen lassen«, sagt John lachend. »Wenn Astronauten weinen, das sieht nicht gut aus, besonders wenn es um Strategie und Kompetenz geht! Wir wollten sie nicht demoralisieren.«

Am neunten Tag fingen Rick, Willie und Ilan Fische für die ganze Mannschaft und alle genossen Fischsuppe auf israelische Art. Am Ende war es wieder eine »Hmmm! Mein Lieblingsessen! Fantastisch! Vielen Dank!«-Mahlzeit.

Am letzten Tag wanderte die Mannschaft sechs Kilometer bis zur Straße; dort wurde sie abgeholt und zu ihrem Hotel gefahren. Ein großes Grillfest bildete den Schluss ihrer Zeit in Wyoming, aber nicht den Schluss ihrer Freundschaft.

»Ich hatte sehr gute Einzelgespräche mit vielen von ihnen«, sagt Andy. »Willie und ich liefen morgens vor dem Frühstück eine Strecke und sprachen über den Glauben und warum wir das tun, was wir tun. Ich erinnere mich an mehrere Gespräche mit Rick über seine Familie und den Glauben und wie das mit seinem Beruf als Astronaut zusammenpasst. Mir war klar, wenn ich irgendwelche Fragen über den Glauben hätte, könnte ich in

Zukunft Rick anrufen und mit ihm darüber sprechen. Er gehört zu den Leuten, die man ansieht und denkt: *Wie kann er so sicher sein in dem, was er glaubt?*

»Rick hatte nicht die fromme Sprache, die die Leute manchmal befremdet«, sagt John. »Rick hat seinen Glauben nie benutzt, um etwas zu erreichen. Er wollte niemanden damit beeindrucken. Er lebte ihn einfach. Er gehörte genauso zu ihm wie sein Humor. Ich glaube, auch die Mannschaft hat das so gesehen. Sein Glaube hat jedem genug Raum gelassen.«

Diese Tour war ein besonderes Erlebnis für Rick und er meinte, jede Mannschaft sollte einen NOLS-Kurs mitmachen, bevor sie ins All fliegt, weil er die Mannschaft der STS-107 wirklich zusammengeschweißt hat.

Als er wieder nach Houston kam, fand er, jetzt sei die Mannschaft besser denn je auf die Mission vorbereitet.

## 10

# Verschobener Start, Läuse und dazwischen immer wieder Segensreiches

Seid immer fröhlich. Hört nicht auf zu beten. Was immer auch geschieht, seid dankbar, denn das ist Gottes Wille für euch, die ihr Christus Jesus gehört. 1. Thessalonicher 5, 16-18

DIE *HUBBLE*-MISSION, die vor dem Flug STS-107 stattfinden sollte, wurde auf März 2002 terminiert und dann mit großem Erfolg durchgeführt. (Leider bekam der erste Start des *Hubble* 1990 mehr öffentliche Aufmerksamkeit. Damals war die Form des Spiegels nicht korrekt geschliffen, sodass das Teleskop im Prinzip kurzsichtig war und mit zusätzlichem Geld- und Zeitaufwand korrigiert werden musste. Trotzdem sagen Wissenschaftler und Astronauten, dass *Hubble* eine der leistungsfähigsten wissenschaftlichen Messstationen ist, die je gebaut wurden. Sie liefert auch heute noch ganze Bände voll Informationen über das Weltall.) Als die *Hubble*-Mission vorbei war, wurde der Flug STS-107 für den Sommer etwa um den 19. Juli herum geplant.

In den letzten paar Jahren war es für uns zu einer Familientradition geworden, den Frühjahrsurlaub auf einer der verschiedenen Militärbasen in der Gegend von San Antonio zu verbringen. Auch in diesem Frühjahr beluden wir den Wagen und fuhren dorthin. Aber am zweiten Tag brachen wir die Reise ab, weil mein Großvater, der Vater meiner Mutter, starb. Ich rief unsere Nachbarin Beth Cotten in Clear Lake an und beschrieb ihr, welche Kleidung aus unseren Schränken wir für die Beerdigung brauchten, damit sie sie zum Haus meiner Eltern bringen konnte. Mein Großvater hatte Rick immer sehr gern gemocht und meine Mutter fragte, ob er beim Trauergottesdienst singen würde. Rick stand in der Kapelle des Llano-Friedhofs und sang: »Wie groß bist du«. Ich wusste, dass das schwer war, weil auch Rick um meinen Großvater trauerte, aber er überwand seine Trauer und tröstete uns alle ein wenig mit dem Lied. Als er den letzten Ton sang, hatten in der Kapelle alle feuchte Augen. Nach dem Begräbnis stand ich mit Rick und meinen Vettern auf den Stufen vor der Kapelle und wir erzählten uns Ereignisse aus dem Leben meines Großvaters. Ich konnte ja nicht ahnen, dass ich in weniger als einem Jahr noch zwei Mal zu diesem Friedhof kommen musste.

Ende 2002, als die *Columbia* vom Hangar in das Gebäude zur Flugvorbereitung gebracht werden konnte, stoppten die Planer alle Vorbereitungen für den Start und behielten die gesamte Flotte am Boden. In den Treibstoffleitungen der *Discovery* hatte man winzige Risse entdeckt; daher mussten alle Raumflugkörper neu untersucht werden. Niemand wusste, wie lange das dauern würde, weil man dafür die Hauptmotoren der Antriebsraketen entfernen musste.

Während der weiteren Reparaturen und Inspektionen plante die NASA die Raumfährenflüge um und entschied, noch vor der wissenschaftlichen Mission STS-107 auf der *Columbia* zwei Flüge zur internationalen Raumstation zu starten. Die Folge war, dass Rick und die Mannschaft noch mehrere Monate auf ihren Flug warten mussten, aber alle blieben optimistisch und geduldig. »Gutes kommt zu denen, die warten«, sagte Rick oft.

Weil der Flug immer wieder verschoben wurde, wurde die Mannschaft außerordentlich kompetent für alle Apparaturen im Raumfahrzeug. Bei einer Übung sprachen sie kein einziges Wort, das machte die Trainer ganz nervös: Sie hörten nichts über das Kommunikationssystem und konnten sich nicht vorstellen, was da passierte. Die Mannschaft hatte schon so lange so gut zusammengearbeitet, dass Rick sagte: »Wir probieren mal und sehen, ob wir es durchziehen können ohne zu reden.« Sie verständigten sich mit Handzeichen und anderen Kommunikationsformen und sagten kein Wort zueinander, taten aber alles, was sie tun mussten. Das war wie eine gut geölte Maschine. Ich weiß, dass ich da voreingenommen bin, aber ich glaube, sie waren wahrscheinlich das besttrainierte Team, das je ins All geflogen ist.

Sie reisten zu Laboren in Holland, Alabama, im Kennedy Space Center und an anderen Orten und lernten von den Wissenschaftlern, wie man die verschiedenen Werkzeuge und Ausrüstungsgegenstände gebraucht, wartet und repariert, die man für die Experimente braucht. Die Versuche reichten von Methoden, Osteoporose zu heilen und Prostatakrebs zu bekämpfen, bis zur Entwicklung von Krebsmedikamenten mit weniger Nebenwirkungen und zur Reduktion von Abgasemissionen. Die Mannschaft sollte als Augen, Ohren und Hände der Wissenschaftler im Weltraum fungieren, daher musste sie in allen Einzelheiten lernen, wie man die Experimente durchführt. Rick fand es wichtig, dass alle jede Einzelheit richtig verstanden, und darauf arbeitete die Mannschaft sehr intensiv zu.

Am Anfang gab es Vorbehalte dagegen, dass ein Kampfpilot von Ilans Rang an einem wissenschaftlichen Flug teilnehmen würde, aber Ilan entkräftete die Bedenken sehr schnell. In der Sondersendung *Sixteen Days: Columbia's Final Mission* (Sechzehn Tage: die letzte Mission der Columbia) sagte Dr. John Charles, der zuständige Wissenschaftler der NASA für die *Columbia*, nach nur einer Übungsstunde sei Ilan zu ihm gekommen. »Ich tue alles, was Sie wollen«, hatte er gesagt, »alles. Ich mache es, so gut ich nur kann. Sie werden froh sein, dass Sie mich haben.«

Lora Keiser, die Cheftrainerin, sagte: »Er bekam den Spitznamen ›die Maschine‹, denn er konnte einfach die Anleitung zu einem Verfahren nehmen, sie durchlesen und es ausführen. Da wurde nicht viel diskutiert. Da gab es nicht viele Fragen. Ilan führte es einfach aus.«

Ich weiß nicht, wie die Mannschaft alle Vorgehensweisen für jedes Experiment lernen und wissen konnte, wie jeder kleine Teil in eine Maschine oder ein Gerät passte, aber sie konnte das alles auswendig. Mike als Nutzlastkommandant nahm diese Zeit des Lernens sehr ernst. Er war der ideale Nutzlastkommandant, denn er achtete auf die Details und war in jeder Hinsicht kompetent. Auch Mike wollte Gott mit seiner Arbeit Ehre machen.

Sowohl Rick als auch Mike sagten, Gott habe mit diesem Flug eine besondere Absicht; sie spürten, dass Gott handelte und etwas bewegte. »Rick und ich haben beide den Eindruck, dass wir aus einem bestimmten Grund für diesen Flug bestimmt worden sind, und wir versuchen all diesen Herausforderungen mit Gebeten zu begegnen«, sagte Mike.

»Ich weiß nicht, was er tun will, Evey«, sagte Rick zu mir, »aber ich weiß, dass Gott mit diesem Flug etwas vorhat.« Rick hatte immer sehr hohe Achtung vor dem Volk Israel und seiner reichen Geschichte und Kultur und fand schon lange, dieser Flug sei einzigartig, weil Ilan in der Mannschaft war. Aber weder Rick noch Mike konnten ahnen, wie außergewöhnlich ihr Flug sein würde.

---

Die Mannschaft der STS-107 arbeitete unglaublich viele Stunden für den Flug, aber der Start wurde immer wieder verschoben. Rick war der Meinung, alles passierte zu der Zeit, die Gott bestimmte, und betrachtete den Aufschub als Möglichkeit, das Training gut auszunutzen und als zusätzliche Zeit für die Familien. An unserem zwanzigsten Hochzeitstag überraschte er mich sogar mit einem Flug nach San Francisco. Er plante ihn ganz allein bis in die letzte Einzelheit und hielt das meiste geheim.

In dieser Zeit hatte Rick sehr, sehr viel zu tun und seine Zeit war kostbar, darum bedeutete es mir unglaublich viel, dass er es irgendwie geschafft hatte, alles zu planen. Er nahm mich mit in ein englisches Gasthaus mit »bed and breakfast« in der Gegend von Sausalito, das wir ein Jahr vorher entdeckt hatten, als wir im Urlaub mit den Kindern nach Kalifornien fuhren. Es war schön, Zeit miteinander zu verbringen und Rick gab mir das Gefühl, etwas Besonderes zu sein. Wie es für Rick bezeichnend war, hatte er seine Arbeit am Arbeitsplatz gelassen und konzentrierte sich nun auf uns.

Kurz nach dem Rückflug nach Houston fing Rick mit Proben für den Ostergottesdienst in der Kirche an. Er sollte als Solist mit dem Chor singen und musste sich auf fünf Gottesdienste am

Osterwochenende vorbereiten. Das Lied, das der Chorleiter für Rick ausgesucht hatte, hieß »Wenn die Gnade nicht wäre« und ich fand, man hätte es auch »Ricks Leitmotiv« nennen können. Er war immer sehr schnell dabei, zu erklären, dass alles in seinem Leben von Gottes Gnade bestimmt sei. Er stand vor dem Chor und sang:

*Wenn die Gnade nicht wäre, wo wäre ich dann?*
*Wanderte ins Nichts ohne Hilfe und Ziel,*
*müsste mich selbst retten, kämpfte hoffnungslos,*
*immer auf der Flucht, immer eingeholt,*
*wenn die Gnade nicht wäre ...*

Ich dachte: *Rick, das ist die Zusammenfassung von deinem Leben.* Es war ein Ausdruck von Ricks persönlichem Glaubensweg.

Im Juli und August 2002 wechselten sich die Mannschaftsmitglieder bei der Arbeit ab und alle nahmen zwei Wochen Urlaub mit ihren Familien. Wir hatten Laura und Matthew wider besseres Wissen versprochen zu Disney World zu fahren, fuhren also im Juli zusammen mit dem »Rest der Menschheit« von Houston nach Orlando. Rick sagte, Disney World sei das Kriegsähnlichste, was man als Zivilist erleben könne: Man brauche die richtigen Schuhe, um nicht umzukommen; man brauche einen Rucksack oder eine Gürteltasche mit Regenzeug, Proviant, Wasser, Karten, Kamera und Film. Alle Eintrittskarten und Broschüren müssten in einer Sicherheitstasche verwahrt werden und dann stürze man mit unglaublicher Geschwindigkeit hinaus, um auch etwas für sein Geld zu bekommen. Wir kauften eine Karte für vier Tage und blieben fünf Nächte. Es war sehr anstrengend. Warum hatten wir es für eine gute Idee gehalten, mitten im Sommer zwei Stunden lang Schlange zu stehen? Darauf hatte sogar Ricks Training bei der NOLS ihn nicht vorbereitet.

Rick versuchte die Kinder mit den Disney-Figuren zu fotografieren, aber immer wenn die Reihe an uns kam, hörten wir dieselbe enttäuschende Nachricht: »Tut mir Leid, Leute, Goofy braucht jetzt eine Pause.« Wegen der Hitze konnten die Darsteller immer nur ein paar Minuten draußen bleiben. Rick ließ sich nicht entmutigen: Nach mehreren vergeblichen Versuchen kam er auf die Idee, die Kinder neben den Figuren herlaufen zu lassen, wenn sie sich zurückzogen.

Er lief rückwärts, um das beste Bild zu bekommen, und rief den Kindern Anweisungen zu: »Schau immer in die Kamera, Matthew«, sagte er mit dem Apparat vor dem Gesicht. »Schau Winnie nicht an. Lauf nur neben ihm her, dann knipse ich.« Matthew und Laura versuchten im Laufen neben der Figur ihr Gesicht zu zeigen, und dann tauchte unweigerlich ein ärgerlicher Wachmann auf und drängte Mickey oder Pluto weg von dem Verrückten mit der Kamera. »Achte nicht auf den schlecht gelaunten Mann, Laura.« Rick war entschlossen das Foto zu machen. »Guck nur hier in die Kamera.« Kurz bevor Donald Duck oder Minnie Maus in der Tür verschwanden, hob Rick dann die Hand und sagte: »Danke!« Er setzte den Apparat ab und schaute mich an. »Man kann diesen Figuren nicht trauen«, sagte er. »Sie nehmen nie Blickkontakt auf.« Als wir die Bilder zu Hause entwickelten, sahen wir mehrere von Matthew und Laura mit dem Rücken der jeweiligen Figur, wie sie gerade in die Tür flüchtete; der grimmige Wachmann schaute direkt in die Kamera.

Es war heiß und die Fahrt sehr anstrengend, aber ich bin sehr dankbar, dass wir sie zusammen unternommen haben. Für unsere Familie war es eine sehr gute Zeit.

Nach mehreren weiteren Verschiebungen wurde der Start auf Januar 2003 festgesetzt. (Jemand hat gesagt, er sei bis zu siebzehn Mal verschoben worden, aber da bin ich nicht sicher.)

Am 14. Oktober, nur fünf Tage nach ihrem 98. Geburtstag, starb die Mutter meines Vaters. Wieder wurde Rick gebeten, bei der Trauerfeier in der First Presbyterian Church in Amarillo »Wie groß bist du« zu singen. Wir standen an ihrem Grab auf dem Llano-Friedhof und Rick hielt meine Hand fest. Meine Großmutter war eine sehr wichtige Person für mich gewesen. Sie hatte mir mein erstes Klavier geschenkt und die ersten Stunden bezahlt. Sie hat den Grund gelegt für meine lebenslange Liebe zu Literatur, Dichtung und dem kreativen Umgang mit Worten. Ich hatte keine Lust mehr auf diesen Friedhof zu kommen.

Am 20. November 2002 wurde die 18 Stockwerke hohe *Columbia* vom Hangar in das Vorbereitungsgebäude gebracht. Auch noch im November gab Rick der ganzen Mannschaft eine Woche frei für das Erntedankfest. Rick meinte, immer nur zu arbeiten und keine Freizeit zu haben, würde die Mannschaft unzufrieden machen. Er spürte den Impuls, ihr diese Pause zum Erntedankfest und dann zehn Tage zu Weihnachten zu geben. Es ist ungewöhnlich, dass eine Mannschaft so kurz vor dem Start Freizeit bekommt, aber diese Mannschaft erlebte das immer wieder. Meine Eltern kamen zum Erntedankfest für eine Woche und wir konnten wirklich ausspannen und die Gemeinschaft miteinander genießen.

Am 9. Dezember wurde die *Columbia* an den externen Tank und die Antriebsraketen angeschlossen und auf die Startrampe 39A des Kennedy Space Center in Florida gefahren. Am 20. Dezember gingen Rick und die Mannschaft den Start im Johnson Space Center in Houston noch einmal durch und besprachen, wie jeder Schritt an dem großen Tag ablaufen würde. Vom 17. bis zum 20. Dezember hatten die Mannschaftsmitglieder in Florida Generalprobe für den Start mit Raumanzügen und übten Notfallmaßnahmen für den Fall, dass etwas nicht klappte. Am 23. bekam die Mannschaft frei für Weihnachten und brauchte erst am 2. Januar wieder zur Arbeit zu kommen.

2002 nahm Rick an allem teil, was mit Weihnachten zusammenhängt. Er freute sich immer über Weihnachten, aber 2002 war es nochmal anders; ich spürte Ricks Begeisterung. Gewöhnlich kaufte ich alles ein, aber in diesem Jahr war ich spät dran und Rick fuhr durch ganz Clear Lake, um Geschenke für Matthew zu kaufen. Er rief mich dann an und sagte: »Hallo, ich gehe jetzt zu Toys ›R‹ Us. Wenn ich fertig bin, rufe ich dich an.« Dann fuhr er zu einem kleinen Fachgeschäft und rief mich wieder an: »Ich habe eben das und das gefunden.« Es machte ihm viel Spaß.

In einem Elektronikladen kauften wir zusammen ein; das kann ein Härtetest für eine Ehe werden, aber Rick war dazu bereit. Er gab zwar nicht gern Geld aus, aber bei bestimmten Gelegenheiten packte es ihn und dieses Weihnachtsfest war so eine Gelegenheit. Wir kauften einen neuen Fernsehapparat für das Obergeschoss, einen Game Cube für die Kinder, eine Digitalkamera, eine 35-mm-Kamera und einen Scanner. So viel auf einmal anzuschaffen, das hatte es in unserer Ehe noch nie gegeben und es war untypisch für Rick, aber er tat es sehr gern.

In diesen Weihnachtsferien spielten wir stundenlang Spiele. Wir spielten sogar *Twister* und das ist nicht für Menschen über vierzig gedacht; man muss seinen Körper schrecklich verdrehen. Mein Körper beschloss ziemlich schnell, er habe keine Lust dazu! Am Ende erklärte ich mich offiziell zum »Dreher«: Ich drehte die Spielscheibe, sie lief über die Farbfelder, bis sie auf einem stehen blieb, und Rick, Laura und Matthew streckten sich über die Matte, um Gelb oder Rot zu erreichen. Es war sehr lustig. Rick kaufte ein Spiel, das *Jenga* hieß; dabei muss man einen Turm bauen, ohne ihn umzuwerfen, und ihn dann vorsichtig Stück für Stück wieder abbauen, ohne dass er einstürzt. Dieses Spiel schien wie für unsere Familie gemacht zu sein; es zeigte unsere verschiedenen Charaktere, wie *Twister* es nie gekonnt hätte. Laura stürzte sich mit dramatischer Geste auf einen Baustein und das machte Matthew nervös, denn er war sicher, sie würde mit ihrer Schauspielerei den Turm umwerfen. Dann zielte Matthew genau auf einen Stein und hob ihn methodisch, sehr konzentriert und entschlossen ab, ohne zu atmen.

Am Silvesterabend ließen wir die Kinder bis Mitternacht aufbleiben; das hatten wir noch nie getan. Ich machte heiße Schokolade und wir gingen hinaus in den Garten, schauten durch das Teleskop die Sterne an und sahen Jupiter und die Ringe des Saturn. Rick stellte das Teleskop sorgfältig auf einen größeren Stern ein, aber dann gab es Streit.

»Ich darf dieses Mal zuerst gucken«, sagte Matthew.

»Du hast letztes Mal zuerst geguckt«, sagte Laura. »Dieses Mal darf ich zuerst gucken.«

Rick streckte die Hand aus um zu verhindern, dass sie das Fernrohr umwarfen. »Vorsicht«, sagte er geduldig. »Stoßt nicht an das Teleskop.«

Es war unvermeidlich, dass es doch passierte. Dann schauten sie durch das Rohr und stöhnten. »Da ist nichts!«

Rick schaute durch das Rohr und seufzte, dann stellte er es wieder genau ein.

Es war sehr kalt, aber das machte nichts. Dieses Jahr waren wir Weihnachten und Silvester zum ersten Mal als Familie allein und für Rick war jede Sekunde kostbar. Um Mitternacht fingen Leute in der Nachbarschaft an Lärm zu machen; Matthew gefiel das ausgesprochen gut und er fing auch an zu rufen. Ein wenig zweifelte ich, ob es gut war, einen Siebenjährigen bis Mitternacht aufbleiben zu lassen, aber weil Rick am Zweiten wieder arbeiten musste und am Neunten in Quarantäne ging, wusste ich, dass es doch richtig war. Matthew und Laura genossen diese Zeit mit ihrem Papa.

Ich wusste es damals nicht, aber Rick fing am 1. Januar an, ein Tagebuch für mich zu schreiben und führte es bis zum Tag des Starts. Er dokumentierte jeden Tag von Anfang bis Ende. Ich kann mir wirklich nicht vorstellen, wie er die Zeit dazu gefunden hat, aber er schrieb bis ins Kleinste auf, was er bei der Arbeit tat und was wir als Familie zusammen taten.

Am Freitag wachte er früh mit Sodbrennen auf (das weiß ich, weil er es ins Tagebuch geschrieben hat). Nach einer Weile beschloss er aufzustehen und zur Arbeit zu fahren, um noch etwas Sport treiben zu können. Astronauten treiben nicht aus Eitelkeit Sport, um größere Muskeln oder eine schlankere Figur zu bekommen; sie tun das, weil es für ihre Gesundheit im All notwendig ist und damit sie den Eintritt in die Atmosphäre nach der Schwerelosigkeit überstehen. Wenn die Astronauten ins All kommen, schwinden ihre Muskeln (bei einem langen Flug noch mehr als bei einem Raumfährenflug, aber auch da), wenn sie sie nicht gebrauchen. Auch ihr Skelett wird schwächer, weil der Körper merkt, dass er das schwere Knochengerüst ohne Schwerkraft nicht braucht. Sport ist notwendig, um die Muskelmasse und die Knochenstruktur zu erhalten.

Leider war Ricks Arbeitsplan so voll, dass er nur selten die Zeit fand, die er dafür verwenden wollte. Auch an diesem Vormittag arbeitete er viereinhalb Stunden am Simulator und übte den Aufstieg, ehe er in sein Büro kam und sein blaues Baumwollhemd anziehen konnte. Am Nachmittag sollte eine Pressekonferenz stattfinden. Rick ging in einen gegenüber gelegenen Raum und versuchte mich zu Hause anzurufen.

Er schrieb in sein Tagebuch:

*Ich rief zu Hause an und hinterließ eine Nachricht, versuchte dann Eveys Handy und bekam nur die Mobilbox und hinterließ wieder eine Nachricht. Dann ging ich zurück ins Büro, um ein paar Notizen für die Pressekonferenz durchzusehen, und siehe da! Da warteten Evey und die Kinder auf mich! Das war herrlich, sie so lächeln zu sehen!*

*Nach einem kurzen Besuch gingen wir zum Aufzug und Evey und die Kinder machten sich auf den Weg zu McDonald's zum Mittagessen. Matthew freute sich besonders auf das Essen bei McDonald's. Sie aßen also und kamen noch rechtzeitig nach Hause, um die Pressekonferenz um 14.30 Uhr zu sehen.*

Laura, Matthew und ich setzten uns ins Wohnzimmer und schauten zu, wie die Mannschaft im Gänsemarsch herauskam und sich setzte; alle lächelten. Die meisten Fragen wurden an Ilan gestellt, denn er würde ja der erste Israeli im All sein.

Rick schrieb:

*Die Pressekonferenz lief sehr gut, die meiste Aufmerksamkeit galt Ilan. Ihn und K. C. bewundere ich immer wegen ihrer Beredsamkeit. Der arme Dave Brown konnte sich nur vorstellen, das war alles! Aber für die meisten von uns ist es sehr gut, wenn es so läuft.*

Einmal bat ein Reporter Rick, diesen Flug mit dem früheren 1999 zu vergleichen. Er sagte: »Ich bin weniger angespannt wegen der Unwägbarkeiten als beim ersten Flug.« Er war schon einmal oben gewesen und wusste, was er zu erwarten hatte.

An dem Abend gingen Rick und ich zum letzten Mal miteinander aus. Ehe wir abfuhren war ich sehr müde, aber irgendwie wusste ich, dass das zu wichtig war um abzusagen. Wir gingen zum Essen ins *Outback* und sahen dann *Antwone Fisher*, den letzten Film von Denzel Washington. Die Kellnerin im Restaurant fotografierte uns und Rick klebte das Bild mit ins Tagebuch.

Unter das Foto schrieb er:

*Abendessen und ein Film: ein »Paar« unter unseren Lieblingsunternehmungen! Wir ahnten ja nicht, was sich am nächsten Tag ereignen würde!*

Am Samstag, dem 4. Januar, fing Ricks letztes Wochenende zu Hause an, bevor er in Quarantäne ging, und er hatte eine schier unendliche Liste von Vorhaben. Rick war berühmt für seine Listen und schrieb manchmal unter das Ganze: »Rom an einem Tag erbauen«, weil er wusste, dass er unmöglich alles erledigen konnte. An dem Tag hatte er eine utopische Liste: Er wollte sicherstellen, dass die Autos in Ordnung waren, die Finanzen stimmten und kleine Reparaturen im Haus erledigt waren, damit für uns alles funktionierte, solange er weg war. Aber als Erstes wollten wir uns morgens mit Mike und Sandy Anderson treffen, um für den Start und den Flug zu beten. Laura hatte Probleme mit einem naturwissenschaftlichen Projekt und Rick gestand in seinem Tagebuch, er sei in einer »Stimmung zum Füßenachschleppen« gewesen, darum verschoben wir das Beten auf zehn Uhr. Als Mike und Sandy kamen, liefen ihre Kinder Kaycee und Sydney die Treppe hinauf, um mit Laura und Matthew zu spielen, und wir hörten in den zwei Stunden, die wir zusammensaßen, keinen Mucks von ihnen.

Rick schrieb:

*Wir hatten eine großartige Gebetszeit mit Mike und Sandy. Es hat viel Freude gemacht, für all die Dinge zu beten, die uns beschäftigten, und alles Jesus vor die Füße zu legen. Nach dem Beten fühlte ich mich viel besser!*

Während der Zeit mit Mike und Sandy geschah etwas Schmerzliches: Wir saßen an unserem Esstisch und Mike erzählte von Ron

McNair, einem Afro-Amerikaner, der in der Raumfähre *Challenger* war, als sie explodierte. Mike berichtete, was Rons Familie in der Folge des Unglücks durchgemacht hatte; seiner Familie wolle er das nicht zumuten.

»Es gehört zum Schwersten, was man tun muss, sich von seiner Familie zu verabschieden«, sagt Steve Lindsey. »Man denkt an seine Kinder: *Werde ich sie wiedersehen?* Ich mache mir keine Sorgen um mich, wenn ich fliege. Ich weiß, wo ich hinkomme, wenn etwas passiert, darum habe ich keine Angst zu sterben. Ich habe Angst, nicht mehr für meine Kinder da zu sein. Das beunruhigt mich. Das beunruhigt jeden Astronauten.«

Sandy hielt an dem Vormittag Mikes Hand und wir beteten für den Flug und für alle Mannschaftsmitglieder und ihre Familien und wir beteten auch, dass wir alle in allem, was den Flug betraf, Frieden hätten, denn jetzt waren es nicht einmal mehr zwei Wochen bis dahin.

Um die Mittagszeit verabschiedeten wir uns von den Andersons und Matthew und ich fuhren zum nächsten Geschäft um Gemüse zu kaufen, während Rick anfing etwas im Haus zu reparieren. Da klingelte mein Handy und ich sah, dass es Rick war.

»Evelyn, Laura hat Kopfläuse«, sagte er.

Laura sagte mir schon seit zwei Wochen, dass ihr Kopf juckte, aber ich hatte es immer auf etwas in der Luft geschoben, weil wir das Heizgerät zwei Wochen lang hatten durchlaufen lassen, oder auf eine Allergie gegen das Haarwaschmittel. Ich hatte es immer wieder weggeschoben, weil ich viel zu tun und keine Zeit hatte, mich mit Kopfjucken zu befassen. Ich wehrte sofort ab.

»Nein«, sagte ich.

»Doch. Ich habe in ihrem Haar etwas gefunden.«

»Sie hat doch keine Läuse.«

»Ich habe im Internet nachgeschaut und es ist dasselbe. Es ist genau identisch. Sie hat Kopfläuse.«

Ich wehrte mich, denn es kam mir so vor, dass meine Qualitäten als Mutter damit grundsätzlich infrage gestellt wurden. Wenn sie Läuse hatte, hieß das, dass ich meine Familie nicht richtig versorgt hatte, und die Folgen reichten weit. Rick stand ein paar Tage vor der Quarantäne, und wenn wir das Problem nicht aus der Welt schafften, bekämen die Mannschaftsmitglieder Läuse, der Flug würde wieder verschoben und Evelyn Husband wäre schuld! Im Geist sah ich schon die Überschriften in den Zeitungen.

Laura hat langes, schönes Haar, das sie öfter wäscht, als sogar ich es für nötig halte; sie pflegt es sehr gut. Wir merkten, dass Kopfläuse nichts mit Reinlichkeit zu tun haben. Wir riefen die Flugklinik der NASA an und da sagte man uns, was man alles für scheußliche Dinge tun muss, um die Läuse loszuwerden – und nichts davon war einfach oder schnell zu erledigen. Ricks und mein Charakter waren gegensätzlich: Er war sehr langsam und bedächtig, extrem gewissenhaft und ruhig; ich geriet leicht in Rage. Wir beschlossen, dass er sich an dem Nachmittag um Laura kümmern sollte, während ich versuchte das Ungeziefer aus dem Haus zu entfernen. Ich rannte nach oben und riss die Bettwäsche, Wolldecken, Kissen und Oberdecken von den Betten. Die Bettwäsche und die Wolldecken warf ich in die Waschmaschine und brachte die Steppdecken zur Reinigung.

In sein Tagebuch schrieb Rick:

*Laura und ich setzten uns ins große Badezimmer zur »Behandlung«, während Evelyn alles wusch oder einpackte, was in Sichtweite war! Eveys Stimmung war in dieser Lage auch nicht gerade fröhlich!*

Ich hatte an diesem Tag wirklich eine Stinklaune! Die Waschmaschine lief über und überschwemmte das Esszimmer und ich wischte schnell alles auf und schaltete die Waschmaschine wieder an. Ein paar Minuten später lief sie wieder über. Da dachte ich, es sei wohl nötig ein Wörtchen mit Gott zu reden: »Hast du nicht gehört, dass wir dich erst vor drei Stunden um Frieden gebeten haben, als Andersons hier waren? Hast du gesehen, was Rick heute alles schaffen muss? Weißt du nicht, dass er in ein paar Tagen in Quarantäne muss? Was soll das?«

Während ich eimerweise Wasser vom Fußboden wischte, wusch Rick Lauras Haar vorsichtig mit Rit, dem Mittel, das die NASA uns genannt hatte, und sagte ihr mehrfach, wie schön ihr

Haar war und dass alles gut würde. Als Matthew erfuhr, was vorging, zog er sich zurück und achtete darauf, uns in dieser kritischen Zeit nicht in den Weg zu geraten. Während ich immer noch durchs Haus lief und die Stofftiere für zwei Wochen in einem eigenen Sack in Quarantäne schickte, fing Rick an, sorgfältig kleine Strähnen von Lauras Haar zu nehmen und mit einem sehr feinen Kamm zu kämmen, der auch die Nissen (die festgeklebten Eier) entfernt. Sie mussten jede Strähne aufwickeln und feststecken, bevor sie die nächste vornahmen. Es dauerte Stunden, aber Rick gab Laura nie das Gefühl, er habe noch anderes zu tun. Er sagte ihr immer wieder, wie stolz er war, dass sie seine Tochter war, wie sehr er sie liebte und wie dankbar er war, dass sie Jesus liebte. Ricks Liste (»Rom an einem Tag erbauen«) war längst vergessen; Laura brauchte ihn.

Während ich durchs Haus rannte und alles auseinander nahm, hörte ich, wie sie miteinander redeten und lachten und wie Ricks tiefe Stimme zärtlich mit ihr sprach. Er wusste, dass ihr das Ganze peinlich war und dass ihr Selbstwertgefühl verletzt war, aber er brachte ihr immer wieder ganz viel Liebe entgegen und sagte ihr, dass alles gut werden würde. Er war sehr sanft und liebevoll zu ihr.

Laura war zum Geburtstag ihrer besten Freundin eingeladen und ich sollte sie um fünf Uhr an einem Treffpunkt in Clear Lake absetzen. Sie wollte nicht, dass jemand erfuhr, dass sie Läuse hatte; ich musste anrufen und sagen, wir könnten es nicht mehr schaffen. Ein paar Minuten später wollte meine Freundin uns einen Gefallen tun und fuhr zu unserem Haus, um Laura abzuholen. Als ich zur Tür ging, muss sie an meinem Gesichtsausdruck gesehen haben, dass der Tag nicht erholsam gewesen war. Rick und ich sollten an demselben Abend um sieben Uhr mit der Mannschaft und allen Ehepartnern zu Abend essen. Mir war klar, dass wir unmöglich alles schaffen konnten.

Um halb sieben war Rick mit Laura fertig und ich raste durch Houston, um sie zu der Geburtstagsfeier zu bringen, die seit 45 Minuten im Gang war. Aber sie kam mit wunderschönem, lausfreiem Haar da an. Rick behandelte vorbeugend Matthew und dann sich selbst, ehe er eine halbe Stunde zu spät beim Mannschaftsessen auftauchte. Als ich endlich vom anderen Ende der

Stadt, wo ich Laura abgesetzt hatte, ankam, war es 21.30 Uhr. Ich erzählte nicht, was passiert war, weil es Laura peinlich war, und sagte nur, wir hätten einen schlechten Tag gehabt. Später sagte jemand, ich hätte sagen sollen, es wäre einer von diesen Tagen gewesen, an denen die Haare einfach nicht in Form sind. Das wäre die Untertreibung des Jahrhunderts gewesen!

Am Ende der Eintragung für diesen Tag schrieb Rick:

*Gott hat wie immer diesen ganzen sehr anstrengenden Tag lang für uns gesorgt, an dem wir viel gebetet haben!*

In meiner stillen Zeit bemühte ich mich seit einer Weile für alles zu danken, fand es aber schwierig, Gott für Lauras Kopfläuse zu danken. Wie konnte man *dafür* dankbar sein? Fast augenblicklich fiel mir eine Szene aus dem Buch *Die Zuflucht* mit Corrie ten Boom und ihrer Schwester Betsie ein, die in einem Konzentrationslager der Nazis gefangen waren. Ihre Baracke war mit Flöhen verseucht und sie litten Tag und Nacht unter dem Juckreiz. Corrie beschwerte sich und Betsie sagte, sie müssten Gott für die Flöhe danken, weil sie für alles dankbar sein sollten. Corrie konnte das nicht erkennen. Aber dann zeigte sich, dass die Flöhe die Wachen aus den Baracken fernhielten, und sie konnten ungestört mit den anderen Frauen die Bibel lesen, beten und ihnen Mut zusprechen. Die Flöhe waren ein Geschenk von Gott gewesen.

Es schien mir, als ob Gott sagte: *Ich habe Laura fünf ungestörte Stunden mit ihrem Vater gegeben.* Ich musste mich geschlagen geben, denn ich dachte daran, wie Rick Laura behandelt hatte und wie ganz anders ich es gemacht hätte. Er war geduldig; er ging liebevoll mit ihr um; er machte ihr Mut; er sagte ihr, wie schön sie war. Ohne die Läuse hätten sie diese gemeinsame Zeit nicht gehabt; das hätte unsere Liste von Erledigungen nie zugelassen. Wir haben keinen einzigen Punkt auf der Liste abgehakt, aber was macht das? Gott hat uns stattdessen etwas Gutes getan.

11

# Startbereit

Gott ist das Wichtigste in meinem Leben. Nur durch Gott kann ich etwas wirklich Lohnendes tun. Rick Husband

AM SONNTAG, DEM 5. JANUAR, gingen wir in die Kirche, und während des Gottesdienstes bat Pastor Riggle unsere Familie und Andersons nach vorn zu kommen, weil er für den Flug und für die Familien um Gottes Führung und Schutz beten wollte. Rick erzählte der Gemeinde von dem Flug und wie die Mannschaft in den fast zweieinhalb Trainingsjahren zusammengewachsen war. »Bis hierher war es ein sehr interessanter Weg«, sagte er. »Wir haben wirklich viel für den Flug und die Mannschaft und alle Menschen gebetet, die an der Mission mitarbei ten und es möglich machen, dass wir einen solchen Flug unternehmen können.« Er gab das Mikrofon an Mike weiter.

»Rick und ich haben für einen erfolgreichen Flug gebetet«, sagte Mike, »aber auch darum, dass Gott irgendwie unseren Glauben an ihn für alle sichtbar macht. Wir möchten euch wirklich bitten, für uns zu beten, während wir uns auf diesen sechzehntägigen Flug vorbereiten. Und nicht nur für einen sicheren Flug, sondern auch dafür, dass wir einfach diese Gelegenheit nutzen können, um zu zeigen, was wir glauben, und dass sich Gottes Botschaft dadurch ausbreitet.« Das fühlten wir alle und Mike sagte es sehr schön.

Pastor Riggle betete für die Familien der ganzen Mannschaft und wir setzten uns wieder. Rick war sehr bewegt, dass die Gemeinde sich die Zeit nahm, das für uns zu tun. An diesem Tag war Rick so gelassen, dass ihm niemand angemerkt hätte, dass er schon in elf Tagen ins All fliegen würde. Aber die nächsten beiden Tage waren chaotisch.

Rick und die Mannschaft kamen jeden Tag früh zum Johnson Space Center, um die letzten Einzelheiten zu besprechen und sich auf die Quarantäne vorzubereiten. Am Mittwoch, dem 8. Januar, dem Tag vor dem eigentlichen Beginn der Quarantäne, kam Rick mit einer Fotoausrüstung zum Mittagessen, die er von der NASA geliehen hatte, und fing an die Videoandachten für die Kinder aufzunehmen. Laura und Matthew hatten wieder Schule, wussten also nichts von diesem besonderen Vorhaben.

Er stellte die Kamera ein und nahm die erste Andacht für Matthew auf. Während der ganzen Aufnahme wirkte er ruhig; die Kinder würden nichts davon merken, aber ich wusste, dass Rick furchtbar wenig Zeit hatte. Ich wusste, dass sein Arbeitsplan ihn belastete, aber der Plan wurde Rick nicht wichtiger als das, was er vor der laufenden Kamera tat; das, nicht der Weltraumflug, war die höchste Aufgabe in Ricks Leben.

Er saß entspannt auf dem Sofa im Wohnzimmer und schaute in die Kamera, um die zweite Andacht aufzunehmen.

»Gut«, sagte er und seine Augen leuchteten auf. »Jetzt kommt der zweite Tag für unsere Andachten. Hallo, Matthew! Ich hab dich lieb! Dies ist mein zweiter Tag im All.«

Rick öffnete Matthews Bibel und las Philipper 4, 6: »Sorgt euch um nichts, sondern betet um alles. Sagt Gott, was ihr braucht, und dankt ihm.«

Er legte den Finger in die Bibel, um die Stelle leicht wiederzufinden, schaute in die Kamera und sagte zu Matthew: »Das heißt also, lass dir von nichts Angst machen, sondern bitte einfach Gott, dir bei allem zu helfen.«

Er schaute wieder nach unten und las den Rest: »Ihr werdet Gottes Frieden erfahren, der größer ist, als unser menschlicher Verstand es je begreifen kann. Sein Friede wird eure Herzen und Gedanken im Glauben an Jesus Christus bewahren.« Dann wieder in die Kamera: »Das bedeutet, Jesus Christus gibt dir Frieden.«

Rick hatte im Lauf der Jahre gelernt, seine Sorgen an Gott abzugeben; er hatte gelernt für die Dinge, die ihm Schwierigkeiten machten, zu beten und sich nicht damit zu quälen, und er hatte den Frieden erlebt, der nur durch Jesus kommt. Für Rick waren das keine leblosen Worte; es war die Wahrheit, die ihn frei gemacht hatte. Es war das, was gerade er Matthew am besten persönlich weitergeben konnte.

Er las die Geschichte aus Matthews Andachtsbuch vor und betete dann für ihn: »Herr, ich bitte dich Matthew zu helfen, keine Sorgen und Belastungen mit sich herumzutragen, sondern sie auf dich zu werfen, Jesus, weil du für Matthew sorgst. Zeige ihm, dass du ihm helfen und die Belastungen tragen willst, die ihm zu schaffen machen, weil du ihn so lieb hast.«

Er schaute auf. »Jetzt, wo ich im All bin, vermisse ich dich und Mama und Laura sehr, aber ich weiß, dass diese Zeit schnell vorbeigeht, und freue mich schon sehr darauf, euch zu sehen. Ich hab dich lieb! Tschüss!«

Er schaute in die Kamera und lächelte. Der zweite Tag war fertig. In der Mittagspause nahm er so viele Andachten wie möglich auf und ging dann wieder zur Arbeit. Ich wusste, dass Ricks »Besorgungsliste« am Arbeitsplatz länger war als alles, was wir je zu Hause hätten zusammenstellen können, aber er schaffte es immer so früh heimzukommen, dass er mit uns essen und mit den Kindern spielen konnte. Rick gab uns nie das Gefühl, er sei unter Zeitdruck oder sei mit seiner Arbeit nicht fertig geworden.

An diesem Abend nach dem Abendessen sahen wir mit den Kindern einen Film und dann half Rick Matthew beim Baden.

In das Tagebuch für mich schrieb er:

*Musste mich zur Badezeit mit Matthew befassen – ich glaube, er war unzufrieden, weil ich morgen in Quarantäne gehe. Danach hatten wir auf dem Fußboden in seinem Zimmer einen fantastischen Ringkampf mit viel Gelächter.*

Am Donnerstagabend, dem Neunten, sollte Rick in Quarantäne gehen, aber er konnte noch mit den Kindern und mir zu Abend essen und ein Weilchen dableiben, ehe er zum Mannschaftsquartier aufbrach (der Zweck der Quarantäne ist, Ansteckungen, Krankheiten und Keime sieben Tage lang von der Mannschaft fernzuhalten, damit sie im All so gesund wie möglich ist). In der letzten Stunde, die er bei uns war, schaute Laura auf, als ob sie etwas hörte.

»Mama, das Gartentor ist eben zugegangen«, sagte sie.

»Nein, das glaube ich nicht«, sagte ich.

Sie schaute hinaus. »Da ist jemand mit einer Taschenlampe im Garten«, sagte sie.

»Nein, bestimmt nicht«, sagte ich und stand auf, um sicherheitshalber nachzusehen. Tatsächlich war jemand mit einer Taschenlampe in unserem Garten! Es war ein Polizist. Weil ein Israeli mit in der Raumfähre sein sollte, waren die Sicherheitsvorkehrungen gegen terroristische Bedrohung besonders streng, sodass alle Häuser der Mannschaftsmitglieder unter Polizeischutz standen. Den hatten wir bei Ricks erstem Weltraumflug 1999 auch gehabt, aber dieses Mal waren die Sicherheitsstandards noch höher. Vor ein paar Wochen hatte jemand unser Haus skizziert und aufgezeichnet, wo Gebüsche sind, damit man kontrollieren konnte, ob sich jemand darin versteckte. In der letzten Stunde, die Rick zu Hause war, blitzten immer wieder Suchscheinwerfer durchs Fenster, weil Polizisten die Umgebung unseres Hauses durchsuchten.

Rick musste erst zwischen 21.00 und 21.30 Uhr im Mannschaftsquartier sein, also blieb er so lange wie möglich bei uns. Er betete mit Laura und mit Matthew, wir beteten alle zusammen und dann verabschiedete sich Rick. Laura weinte, als sie ihn umarmte, denn sie wusste, dass es mit der Quarantäne und dem Flug über drei Wochen dauern würde, bis sie ihren Papa wieder sehen würde.

Rick blieb die nächsten drei Nächte in Houston und sollte dann nach Florida fliegen, wo die Mannschaft den Rest der Quarantäne verbringen sollte. Am nächsten Morgen in der Quarantäne stand Rick auf und stellte wieder die Videokamera auf. Er wollte noch die siebzehn Videoandachten für Laura fertig bekommen. Er saß in einem kahlen, weiß gestrichenen Zimmer im Mannschaftsquartier und nahm sich wieder die Zeit, in die Kamera zu sprechen: »Hi, Laura, ich hoffe, bei dir läuft alles gut. Ich wollte diesen Film für dich machen, damit du weißt, wie lieb ich dich habe, und damit du weißt, dass ich an dich denke. Ich schenke ihn dir, weil du jetzt so lange warten musst, während ich oben im Weltall bin.«

Er las Lauras Andachtstext lebhaft vor und gab jeder Person in der Geschichte eine eigene Stimme und Betonung. Er betete für sie und schaute dann lächelnd in die Kamera. »So, ich habe dich sehr, sehr lieb und morgen sehen wir uns bei unserer nächsten Andacht wieder. Tschüss!«

Bei Lauras Andacht für den zweiten Tag las Rick den Bibeltext und die Geschichte und schaute dann in die Kamera. »Wie ist das mit *dir*?«, fragte er, zeigte mit dem Finger und lächelte in die Kamera. Rick liebte den Teil der Andacht, in dem die Frage gestellt wird: »Wie ist das mit dir?« schon allein deshalb, weil er gern mit dem Finger zeigte und das Wort *dir* oder *du* betonte. »Findest *du* es schwer Versuchungen zu widerstehen?«

Er hörte auf zu lesen und sah Laura an. »Das ist eine Sache, um die ich für dich und Matthew bete, dass ihr beide im Widerstand gegen Versuchungen stark werdet, weil das im Leben wirklich wichtig ist. Und weil ich euch so lieb habe, bete ich für euch.«

Er schaute ins Buch. »Hier steht in der Fußnote: ›Sorge für dein geistliches Leben.‹«

Dann wieder in die Kamera: »Und das sage *ich*: Es ist genauso wichtig geistlich fit zu bleiben wie körperlich fit zu bleiben.«

Rick wollte, dass Laura und Matthew verstehen, dass sie jeden Tag Gemeinschaft mit Gott brauchen, um ihr geistliches Leben zu erhalten. Es geht ja nicht darum, sonntags für eine Stunde in die Kirche zu gehen und ein anständiger Mensch zu sein; man muss jeden Tag für diese Gemeinschaft sorgen. Das hatte Ricks Leben verändert, bevor wir aus Kalifornien wegzogen und während wir in England waren, und er wusste, dass es auch Laura und Matthew für den Rest ihres Lebens Halt geben würde.

Am Zehnten fuhr Rick nach dem Frühstück im Mannschaftsquartier nach Hause, um Matthews Andachten fertig zu stellen (er durfte sich in unserem Haus aufhalten, solange es leer war). Dann fuhr er eilig wieder zur NASA, um mit der Mannschaft zu Mittag zu essen, und es wurde noch einmal trainiert. An dem Nachmittag fuhr ich mit den Kindern zum Mannschaftsquartier und wir setzten uns in ein riesiges Büro. Rick kam vom Mannschaftsquartier aus herein und setzte sich für die Besuchszeit ans andere Ende des Raumes. (Rick hatte entschieden, ein kurzer Besuch mit einem Abstand von etwa sieben Metern zwischen uns sei in Ordnung. Ein NASA-Flugarzt streckte den Kopf durch die Tür, um nach dem Rechten zu sehen und uns zu begrüßen, und damit war es gut.)

Ein paar Stunden später durften die Ehepartner mit der Mannschaft zu Abend essen. Im Weltraum würde die Mannschaft in Schichten arbeiten, darum hatten die Mitglieder schon angefangen abwechselnd zu schlafen: Das Rote Team schlief, während das Blaue Team wach war, und umgekehrt. Das Rote Team bestand aus Rick, Laurel, K. C. und Ilan, das Blaue Team aus Mike, Willie und Dave. Ich kam um 18.00 Uhr zum Abendessen und sagte »Guten Morgen« zu denen, die eben aufgestanden waren und frühstückten. Es war sehr seltsam, aber ihr Körper musste sich für den sechzehntägigen Flug an den Schichtwechsel gewöhnen.

Am Sonntagmorgen, dem 12. Januar, stand Rick um 5.25 Uhr auf, hielt stille Zeit und stellte dann Matthews Andachtsvideo fertig. Er packte seine Taschen für Florida und unterrichtete die Mannschaft über den bevorstehenden Flug zum Kennedy Space Center. Gewöhnlich flogen sie in vier T-38-Maschinen, aber an diesem Tag war das Wetter abscheulich und zu stürmisch für diese Maschinen. Stattdessen flogen sie in einer *Gulfstream*-2-Passagiermaschine der NASA.

Rick wollte den Camaro bei uns zu Hause abstellen, um ihn nicht am Ellington-Field-Flughafen zu lassen, von dem aus die Mannschaft mit der G-2 abfliegen würde, und er wollte auch Laura und Matthew ein Geschenk für die Zeit seiner Abwesenheit dalassen. Er hatte beschlossen, für die am nächsten Tag anstehende Reise der Kinder nach Florida zwei billige Kameras mit Film als Geschenk zu kaufen.

Unsere Nachbarin Beth Cotten sollte bei den Kindern bleiben, wenn ich Rick zum Ellington Field fuhr. Beth sagte Laura und Matthew, Rick würde den Camaro zurückbringen, aber sie dürften ihn nicht umarmen oder ihm nahe kommen; das verstanden sie beide. Rick fuhr den Camaro in die Garage und ging durch die Tür, die in die Küche führt, um die Fotoapparate und Filme auf die Arbeitsfläche zu legen. Matthew sah ihn und vergaß, was Beth ihm erst vor ein paar Minuten gesagt hatte. Er schrie: »Papa!«, und rannte auf Rick zu wie um sein Leben. Beth und ich schrien beide: »Nein, Matthew!« Matthew blieb etwa fünf Meter vor Rick wie erstarrt stehen und Rick warf ihm und Laura dicke Kusshände und »Umarmungen« zu. Das war das letzte Mal, dass sie ihren Vater sahen.

Am Montag, dem 13. Januar, flogen Laura, Matthew und ich zusammen mit den anderen Mannschaftsfamilien nach Florida. Aus dem Tagebuch, das Rick für mich geschrieben hat, weiß ich, dass er an diesem Tag früh aufstand, die Taschenbibel aufschlug, die er mit ins All nehmen wollte, und sah, dass 2. Tim 1, 7 rot unterstrichen war. Er las die Stelle und ihm fiel ein, dass unser Pfarrer denselben Vers in der Kirche zitiert hatte und dass der Billy-Graham-Kalender, den wir zu Hause hatten, ihn für den 16. Januar, den Tag des Starts, angegeben hatte. Er lautet: »Denn Gott hat uns nicht einen Geist der Furcht gegeben, sondern einen Geist der Kraft, der Liebe und der Besonnenheit.« Es war, als ob Gott Rick versicherte, dass es keinen Grund zur Angst vor dem bevorstehenden Flug gab.

Die NASA sorgte dafür, dass die Mannschaftsfamilien auf dem Luftwaffenstützpunkt Patrick bleiben konnten. Normalerweise wurden die Familien in ein Hotel einquartiert, aber wegen des bevorstehenden Irakkrieges und weil Ilan mit der Mannschaft fliegen sollte, hielt die NASA es für notwendig, alle Vorsichtsmaßnahmen zu ergreifen und uns geschützt auf dem Stützpunkt unterzubringen. Immer wenn wir die Basis verließen, war ein großes Aufgebot von Motorradfahrern vor und hinter uns. Am Abend konnte ich Rick mit allen Ehepartnern zum Abendessen im Mannschaftsquartier besuchen. Als ich hereinkam, umarmte Rick mich fest.

»Seit ich dich kenne, Rick«, sagte ich, »war es noch nie so umständlich, dass wir uns treffen. Ich habe einen eigenen Sicherheitsagenten und Polizeischutz! Das ist wahrscheinlich eine gute Zeit für Laura und Matthew, in der sie üben müssen sich zu benehmen.«

Er lachte. »Jetzt kannst nicht nur du sie streng anschauen, jetzt hast du noch dreißig weitere Leute, die es nachmachen können.«

»Mein Sicherheitsagent hat mich ausgeschimpft, weil ich mit Clay Anderson zur Sicherheitsanhörung gefahren bin. Wie konnte ich denn wissen, dass ich das nicht sollte?«

Rick lachte wieder.

Als wir bei der Sicherheitsanhörung angekommen waren, hatte mein Agent mich an der Wagentür abgefangen und gesagt: »Ich soll *immer* bei Ihnen sein.« Ich dachte: *Ich bin bereit, ein Schaf zu sein; ich weiß nur nicht, wer mich hütet!*

Ich drückte meinen Kopf an Ricks Brust und umarmte ihn. »Ich bin so froh wieder bei dir zu sein.« Dann schaute ich über die Schulter. »Es steht kein Agent oder Polizist hinter mir, oder?«

Er lachte wieder und küsste mich. »Wie wär's, wenn ich dich zum Essen einlade?« Rick öffnete eine Tür und wir kamen in einen Raum im Mannschaftsquartier, in dem die Damen, die dort arbeiten, einen wunderschönen Esstisch mit Kerzenschein für die ganze Mannschaft und die Ehepartner gedeckt hatten. Smith Johnston, der Flugarzt der Mannschaft, spielte im Hintergrund für uns Gitarre und Dave Brown stellte einen Teller vor ihn hin. Wir sammelten für ihn – insgesamt einen Dollar und sieben Cent, damit Smith etwas für seine Mühe bekam. Es war für uns alle ein erholsamer Abend.

Später auf dem Weg zur Luftwaffenbasis Patrick musste ich ein paar Lebensmittel einkaufen, aber ich hatte keine Ahnung, was mich da erwartete: Sechs oder acht Polizeiwagen waren vor, hinter und neben dem Auto, in dem Steve Lindsey und ich saßen, und alle fuhren auf den Parkplatz des Lebensmittelgeschäftes. Ich dachte: *Sie kommen doch bestimmt nicht mit mir in den Laden!* Aber sie kamen. Während ich Milch, Orangensaft und anderes einkaufen wollte, was ich vergessen hatte, weil ich so nervös und angespannt war, begleiteten mich zehn Polizeibeamte. Die anderen Kunden im Laden blieben einfach stehen, wo sie waren, starrten mich an und fragten sich, wer ich wohl sein könnte und was ich nur angestellt hatte, dass ich im Lebensmittelladen eine Polizeieskorte brauchte!

Aus Nervosität schickte ich schließlich ein paar Beamte im Laden herum: »Ich brauche Milch.« »Können Sie knusprige Frühstücksflocken besorgen?« »Es ist egal, welches Brot.« Wir gingen in einer großen Gruppe durch den ganzen Laden, und als ich bezahlen wollte, dirigierten mich die Beamten an eine leere Kasse und sperrten sie hinter mir ab, damit sich niemand mehr dort anstellte.

Die Kassiererin addierte stumm meine Einkäufe und überlegte, wer ich wohl sei. »Ist das alles Ihretwegen?«, flüsterte sie schließlich.

»Leider ja«, sagte ich.

Danach dachte ich, ich würde lieber verhungern als noch einmal in diesen Laden zu gehen.

Am Dienstagmorgen traf ich Rick beim Strandhaus auf dem Gelände des Kennedy Space Center.

Er schrieb in mein Tagebuch:

*Ging zum Strandhaus und traf meine süße Evey. Meine Anspannung lässt sofort nach, wenn wir zusammen sind!*

Ich war so froh, ihn wieder zu sehen und zu umarmen. Es ging uns beiden am besten, wenn wir zusammen waren. Mit den anderen Ehepartnern des Roten Teams (das waren K. C., Ilan und Laurel) besichtigten wir die Startrampe. Wir standen neben der riesigen Raumfähre *Columbia* und es war atemberaubend, sie war so groß. Ich stand ganz dicht neben ihr und musste mich sehr beherrschen, nicht die Hand auszustrecken und sie anzufassen. Es war ein erstaunliches Erlebnis gleich neben ihr zu stehen. Rick und ich standen neben dem Außentank und er legte den Arm um mich, während uns jemand fotografierte. Das sind unsere letzten gemeinsamen Fotos.

Am Fünfzehnten stand Rick um 5.30 Uhr auf und übte um 6 Uhr zum letzten Mal das Anziehen, Festschnallen und die Kommunikationskontrolle für den Start am nächsten Tag. Um 6.45 fuhren er und Willie zum Shuttle-Landeübungsplatz, um den STA zu fliegen. Sie flogen anderthalb Stunden und Rick schrieb in das Tagebuch, es sei »ein *prächtiger* Tag!« Später am Vormittag kam er zum Strandhaus um mich zu treffen und wir gingen am Strand spazieren.

Er schrieb:

*Wir machten einen wunderschönen, langen Spaziergang am Strand und sprachen darüber, wie wir in allem Gottes*

*Handeln erkennen können und dass wir Frieden haben – und wie viel Spaß es macht, sich innerhalb des geschützten Hortes Gottes zu bewegen. Es war ein herrlicher Tag!*

Es war sehr erholsam – wie ein kleines Rendezvous draußen am Strand. Wir waren uns sicher, dass die Raumfähre starten und nicht wieder alles verschoben würde. Rick war bereit zum Flug und wir freuten uns einfach an der Gegenwart des anderen ohne Druck und Stress. Ich sagte: »Rick, ich bin so ruhig, ganz anders als bei deinem ersten Start. Das Ganze beunruhigt mich überhaupt nicht.«

»Ist es nicht klasse, sich in dem geschützten Hort Gottes zu bewegen?«, sagte er. »Vom Heiligen Geist umschlossen zu sein wie in einer Luftblase?« Wir beide fühlten uns völlig sicher und unbeschwert und wussten, dass dieser Friede von Gott kam.

»Nimm das als Erinnerung an unseren Spaziergang«, sagte er und reichte mir zwei Muscheln. Wir sammelten noch Muscheln für die Kinder und Rick sang für mich »Be My Love« (Sei meine Geliebte); das hatte er mir schon seit der Zeit im College immer wieder vorgesungen. Ich witzelte, gleich würden Sicherheitsagenten aus dem Pflanzendickicht auftauchen, applaudieren und dann wieder darin verschwinden. Wir beteten zusammen für den Start und den Flug und Rick betete noch einmal für die Landung am 1. Februar. Er hatte oft mit mir über die Landung gesprochen und betont, wie wichtig eine sichere Landung ist. Er wünschte sich nichts mehr, als seine Arbeit gut zu machen und die Mannschaft sicher zurückzubringen. Wir hielten uns an der Hand und ich wundere mich heute noch, wie entspannt wir waren.

Am Nachmittag gab ich mit Hilfe von Dan Dillard, einem guten Freund aus Orlando, einen Empfang für alle Gäste, die wir eingeladen hatten, und alle Mannschaftsfamilien, die kommen wollten. Er fand in der nahe gelegenen *Calvary Chapel* statt, wo ich auch den ersten Empfang 1999 gegeben hatte. Dan und seine Frau Malia halfen bei beiden Empfängen und organisierten alles von der Auswahl des Kuchens bis zur Reihenfolge der Reden. Ich hatte Dan vor Jahren in der Gemeinde kennen gelernt, die wir in Apple Valley in Kalifornien besucht hatten. Er und Malia arbeiten bei *Campus für Christus* und wir unterstützen ihre Arbeit seit Jahren. Doug Stringer, ein Pfarrer aus der Gegend von Houston, predigte; Zola Levitt, eine jüdische Schriftstellerin, die in der jüdischen Tradition erzogen worden war, aber 1971 zum Glauben an Christus gefunden hatte, sprach für uns ein Gebet auf Hebräisch und Sally und Clay Clarkson, die viele Bücher über das Unterrichten von zu Hause geschrieben haben, beteten auch. Ich unterrichtete Laura zwar nicht mehr selbst, aber ihre Bücher haben mir immer gut gefallen und ich freute mich sehr, dass sie am Empfang teilnehmen konnten. Sally betete für Laura und Clay betete für Matthew, und diese beiden Gebete gehörten zu den schönsten, die ich je gehört habe. Steve Green sang zur Feier des Tages mehrere Lieder. Es war ein sehr eindrücklicher Nachmittag.

An diesem Abend hatten Rick und ich eine Stunde im Strandhaus zusammen mit der Mannschaft und den Ehepartnern und gegen Ende der gemeinsamen Zeit sprachen wir Toasts auf den bevorstehenden Flug. Rick zitierte Josua 1, 6+7:

> *Sei getrost und unverzagt; denn du sollst diesem Volk das Land austeilen, das ich ihnen zum Erbe geben will, wie ich ihren Vätern geschworen habe. Sei nur getrost und ganz unverzagt, dass du hältst und tust in allen Dingen nach dem Gesetz, das dir Mose, mein Knecht, geboten hat. Weiche nicht davon, weder zur Rechten noch zur Linken, damit du es recht ausrichten kannst, wohin du auch gehst.*

Als Rick sagte: »Sei nur getrost und ganz unverzagt«, fingen seine Lippen an zu zittern. Es war ein bewegender Vers für Rick und eine bewegende Zeit mit mir und der Mannschaft, die er liebte. Rick kehrte seinen Glauben nicht heraus; er drängte ihn nie jemandem auf, aber er verleugnete ihn auch nie. Die Mannschaft schwieg; die Gefühle waren echt und wie wir an diesem Abend so zusammenstanden, waren wir alle eine Einheit. Noch ein paar Minuten, dann mussten wir uns voneinander verabschieden.

»Der schwerste Teil des Raumflugs ist für mich der Abschied von Diane und unseren drei Kindern«, sagt Steve Lindsey. »Obwohl ich, was den Flug, das Raumschiff, die Mannschaft und das Bodenpersonal und die Fluglotsen angeht, immer ganz zuversichtlich bin, kommt es mir, wenn ich mich verabschiede, so vor, als wäre es für immer und ich frage mich, ob ich sie wohl wieder sehen werde oder nicht. Wenn ich am Abend vor dem Start von Diane weggehe, ist mir richtig übel. Bei jedem Flug wird es noch schwerer.«

Jeder von uns ging für die kurze Zeit, die wir noch hatten, mit seinem Ehepartner weg und Rick und ich umarmten und küssten uns und sagten uns, wie sehr wir uns liebten. Ich musste nicht weinen. Ich hatte das schon einmal erlebt; ich hatte Frieden.

»Evey, ich will dir nur noch einmal sagen, wie wertvoll deine Unterstützung für mich ist«, sagte Rick. »Ohne deine Hilfe könnte ich gar nichts tun. Ich habe immer noch so einen Eindruck, dass Gott mit diesem Flug etwas Besonderes vorhat. Ich werde dich und die Kinder wirklich vermissen, aber ich freue mich so, endlich auf diesen Flug zu gehen!«

»Rick«, sagte ich und hielt ihn fest, »ich hoffe, dass du eine großartige Zeit haben wirst und alles glatt läuft und dass du auch ein bisschen Freizeit hast, damit du es richtig genießen kannst. Ich weiß, dass du und die Mannschaft es sehr gut machen werdet.« Ich drückte ihn fest. »Ich hoffe nur, die sechzehn Tage gehen für uns alle schnell vorbei.«

»Bestimmt«, sagte er. »Sie werden vorbei sein, bevor wir es richtig merken.«

Wir beteten miteinander. Rick bat darum, dass Laura und Matthew gehorchten und dass die Zeit ohne ihn für uns schnell vorbeiginge. Ich bat, dass Rick sich im All wohl fühlte und dass die Landung perfekt gelänge. Ich umarmte ihn fest.

»Ich liebe dich von ganzem Herzen«, sagte ich und küsste ihn. »Ich bin sehr stolz auf dich.«

»Ich liebe dich, Evey.« Er hielt mich von sich weg und schaute mich an. »Du bist eine schöne Frau, Evelyn Husband.«

Rick brachte mich zum Wagen und gab mir einen Abschiedskuss. Lani McCool sagte Willie »auf Wiedersehen« und setzte sich mit ihrem Sicherheitsagenten auf den Rücksitz. Ich schaute mich nach ihr um und sah Tränen in ihren Augen. »Lani, das ist der schwerste Teil, aber es wird gut werden«, sagte ich. Der erste Flug zehrt an den Nerven.

Das war unser letztes Zusammensein. Am nächsten Tag stiegen Rick und die Mannschaft STS-107 zu ihrem sechzehntägigen Flug in die *Columbia*.

12

# Der letzte Flug

Sie haben das äußerste Opfer gebracht; sie haben ihr Leben für ihr Land und für die ganze Menschheit gegeben.

Ricks Stellungnahme am 17. Jahrestag des *Challenger*-Unglücks an Bord der *Columbia*

MORGENS UM 3.06 UHR ostamerikanischer Zeit (EST) gaben die Shuttle-Manager das O.K. für das Auftanken des Raumschiffs. Die externen Tanks der *Columbia* wurden mit Millionen von Litern flüssigen Sauerstoffs und flüssigen Wasserstoffs gefüllt; die Aktion dauerte insgesamt drei Stunden. Sobald die Anweisung zum Tanken erfolgt war, war klar, dass der Countdown zum Start normal und ohne größere Probleme ablaufen würde. Alle waren sehr zuversichtlich, dass um 10.39 Uhr alles startklar wäre.

Um 6.10 Uhr EST kontrollierte das letzte Inspektionsteam jeden Zentimeter des Außentanks, der Antriebsraketen und des Flugkörpers auf Anzeichen für Schwierigkeiten und befand alles in Ordnung.

Um 7.30 Uhr EST waren Rick und die Mannschaft bereit, bei der Einweisungs- und Kontrollzentrale in den Transporter zu steigen, der sie zur Startrampe bringen sollte. In einem freien Augenblick, ehe die Mannschaft die Quartiere verließ, legte Rick eine Pause ein, stellte sich mit den anderen in einen Kreis und betete für den kommenden Flug. Dann fuhren sie zur Operations- und Kontrollzentrale und nahmen den Aufzug bis in 60 Meter Höhe, wo der letzte Trupp darauf wartete, ihnen in die Raumfähre zu helfen.

Um 7.52 Uhr fing die Mannschaft an in die *Columbia* einzusteigen. Rick stieg als Erster ein und nahm seinen Platz auf dem

Flugdeck ein, Ilan setzte sich auf seinen Platz auf dem Mitteldeck, dann kam Willie und setzte sich auf den Pilotensitz auf dem Flugdeck neben Rick. Mike kam herein und nahm den linken Platz auf dem Mitteldeck ein, Dave Brown setzte sich hinter Willie auf das Flugdeck, dann setzte sich Laurel auf den mittleren Platz auf dem Mitteldeck. K. C. stieg an diesem Morgen als Letzte ein. Sie setzte sich auf den mittleren Sitz auf dem Flugdeck hinter Rick und Willie.

Zur selben Zeit wurden die Familien der Mannschaft in vierzig Minuten von der Luftwaffenbasis Patrick zum Kennedy Space Center gefahren. Die Wagenkolonne war viel größer als alle, die wir bis dahin erlebt hatten: ein großer Konvoi mit einer riesigen Polizeieskorte, die unterwegs den gesamten Verkehr für uns anhielt. Man brachte uns ins oberste Geschoss des Startkontrollzentrums und in eine Reihe von Büros, die Aussicht auf die Startrampe boten. Tische mit Essen standen für alle bereit und die Kinder konnten auf die große Tafel malen, genau wie bei Ricks erstem Flug. Personal der NASA passte auf die Kinder auf, während die Ehepartner in den Büros blieben und auf den Start warteten. Genau wie bei dem Flug 1999 würden wir erst auf das Dach steigen, um den Start zu sehen, wenn die Neun-Minuten-Kontrolle vorbei war. Als das Startsignal gegeben wurde, führten die Astronauten, die uns begleiteten, die Mannschaftsfamilien auf das Dach mit der Aussicht auf die Startrampe. Es war ein schöner, klarer Tag.

Um 10.36 Uhr EST wies Startdirektor Mike Leinbach die Mannschaft an, die Visiere der Helme zu schließen und zu verriegeln. »Wenn es überhaupt eine passende Gelegenheit für die Redensart: ›Gutes kommt zu denen, die warten‹, gibt«, sagte Mike, »dann ist jetzt dieser Zeitpunkt. All die vielen Leute, die an dieser Mission mitgearbeitet haben, wünschen euch Glück und Gottes Segen.«

»Danke, Mike«, sagte Rick vom Flugdeck aus. »Gott hat uns hier einen wunderschönen Tag gegeben und wir freuen uns auf einen großartigen Flug. Wir sind startbereit.«

Viele haben kommentiert, was Rick an dem Morgen sagte. Zeitungen und Zeitschriften haben sie mit Anerkennung gedruckt und die Freude der Mannschaft auf den Flug daraus gelesen, aber in Ricks Worten lag mehr als nur Freude.

Steve Green war im Kennedy Space Center und hörte das Gespräch der Flugkontrolle mit der Raumfähre. »Ich dachte … *wenn man die Anstrengung, die Gefahr, die Verantwortung sieht … hätte ich das gesagt? Ich weiß es nicht*«, sagt Steve. »Ich weiß nicht, ob ich die Geistesgegenwart gehabt hätte ganz bewusst zu sagen: ›Gott hat uns hier einen wunderschönen Tag gegeben‹, aber Rick hatte sie. Mit diesem Satz hat er bestätigt, dass das, was passieren würde, kein Zufall war. Es war von Gott gegeben.«

Ich stand neben Steve Lindsey, Laura und Matthew neben mir. Hinter uns stand eine Gruppe von Astronauten; sie achteten darauf die Familien nicht zu stören, während wir auf den Start warteten. Ich betete kurz mit den Kindern, dass der Start gut ginge und dass Gott uns Frieden gäbe. Ich fing an mit Lauras Haar zu spielen; aus irgendeinem Grund beruhigt mich das immer und sie wahrscheinlich auch.

Etwa zehn Sekunden vor dem Start hörten wir die Motoren dröhnend anlaufen. Man kann einen Flug bis zur letzten Sekunde abbrechen, aber wenn man das Antriebssystem anspringen hört, weiß man, dass der Start direkt bevorsteht. Der Countdown fing an, und als er bei Null war, hielt ich Matthew und Laura fest und Tränen liefen mir übers Gesicht. Man kann so etwas nicht ohne Emotion beobachten. Alle Familien waren still, während wir verfolgten, wie die Raumfähre abhob und aufstieg. Kilometerweit im Umkreis zitterte die Erde, während die *Columbia* schneller wurde, und dann brach sie in etwa 600 Meter Höhe durch eine dünne Wolkendecke und ein Schatten erstreckte sich über den Himmel; er bildete ein Kreuz. Es war genau wie 1999 bei Ricks erstem Start mit der Raumfähre *Discovery*. Ich dachte: *Herr, ich weiß, dass du diese Sache lenkst.*

Wir sahen den Flugkörper höher und höher steigen bis auf zirka 15 000 Meter und warteten, bis die Flugkontrolle Rick den Befehl gab: »Vollschub aller Triebwerke«. Das war die letzte Verbindung, die die Flugkontrolle mit Dick Scobee in der *Challenger* gehabt hatte. Die Flugkontrolle hatte den Befehl gegeben und Dick hatte wiederholt: »Vollschub aller Triebwerke«. In dem Moment war die *Challenger* explodiert. Die Familien auf der Erde bleiben angespannt, bis dieser Befehl vorbei ist, aber ich wusste einfach, dass alles gut gehen würde, weil ich unvorstellbaren Frieden hatte. Rick wiederholte: »Vollschub aller Triebwerke« und die Mannschaft der STS-107 war auf dem Weg ins All.

Zwei Minuten später, in zirka 45 000 Metern Höhe, sahen wir, wie die Antriebsraketen sich von der Raumfähre lösten. Nach dem achteinhalb Minuten langen Flug in die Umlaufbahn feierten die Familien, weil die größte Anspannung vorbei war. Steve Lindsey überreichte Laura und Matthew die Andachtsvideos, die Rick für sie aufgenommen hatte. Rick hatte seitlich auf beide Videos geschrieben: »Liebe Grüße von Papa. Ich hab dich lieb.« Er gab Matthew Schokolade, Laura und ich bekamen Rosen und ich erhielt das Tagebuch, das Rick für mich zusammengestellt hatte. Das Abzeichen der Mannschaft war außen aufgeklebt und auf der ersten Seite war ein vergrößertes Foto von Rick und mir, das noch im College bei einem Bankett von Reserveoffizieren aufgenommen worden war. Darunter hatte er geschrieben:

*Liebe Evey, das ist zwar nicht ganz der Anfang mit uns beiden, aber ganz schön nah dran! Nach diesem Bild zu urteilen, bin ich ja ein bisschen älter geworden, aber du hast dich gar nicht verändert! Ha ha ha!*

*Ich liebe dich sehr und bin dir wirklich dankbar für all deine Liebe und Unterstützung in den ganzen Jahren. Ich habe keinen Zweifel, dass ich ohne dich nie so weit gekommen wäre! Du bist eine wunderbare Frau, Ehefrau und Mutter und ich bin sehr froh, dass Gott mir dich und unsere beiden fabelhaften Kinder geschenkt hat.*

Jeder von uns bekam eine Karte und er hatte sich die Zeit genommen, auch für Jane und Keith Karten zu schreiben. Auf meiner war ein Bild von einem wunderschönen Kornblumenfeld in Südtexas.

Rick hatte geschrieben:

*Evey –*
*wir sind also im All! Ich kann dir gar nicht sagen, wie lieb ich dich habe. Wenn ich die ganze Karte voll »Ich liebe dich« schriebe, das würde nicht reichen.*
*Hab vielen Dank für deine Liebe und Hilfe und Gebete und alles! Danke, dass du meine Freundin, meine Frau und eine wunderbare Mutter bist.*
*Ich hoffe, das Album gefällt dir (damit meinte er das Tagebuch, das er für mich geschrieben hatte). In 16 Tagen sehen wir uns!*

*Liebe Grüße, Rick*

An Laura hatte er geschrieben:

*Du bist ein liebes, süßes, schönes Mädchen und ich habe dich sehr lieb! Ja, jetzt sind wir in der Umlaufbahn!*
*Vielen Dank, dass du mich so lieb hast und dass du so eine fabelhafte Tochter bist. Gott hat dich ganz einzigartig gemacht und ich bin ihm sehr dankbar, dass ich dein Vater sein darf.*
*Ich wünsche euch eine gute Heimfahrt und wir sehen uns in 16 Tagen! Hoffentlich gefällt dir dein Video.*

*Liebe Grüße, Papa*

Auf Matthews Karte stand:

*Jetzt bin ich im All! Ich hoffe, der Start hat dir gefallen! Ganz schön laut, was?*
*Matthew, ich bin sehr stolz auf dich. Du bist ein feiner, liebenswerter Junge und ich habe dich sehr lieb! Ich danke dir sehr, dass du mich so lieb hast und so ein großartiger Sohn bist. Gott hat dich ganz einzigartig gemacht und ich bin sehr dankbar, dass ich dein Vater sein darf.*
*Ich wünsche euch eine gute Heimfahrt, sei brav (das weiß ich schon) und wir sehen uns in 16 Tagen!*
*Hoffentlich gefällt dir dein Video!*

*Liebe Grüße, Papa*

Wenn ich die Karten jetzt anschaue, kann ich die Tränen nicht zurückhalten. Wenn da steht: »Wir sehen uns in 16 Tagen«, dann denke ich: *Nein, Rick, wir sehen uns nicht in 16 Tagen. Es dauert noch das ganze Leben, bis wir dich wiedersehen.* Den Gedanken kann ich nicht ertragen. Alles ist so leer, wenn ich diese Karten lese. Wir wissen, dass wir Rick im Himmel sehen werden, aber das Warten wird unerträglich lang.

Nach dem Start stiegen wir vom Dach und versammelten uns in einem Raum, in dem Sean O'Keefe, ein Verwaltungsbeamter der NASA, und andere NASA-Mitarbeiter uns begrüßten. Traditionsgemäß gab es wieder Bohnen, aber dieses Mal konnte ich nicht einmal eine Bohne essen. Dann sahen wir zu, wie das Abzeichen der STS-107 an die Tür geklebt wurde, an der auch die Abzeichen aller anderen Flüge seit der *Challenger* klebten. (Ich habe mich schon oft gefragt, was die NASA jetzt mit dieser Tür tut, nachdem wir noch ein Unglück erlebt haben.) Eine halbe Stunde später wurden wir zu der NASA-Flugzeug gebracht, das auf uns wartete, wir flogen wieder nach Houston und landeten etwa vier Stunden nach dem Start der *Columbia*.

Ich musste Lebensmittel einkaufen und lachte, als ich an meinen letzten Einkauf im Supermarkt in Florida dachte. Dieses Mal waren nur Laura, Matthew, ich und der Einkaufswagen dabei – weit und breit kein Polizist. Wir gingen aus und aßen in einem mexikanischen Restaurant und ich dachte: *Hat irgendjemand hier die geringste Ahnung, was wir heute gemacht haben?*

---

Jeden Morgen bekam ein Mitglied der Mannschaft einen Guten-Morgen-Gruß im All, und weil das Rote Team zuerst aufstand, bekam es auch den ersten Anruf, aber auch jemand vom Blauen Team sollte später am Tag, wenn dieses Team aufgewacht war, einen Anruf bekommen. Ich hatte für Rick »An American Anthem« (Eine Amerikanische Hymne) ausgesucht. Es ist ein Lied von Allan Naplan, den wir auch eingeladen hatten, beim Start dabei zu sein, was er großartig fand. Es war eine Aufnahme des *Elementary Honors Choir* bei der Jahresversammlung der Chorleiter von Texas. Laura war als Chormitglied ausgewählt worden und im Juli hatte die Versammlung stattgefunden. Rick freute sich sehr, dass Laura seine Liebe zum Gesang teilte.

Die NASA spielte das Lied und dann nahm derjenige, der an diesem Tag für die Kommunikation zuständig war, das Gespräch der *Columbia* mit der Flugkontrolle auf.

**NASA:** Und diese Weckmusik für das Rote Team bringt euch der *Elementary Honors Choir* aus Texas mit der wunderbaren Laura Husband als Mitglied.

**Rick:** Vielen Dank. Es ist wirklich schön, dieses Lied zu hören und auch zu wissen, dass Laura im Chor mitgesungen hat. Und es ist sehr angenehm, so nett an unsere Familien erinnert zu werden. Ich möchte gern Laura begrüßen und auch meinen Sohn Matthew und meine Frau Evelyn. Wir genießen die herrliche Zeit hier oben und danken euch für all eure Unterstützung. Vielen Dank!

**NASA:** Danke, Rick. Wir sorgen dafür, dass sie den Gruß bekommen.

Sobald sie im All war, richtete die Mannschaft das Raumschiff als Weltraum-Forschungslabor ein. Sie sollte mit einer richtigen kleinen Menagerie arbeiten: Ratten, Fische, Seidenraupen, Spinnen, Ameisen und sogar Bienen waren dabei.

Einer der ersten Versuche nannte sich ARMS (Advanced Respiratory Monitoring System – verbessertes System zur Atmungsüberwachung) und war von der Europäischen Weltraumagentur entwickelt worden. Die Mannschaftsmitglieder mussten in der Raumkapsel SPACEHAB Fahrrad fahren und das System maß bei jeder Person die Zusammensetzung der Atemluft und die Herzfrequenz. Mit den Daten, die man gewann, wollte man Behandlungsmethoden für Patienten entwickeln, deren Muskeln sich ähnlich zurückbilden, wie es bei den Astronauten im Weltraum passiert.

Ein Versuch, der viel Aufmerksamkeit erregte, war das Mediterranean Israeli Dust Experiment MEIDEX (ein israelisches Experiment mit Staub vom Mittelmeerraum), ein Grund, warum Ilan den Flug mitmachte. Der Versuch sollte die Bewegung von

Staubwolken verfolgen und helfen, die Wetterentwicklung und die Verbreitung von ansteckenden Krankheiten vorherzusagen.

Trotz der vielen Arbeit schickte Rick noch an diesem Tag die ersten E-Mails an Laura, Matthew und mich. Matthew schrieb er:

*Hi, Matthew!*
*Wir hatten eine großartige Fahrt in den Weltraum! War es laut da, wo du warst? Wo wir waren, war es nicht allzu laut, aber unheimlich schnell!!! Hoffentlich seid ihr gut heimgekommen und hoffentlich gefällt dir dein Andachtsvideo! Ich habe dich sehr lieb!*

*Gruß, Papa :)*

Die Kinder waren begeistert über die ersten Nachrichten von ihrem Papa. Sie gingen gleich an den Computer und schickten E-Mails an ihn. Laura schrieb ihren zuerst:

*Lieber Papa,*
*macht es Spaß im Weltraum zu schweben? Auf der Erde herumzulaufen macht Spaß. Ich habe dich heute im Fernsehen gesehen. Ich hab dich lieb. Bald treffen wir uns. Ich kann es kaum abwarten dich wiederzusehen.*

*Gruß, Laura*

Ich schrieb Matthews E-Mail für ihn auf, schrieb aber genau, was er sagen wollte:

*Lieber Papa,*
*ich hoffe, du kommst sicher nach Hause. Ich hoffe, dass du im All eine gute Zeit hast und dass du dich mit der Mannschaft sehr gut verstehst und dass ihr Spaß habt und dass du die Versuche bestens durchführst. Ich wünsche dir eine schöne Zeit mit Dave und Willie und Mike und Laurel und K. C. und Ilan. Dein Andachtsvideo gefällt mir und danke für die großen, großen Schokoladentafeln und die Mandelschokolade. Lass es dir im All gut gehen und ich habe dich im Fernsehen gesehen und Mama hat gesehen, wie du sie hast wieder grüßen lassen.*

*P. S. Gruß, Matthew*

Rick schrieb noch einmal an Matthew:

*Es freut mich, dass dir das Andachtsvideo gefällt und dass du mich im Fernsehen gesehen hast. Ist das komisch, mich im Fernsehen so herumschweben zu sehen? Das macht richtig Spaß! Schweben und aus dem Fenster gucken, das mache ich, glaube ich, am liebsten im All! Ich habe dich sehr lieb und vermisse dich, Mama und Laura. Jeden Tag kommt die Zeit ein bisschen näher, dass wir uns wiedersehen!*

Das ist jetzt für den Rest unseres Lebens zum Leitmotiv geworden: Mit jedem Tag, der vorbeigeht, kommt die Zeit ein bisschen näher, dass wir Rick wiedersehen.

Ich schrieb an Rick, um ihm zu sagen, wie stolz ich auf ihn war:

*Glückwünsche zu deiner fabelhaften Arbeit. Ich weiß schon, dass der ganze Flug ein Riesenerfolg wird. Umarmungen und Küsse an die ganze Mannschaft. Wir haben euch alle soooooo lieb.*

Bei seinem ersten Weltraumflug hatte Rick an Übelkeit und Brechreiz gelitten, aber jetzt hatte weder er noch sonst jemand in der Mannschaft Beschwerden. Er schrieb mir eine E-Mail:

*Wir haben einen fabelhaften Start gehabt und mir geht es ausgezeichnet! Viel besser als beim letzten Mal – es ist wirklich ein Segen …*

Er staunte, wie gut sich die »Neuen« an die Bedingungen im All anpassten. Weiter schrieb er:

*Alle sind gleich voll eingestiegen, als ob sie schon mal hier gewesen wären, und es macht allen viel Freude. Das Rote Team geht jetzt schlafen. Ich liebe dich so sehr! Gott ist wirklich treu!!*

*Gruß, Rick*

In einem Interview aus dem Raumschiff sagte er: »Ich glaube, aus meiner Sicht als Kommandant ist es das Eindrucksvollste zu sehen, wie alle als Team zusammenarbeiten. Die Mannschaft hat einfach Fantastisches geleistet und ich sehe es sehr gern, wenn ein Team zusammenfindet. Es ist ein herrliches Gefühl, wenn ich sehe, dass alle so als Team zusammenarbeiten.«

Er schrieb eine E-Mail an John Kanengieter und Andy Cline, die ihn an der NOLS unterrichtet hatten, und prahlte:

*John und Andy,*
*uns geht es hier oben herrlich. Es war ein langer, aber sehr erfreulicher Weg und wir sind alle sehr froh über das, was ihr mit uns getan habt, um diesen Flug vorzubereiten. Seit wir hier oben sind, haben wir schon mehrmals darüber geredet, was wir mit euch beiden erlebt haben ... Die Parallelen sind geradezu unheimlich ... Ich möchte nur sagen, wir hätten euch beide liebend gern hier oben bei uns – auf jeden Fall denken wir an euch, wenn wir bei der täglichen Routine als Besatzung zusammenarbeiten ... Ich bin so stolz auf meine Mannschaft, ich könnte platzen.*

»Das war typisch Rick«, sagt John. »Er war so stolz auf diese Besatzung.«

Am Dienstag, dem 21. Januar, bekam das Rote Team (Rick, K. C., Laurel und Ilan) einen Anruf vom israelischen Premierminister Ariel Sharon. Ilan berichtete dem Premierminister von einer kleinen Schriftrolle mit Versen aus der Thora, die ihm ein Professor mitgegeben hatte, der das Konzentrationslager überlebt hatte, damit er sie mit ins All nähme. »Das steht, mehr als alles andere, für die Fähigkeit des jüdischen Volkes zu überleben«, sagte Ilan. Der Premierminister lud die ganze Besatzung ein, ihn in Jerusalem zu besuchen.

»Wir sind sehr dankbar für die Einladung«, sagte Rick, »und wenn die Israelis so freundlich sind wie Ilan und seine Familie, dann können wir sicher ein sehr herzliches Willkommen erwarten, wenn wir nach Israel kommen.« Später schrieb mir Rick, wie sehr er sich über diese Einladung freute. Er hatte schon immer nach Israel fahren wollen, um in dem Land zu sein, in das

Mose das Volk geführt und in dem Abraham und Jesus gelebt hatten. Er konnte es kaum erwarten, das mit Ilan und der übrigen Mannschaft zu tun.

Später am Tag, als das Interview ausgestrahlt worden war, schrieb ich Rick:

*Ich habe heute Vormittag euer Interview mit Sharon gesehen und dann haben sie es am Nachmittag noch einmal mit Übersetzung gesendet. Du hast toll ausgesehen und während des ganzen hebräischen Interviews einen sehr angenehmen Eindruck gemacht!!*

Rick fühlte sich an dem Tag geehrt, aber es machte ihn auch bescheiden, mit dem Premierminister zu sprechen. Während des ganzen Interviews konnte ich an seinem Gesicht sehen, wie er sich freute.

---

Laura und Matthew freuten sich jeden Tag auf die Andachten, die Rick für sie aufgenommen hatte. Ich wollte Rick wissen lassen, dass sie ihnen so gut gefielen, darum schrieb ich ihm eine E-Mail:

*Gestern Abend und heute früh haben wir die Andachtsvideos gesehen. Beide genießen die Zeit mit dir sehr. Damit hast du ihnen ein sehr persönliches Geschenk gemacht … Es war jede Minute wert, die du dir abgespart hast, um sie aufzunehmen. Beide lächeln immer wieder, wenn sie sie sehen. Hab vielen Dank.*

Natürlich konnten wir alle nicht vorhersehen, was diese Videos jetzt für die Kinder bedeuten: Sie sind ein unbezahlbares Geschenk, ein Vermächtnis der Liebe von ihrem Vater, der sie von Herzen geliebt hat.

Am Dienstag, dem 21. Januar, wurde das Rote Team mit einem Lied begrüßt, das »God of Wonders« (»Gott der Wunder«) heißt, von Steve Green gesungen.

**NASA:** Diese Musik war für Rick: »God of Wonders« von Steve Green.

**RICK:** Guten Morgen, Linda. Mensch, wenn man aus dem Fenster guckt, sieht man wirklich, dass er ein Gott der Wunder ist. Und wir sind dankbar, dass wir hinausschauen und die Aussicht genießen können. Wir freuen uns schon wieder auf einen herrlichen Tag. Möchte auch Steve Green grüßen. Er ist ein guter Freund von mir. Jetzt kann der nächste schöne Tag im All kommen.

Steve gab am 24. Januar ein Konzert in Houston und ich konnte ihm die Guten-Morgen-Aufnahme vorspielen. Er lächelte, als er das Band anhörte. »Rick schämte sich nicht mit Gott in Verbindung gebracht zu werden«, sagt Steve. »Als Rick sagte: ›Mensch, wenn man aus dem Fenster guckt, sieht man wirklich, dass er ein Gott der Wunder ist‹, da dachte ich: *Er darf das sagen, weil er so gut mit seiner Mannschaft umgeht, dass es nichts zu kritisieren gibt; darum hat er das Recht von Gott zu reden, weil er zuerst so gelebt hat, dass man Gott darin sieht.* Viele Leute platzen mit frommen Sprüchen heraus, aber an ihrem Leben sieht man nicht, dass sie stimmen. Bei Rick hat es gestimmt.«

Sandy Anderson war mit mir bei dem Konzert und Steve bat uns aufzustehen. Er stellte uns vor und betete für Rick und Mike und die Mannschaft und ihre Familien. Es war sehr gut für uns da zu sein.

Mehrere Nachrichtensender interviewten die Mannschaft im All. Der CBS-Nachrichtensender befragte Rick, Ilan, K. C. und Laurel und stellte Rick diese Frage:

**CBS:** Wie ist es aus Ihrer Sicht bisher gelaufen? Tausend Siegpunkte?

**RICK:** Alles läuft wirklich sehr gut. Alles funktioniert soweit. Die *Columbia* ist hervorragend in Form und arbeitet tadellos. Auch die Versuche laufen sehr gut, es kann also nur aufwärts gehen!

*Die Mannschaft wusste nicht, dass die* Columbia *in Wirklichkeit einen Defekt hatte. Ricks letzte Worte waren prophetisch, aber er hatte keine Ahnung, was er da sagte ... Es würde keine Landung geben, denn es konnte nur aufwärts gehen.*

---

Am 24. Januar suchte die Trainingsmannschaft der NASA die Guten-Morgen-Musik für das Rote Team aus. In der ganzen Trainingszeit hatten Rick und die Mannschaft einen kleinen Stoffhamster der wie ein Kung-Fu-Kämpfer angezogen war, als eine Art Maskottchen benutzt. Sie hatten ihn mit in den Simulator genommen und einen Knopf gedrückt, sodass er »Kung Fu Fighting« abspielte, und die Mannschaft hatte viel Spaß daran gehabt.

**NASA:** *Columbia*, Houston, guten Morgen, Rick, Laurel, K. C. und Ilan. Das war »Kung Fu Fighting«, euer ergebenes Trainingsteam hat es extra für euch ausgesucht.

**RICK:** Sehr nett von euch, Houston. Wisst ihr was? Unser Trainingsteam war eine fantastische Mannschaft. Wir verdanken jedem Einzelnen von ihnen sehr viel. Ich weiß wirklich alles zu schätzen, was sie uns beigebracht haben, und wir merken, dass sich das viele Training gelohnt hat und immer noch lohnt, während wir im All sind. Für diese nette Musik wollen wir ihnen auch sehr herzlich danken. Es war immer so etwas wie ein kursierender Witz, darum freut es uns besonders.

Es waren nicht mehr viele Tage bis zur Landung, aber die Zeit ohne Rick schien sich endlos hinzuziehen. Die Kinder und ich konnten es kaum abwarten, dass er wiederkäme und wir unseren normalen Lebensrhythmus wieder aufnehmen könnten. Im Mittelpunkt unseres Lebens schien ohne ihn alles leer zu sein.

Am Samstag, dem 25. Januar, war Ricks Guten-Morgen-Gruß »Das Gebet«, gesungen von Celine Dion und Andrea Bocelli. Rick würde nur noch einen persönlichen Guten-Morgen-Gruß bekommen, bevor er zurückkehrte. Später am Tag bekam ich eine E-Mail von Rick mit dem Betreff: »Entschuldige die wenigen E-Mails«. Er schrieb:

*Evey,*
*ich habe dich so sehr lieb! Alles geht fantastisch, aber es gibt sehr viel zu tun – darum kann ich nicht oft schreiben. Ich will versuchen es besser zu machen, aber bitte glaub mir, ich liebe dich, Laura und Matthew so sehr! Richte deiner Mutter viele Geburtstagsgrüße von mir aus!*

*Gruß, Rick*

Ich wusste, dass Rick mit den Versuchen an Bord der Raumfähre extrem viel Arbeit hatte, aber sogar im All dachte er an uns und war besorgt, nicht genügend »Zeit« mit uns zu verbringen. Seine E-Mails waren kurz, aber in jeder war seine Liebe zu erkennen.

Es war geplant, dass wir in den sechzehn Tagen, die Rick weg war, zwei Videokonferenzen für die Familie haben sollten. Beim Flug STS-96 im Jahr 1999 hatten wir nur eine solche Konferenz gehabt, aber weil dieser Flug länger dauerte, bekam jede Familie zwei. Unsere erste fand etwa am siebten Tag der Mission statt. Laura, Matthew und ich gingen in einen Extra-Raum bei der Flugkontrolle, in dem eine Kamera und ein riesiger Bildschirm standen, der in zwei Hälften geteilt war. Wir sahen Rick, wie er auf und ab schwebte, und er sah uns. Wir sprachen über eine Freisprechanlage, aber weil Rick im All war, gab es eine Sekunde Verzögerung; das machte die Unterhaltung spannend. Ich lachte und hörte eine Sekunde später dasselbe Lachen im Raumschiff. Die Konferenz dauerte eine halbe Stunde, und als sie vorbei war, sagten wir Rick, dass wir ihn liebten, und fuhren nach Hause.

Unsere zweite Konferenz war für den 28. Januar vorgesehen, den 17. Jahrestag des *Challenger*-Unglücks und den Jahrestag unseres ersten gemeinsamen Ausgehens im College. (Am Abend vorher schickte mir Rick eine E-Mail, damit ich sie am 28. bekam. Sie lautete: »Herzlichen Glückwunsch zum Jahrestag des ersten Treffens! Ich hab dich lieb!« Die fand ich erst, als wir von der Videokonferenz zurückkamen.) Diese Konferenz sollte um 6.08 Uhr anfangen; das bedeutete, dass wir um 5.30 Uhr da sein mussten. Ich wusste nicht, wie ich es schaffen sollte, uns alle drei um diese grässliche Zeit wach und aus dem Haus zu bekommen!

Laura, Matthew und ich beschlossen, die Kinder sollten aus dem Blickfeld der Kamera gehen, damit Rick dächte, sie seien zu Hause im Bett geblieben. Ich setzte mich vor die Kamera und ein paar Minuten später, nach mehreren missglückten Versuchen uns mit der Raumfähre zu verbinden, konnte ich endlich sehen, wie Rick vor mir schwebte. Ich sagte ihm, für die Kinder sei es einfach noch zu früh, und sah seinen enttäuschten Gesichtsausdruck. Dann erschienen Laura und Matthew plötzlich auf dem Bildschirm und er lächelte. Rick liebte unsere Kinder sehr und sein Gesicht leuchtete auf, als er sie sah; er freute sich sehr, dass sie da waren. Er warf einen Federhalter in die Luft und die Kinder lachten, als sie ihn schweben sahen, dann warf er eine kleine Kurzzeituhr und wir schauten zu, wie sie sich vor ihm drehte. Ein paar Mal verschwand er aus dem Blickfeld der Kamera und tauchte dann lächelnd wieder auf. Das machte ihm viel Spaß.

Laura hatte die Idee, Matthew waagerecht zu halten und ihn ins Blickfeld zu bewegen, sodass es aussähe, als ob er auch schwebte. »Guck mal, Papa«, sagte Matthew, während Lauras Hände ihn in der Taille drückten, »ich schwebe!«

Mit sieben Jahren kann Matthew ungefähr eine Viertelstunde ruhig sitzen, aber eine halbstündige Telefonkonferenz kann man vergessen. Nach einer Viertelstunde fand Matthew, Laura bekäme zu viel Zeit vor der Kamera, und rannte irgendwohin, wo Rick ihn nicht sehen konnte. Laura nahm die Kamera, richtete sie auf ihn und folgte ihm damit durch den Raum, auch als er sich unter dem Tisch versteckte. Rick schaute in die Kamera und sagte mit dröhnender Stimme: »Matthew, komm wieder her.« Das war ein direkter Befehl vom obersten Chef aus dem All. Matthew kam zurück und wir führten das Gespräch weiter. Man sagte uns, wir hätten noch fünf Minuten, und wir alle sagten, wir liebten uns, aber dann blieb das Bild stehen. Wir riefen Rick immer wieder, aber er hörte uns nicht und wir hörten ihn nicht. Wir riefen ihn immer wieder.

»Papa«, sagte Laura.

»Papa!«, rief Matthew.

Nichts, nur sein unbewegtes Bild vor uns.

»Das war es wohl«, sagte ich enttäuscht, dass unsere Zeit so plötzlich aufhörte. Nach mehreren Sekunden, die wir auf sein unbewegtes Bild auf dem Bildschirm geschaut hatten, hörten wir ihn.

»Hallo«, sagte er.

»Die Verbindung war weg«, sagte ich. »Wir sehen nur ein Bild von dir ohne Bewegung.«

»Ich hier oben auch. Ein starres Bild von euch.«

»Das Letzte, was wir gehört haben, war, dass du uns lieb hast.«

»Gut, dann ist dafür wenigstens gesorgt«, sagte er.

Wir bekamen das Signal: »Noch zwei Minuten.«

»Wir haben noch zwei Minuten«, sagte ich und schaute auf sein unbewegliches Bild.

Wir redeten noch kurz und sagten immer wieder, dass wir uns liebten; dann sah man nichts mehr auf dem Bildschirm. Ich war sehr dankbar, dass wir die Videokonferenz an dem Tag bis zum Schluss haben konnten. Es war das letzte Gespräch, das wir miteinander führten, auf den Tag genau 26 Jahre nach unserer ersten Verabredung.

Später am Tag nahmen sich Rick und die Mannschaft etwas Zeit, um sich an das *Challenger*-Unglück zu erinnern. Er sagte: »Heute denken wir mit Hochachtung an die Mannschaften von *Apollo 1* und *Challenger*. Sie haben das größte Opfer gebracht; sie haben ihr Leben für ihr Land und für die ganze Menschheit gegeben. Ihr hingebungsvoller Einsatz für die Erforschung des Alls hat jeden von uns inspiriert und motiviert immer noch Menschen überall in der Welt, im Dienst für andere Großes zu leisten. Auch hier in der Erdumlaufbahn schließen wir uns für einen Augenblick der ganzen NASA-Familie mit einer Schweigeminute an, um an sie zu denken. Wir denken auch an ihre Familien und beten für sie.« Natürlich wusste zu diesem Zeitpunkt niemand, dass nur vier Tage später die Welt in gleicher Weise von Rick und der Mannschaft der STS-107 sprechen würde.

Ricks letzter Guten-Morgen-Gruß war für den 29. Januar vorgesehen und ich wählte »Up on the Roof« (Oben auf dem Dach) von James Taylor. Rick mochte seine Musik schon seit langem und ich wusste, dass er sich freuen würde, eines seiner Lieblingslieder zu hören.

**NASA:** *Columbia*, Houston, guten Morgen, Rotes Team. Das war »Up on the Roof« für Rick.

**Rick:** Guten Morgen, Stephanie. Es ist wirklich schön deine Stimme zu hören und ich habe mich gefreut James Taylor zu hören. Er gehört zu meinen Favoriten. Wir sind hier sehr weit oben auf dem Dach und man kann von hier aus die Lichter der Städte unten sehen. Im Augenblick ist es draußen dunkel. Von hier oben aus haben wir eine herrliche Aussicht und genießen unseren Flug so richtig. Jetzt dauert es nur noch ein paar Tage, bis wir zurückkommen und alle sehen, die uns so gut unterstützt haben, auch unsere Familien. Bei dieser Gelegenheit möchte ich sie auch grüßen und mich für ihre Hilfe bedanken.

Mit der Quarantäne war Rick jetzt schon zwei Wochen weg. Die Tage vergingen schnell, weil Laura und Matthew für die Schule arbeiten mussten, aber die langen Gespräche mit ihm an den Abenden vermisste ich schmerzlich. Wenn Rick bei der Arbeit war, rief er mich jeden Tag mindestens einmal an, um nach uns zu fragen, und ich vermisste es, seine Stimme zu hören und zu wissen, dass er ganz in der Nähe war. Die Wochenenden wurden unerträglich lang, denn da war Rick sonst immer bei uns. Nach zwei Wochen ohne ihn fing ich an die Tage zu zählen, bis er wiederkam.

Später am Tag schrieb ich ihm eine E-Mail:

*Mutter ist heute nach Hause. Es war ein sehr schöner Besuch. Was für ein Segen, so eine nette Mutter zu haben … Ich fühle mich wie ein Pferd, das eben seinen Stall gesehen hat. Jetzt trabe ich auf Samstag und auf die Landung zu! Laura und Matthew sind ganz begeistert über das auf vier Tage verlängerte Wochenende, ganz besonders, weil ihr*

*Papa nach Hause kommt!! ... Laura betet immer, dass du die perfekteste Landung hast, die es je in der Geschichte des Raumfährenprogramms gegeben hat ... das hilft bestimmt!! Wir freuen uns sehr auf dich. Es dauert nicht mehr lange!!!*
*Ich liebe dich!* *Evelyn*

Am Freitag, dem 31. Januar, dem letzten vollen Tag der Mannschaft im All, bekam Mike Anderson den Guten-Morgen-Gruß.

**NASA:** Columbia, Houston. Guten Morgen, Blaues Team. Diese Musik war für Mike. Es war »If You've Been Delivered« (Wenn du erlöst worden bist) von Kirk Franklin. Wir freuen uns auf den letzten Tag mit euch im All.

**MIKE:** Danke, Houston. Das macht euch bestimmt ganz wach. Und danke, dass ihr uns am letzten Tag des Blauen Teams aufgeweckt habt. Wir bereiten uns mit ein bisschen gemischten Gefühlen auf die Rückkehr vor, aber wir haben genug schöne Erinnerungen für den Rest unseres Lebens. Wir möchten unseren Familien, unseren Frauen und Kindern, danken, dass sie jeden Tag die schöne Guten-Morgen-Musik für uns ausgesucht haben und dass sie bei dem tollen Start dabei waren. Ihr wisst ja, dass wir heute sehr viel zu tun haben. Es ist eine Menge Arbeit, die Raumfähre auf die Rückkehr vorzubereiten, also wollen wir jetzt anfangen, um alles zu erledigen, und hoffentlich sehen wir euch alle gegen Ende des Tages!

**NASA:** Danke, Mike. Wir hier unten haben den Flug alle genossen und ich glaube, diese Musik hat auch das Kontrollzentrum aufgeweckt!

An diesem Tag schickte ich Rick die letzte E-Mail:

*Lieber Rick,*
*dies ist wahrscheinlich die letzte E-Mail, die ich schicke.*

*Ich weiß, dass du ungeheuer viel zu tun hattest. Wir freuen uns schon richtig darauf dich zu sehen. Wir haben dich alle sehr, sehr lieb. Wir beten, dass die Landung perfekt abläuft. Hoffentlich sehen wir uns Samstag!*
*Gruß, Evelyn*

Etwas später schickte Rick mir eine E-Mail:

*Hi, Evey!*
*Hoffentlich haben sich unsere E-Mails gekreuzt, denn ich habe gestern Abend vor dem Schlafengehen geschrieben. Ganz herzlichen Dank für all die lieben Briefe! Es tut mir Leid, dass meine so selten und kurz waren. Du machst mir auf so viele Arten Mut und das ist mir wirklich wichtig. Ich kann es nicht abwarten dich, Laura und Matthew in Florida zu sehen! Vielen Dank für deine Gebete, deine Liebe und Unterstützung!*

*Gruß, Rick*

Das war die letzte E-Mail, die ich von Rick bekam. Ich schaltete den Computer ab. Als die Nächstes, dachte ich, würde ich ihn in Florida sehen.

An dem Nachmittag flogen Laura, Matthew und ich mit den anderen Familien der Mannschaft in einem Flugzeug der NASA nach Florida. Wir gingen in unsere gemeinsame Unterkunft, die am Strand lag, und ich ging mit den anderen Ehepartnern zum Essen aus. Alle waren in Feierstimmung, weil unsere Männer und Frauen am nächsten Tag nach Hause kommen sollten. Als ich Matthew und Laura ins Bett gebracht hatte, ging ich hinaus auf den Balkon und schaute die Sterne an; es müssen eine Million gewesen sein. Ich stand da und dankte Gott, dass Ricks Flug gut gegangen war und dass er endlich nach Hause kommen würde.

In dieser Nacht war ich so aufgeregt, dass ich nicht wusste, wie ich einschlafen sollte. Ich konnte es einfach nicht abwarten, Rick zu sehen. Ich schaltete den Fernsehkanal der NASA ein und hörte seine Stimme: Er sprach mit der Mannschaft und kontrollierte alles abschließend. Es würde mehrere Stunden dauern, den

Innenraum der Raumfähre auf die Landung vorzubereiten; sie waren also dabei, die Sitze wieder anzubringen und Ausrüstungsgegenstände zu verpacken. Ich merkte, dass ich den Fernsehapparat anredete und Dinge sagte wie: »Ich kann es nicht abwarten dich zu sehen. Es ist so lange her, dass wir zusammen waren, aber jetzt dauert es nur noch ein paar Stunden. Ich liebe dich so.«

Um zwei Uhr morgens ging ich ins Badezimmer und hörte dann wieder Ricks Stimme auf dem NASA-Kanal, wie er die vielen Kontrolllisten für das Zünden der Wiedereintrittsraketen und die Landung durchging. Sie klang ganz entspannt und ruhig und es beruhigte mich ungeheuer ihn zu hören. Ich kroch wieder ins Bett und zog die Decken hoch. Ich fühlte mich wie ein kleines Mädchen in der Nacht vor Weihnachten.

Am Samstag, dem 1. Februar, bekam Laurel den letzten Guten-Morgen-Gruß von der NASA.

**NASA:** Guten Morgen, Rotes Team. Das war »Scotland the Brave« (Das tapfere Schottland) für Laurel.

**LAUREL:** Guten Morgen, Houston. Wir bereiten uns hier oben auf einen großen Tag vor. Hatten viel Freude im All. Freuen uns sehr, wieder nach Hause zu kommen. Das Lied erinnert mich an all die verschiedenen Orte unten auf der Erde und an alle Freunde und Verwandten, die ich auf der ganzen Welt habe. Danke, und es war sehr schön, mit euch und all den anderen zu arbeiten.

Das war das Ende. Die Mission war abgeschlossen. Die Mannschaft kehrte zurück.

13

# Der längste Tag

Wenn diese Sache nicht gut ausgeht, macht euch keine Sorgen um mich, ich gehe nur noch weiter nach oben. Michael Anderson

ICH SCHAUTE IN DEN HIMMEL. *Wo ist die Raumfähre? Wo ist Rick? Was ist los? Herr, bitte bring sie zurück. Wo bist du, Rick? Ach Herr, bitte hilf uns. Bitte hilf uns.* Keith sah mich an und sagte nichts. Ich hatte verzweifelt versucht eine logische Erklärung von ihm zu bekommen. Keith ist Pilot bei einer amerikanischen Fluggesellschaft und fliegt schon über zehn Jahre für sie, er hat Erfahrung mit dem Fliegen. Ich wusste nicht, dass er das Gespräch mit der *Columbia* und dann das Abbrechen der Verbindung mitgehört hatte. Keith hatte die letzten Worte seines Bruders gehört.

Wir beobachteten die Landeuhr, wie sie den Countdown bis null zählte; dann zählte sie wieder aufwärts. Meine Beine zitterten und ich konnte überhaupt nicht verstehen, was vor sich ging. *Gott Vater, was ist da los? Bitte gib, dass das alles nicht wahr ist. Bitte hilf mir, Herr.* Ich hörte mein Herz klopfen bis in die Ohren, spürte das Blut in meinen Adern als eiskalten Strom und fühlte, dass etwas Schreckliches passiert war. Eine Welle von Übelkeit überschwemmte mich. Die Leute auf den Tribünen fingen an darüber zu reden, was passiert war.

»Ich hörte jemanden sagen: ›Ach, die kommen immer zu spät‹ oder so ähnlich«, sagt Steve Lindsey. »Und da dachte ich: *Nein, wir kommen nie zu spät; wir sind immer* genau *pünktlich.*«

Als die Tribünen langsam leer wurden und Astronauten und Sicherheitspersonal sich hinausdrängten, fingen die Leute an sich zu fragen, was los war, aber das Undenkbare wagten sie nicht zu denken. »Wir dachten, sie wären auf der Luftwaffenbasis *Edwards* oder in Neumexiko gelandet«, sagt Steve Schavrien. Steve, seine Frau Connie und ihre Tochter Lisa waren zur Landung eingeladen und genossen ihre Zeit mit Larry Moore und seiner Frau Sonya.

»Unterbewusst dachte ich immer noch, es sei nur ein Kommunikationsproblem«, erinnert sich Larry, »aber mit der Zeit wurde klar, dass etwas Furchtbares passiert war. Als dann die Uhr auslief und anfing wieder aufwärts zu zählen, wurde das Schockgefühl sehr intensiv. Ich glaube, ich habe versucht zu ignorieren, was wir alle unterschwellig dachten, aber es war offensichtlich, dass etwas nicht in Ordnung war. Manche telefonierten über Handy mit Verwandten, die die Fernsehübertragung sahen, und dann erreichten uns die ersten Informationen.«

David Jones konnte an dem Tag nicht zur Landung kommen, sondern stand vor seinem Haus und wartete auf die Raumfähre. »Sie flogen etwa fünf Minuten nach acht (mittelamerikanischer Zeit) über Westtexas«, sagt er. »Wir standen draußen und sahen, wie die Raumfähre über den Himmel flog. Nach ungefähr zwei Dritteln des Weges verschwand sie, aber ich dachte nur, ich sähe sie nicht mehr reflektieren oder so etwas. Ich hatte keine Ahnung, was wirklich vorging. Ich wusste nicht, dass sie auseinander brach.«

David und seine Familie gingen hinein, um die Landung im Fernsehen zu verfolgen, aber vorher rief er bei uns zu Hause an. »Ich rief Rick an und sagte: ›He, ich habe dich eben über uns fliegen sehen‹«, sagt David. »›Schade, dass ich nicht zur Landung kommen konnte. Glückwunsch zu dem großartigen Flug! Später reden wir mal darüber. Ich hab dich lieb! Tschüss.‹ Dann schalteten wir die Nachrichten ein, aber als die Landezeit kam und vorbeiging, wussten wir, dass etwas nicht stimmte. Dann hörten wir den ersten Bericht von Explosionen über Mitteltexas. Ich wusste, dass das nicht gut war. Ich war ganz verstört. Ich bin immer noch verstört. Ich konnte mich nicht rühren. Meine Frau ging sofort ans Telefon und reservierte uns Flugzeugplätze nach Houston. Ich stand nur benommen da, während Risa unsere Sachen packte. Ich konnte es einfach nicht begreifen, was vorging.«

Die Nachrichten erreichten Menschen im ganzen Land und in dem Moment wussten sie mehr von den Ereignissen als ich.

»Ich konnte den Kanal, der die Landung zeigte, nicht empfangen, darum fing ich an nach meinen E-Mails zu sehen«, sagt John Kanengieter. »Ein paar Minuten später rief jemand an und fragte, wie es mir ginge. Ich schaltete den Fernseher an und sah die Lichtstreifen über den ganzen Himmel beim Auseinanderbrechen. Das war einer der schlimmsten Augenblicke in meinem Leben. Ich brach zusammen und fing an zu weinen. Jetzt war es ziemlich klar, was in dem Augenblick passiert war. Meine Frau und Tochter kamen herunter. Schockiert sahen wir die Nachrichten an und hielten uns gegenseitig fest. Fast sofort assoziierten die Medien meinen Namen mit der Mannschaft und fingen an anzurufen. Es war unglaublich! Ich hatte eben sieben Freunde verloren; ich konnte nicht sprechen.«

Andy Cline hatte zur Landung kommen sollen, aber er war gerade mit seiner Frau in den Staat Washington umgezogen und sie mussten ihre Einrichtung an dem Tag dort hinbringen. »Ich wusste, dass ich es bedauern würde nicht hinzufahren«, sagt Andy. »Wir waren in einer kleinen Hütte in den Wäldern, die keinen Fernsehapparat hatte, darum wusste ich, dass ich die Landung nicht würde beobachten können. Meine Frau musste an dem Morgen um sechs Uhr irgendwo sein, das war neun Uhr ostamerikanischer Zeit, und ich beschloss aufzustehen und den Sonnenaufgang anzusehen zu Ehren der rückkehrenden Mannschaft. Ich war eben erst aufgestanden, da kam Molly zurück in unsere Einfahrt. Ich lief ihr entgegen und fragte mich, was passiert war. Sie hatte im Radio gehört, dass die *Columbia* zerstört war. Zuerst verstand ich nicht, was sie sagte; ich brachte nichts von dem, was sie sagte, mit der *Columbia* in Verbindung. Aber dann begriff ich und wir standen beide mitten im Wald und weinten. Es war verheerend.«

Pat Daily und seine Frau halfen an diesem Vormittag bei einem Sonder-Projekt in einer Grundschule in Houston. »Meine Frau war in einem anderen Zimmer, als ein gemeinsamer Freund sie anrief und ihr sagte, was passiert war«, sagt Pat. »Ich konnte es nicht glauben. Das konnte unmöglich sein, besonders wenn Rick das Kommando hatte. Es musste ein Irrtum sein. Ich verfolgte den Bericht weiter im Fernsehen und war in einem Schockzustand. Es war ein unglaublicher Schmerz, wie wenn man einen Bruder verliert.«

Steve Green konnte nicht zur Landung kommen, weil er zwei Konzerttermine in Nordcarolina hatte. »Unser ganzes Team wohnte im Hauptquartier von Trans World Radio«, sagt Steve. »Am Samstagmorgen war ich gerade aufgewacht und auf dem Weg zur Küche, um Frühstück zu machen, da klingelte mein Handy, aber ich nahm nicht ab, weil die Batterie fast leer war. Ich wusste, dass es meine Frau war, darum ging ich zu den Büros, um sie von da anzurufen. Dann klingelte das Telefon im Büro, ich nahm also ab. Es war meine Frau, aber sie erkannte meine Stimme nicht. ›Warum wollen Sie mit Steve sprechen?‹, fragte ich zum Spaß. Sie sagte, es sei ein Notfall. Ich sagte ihr, dass ich es war, und sie sagte: ›Liebling, mit der Raumfähre ist etwas passiert. Etwas Furchtbares.‹ Ich stellte den Fernseher an und war wie betäubt. Ich saß da, hoffte und betete. Nach und nach kam das Team herein und wir saßen vier Stunden oder noch länger vor dem Fernseher, beteten, weinten und trauerten.«

Unsere Freundin Becky Gault aus der Gemeinde kam von einer Reise nach Oklahoma zurück nach Clear Lake; sie brachte ihre Schwiegermutter zu Besuch mit nach Texas. Sie wollten rechtzeitig nach Hause kommen, um den elften Geburtstag ihrer Tochter Kara zu feiern. »Kara und Lauren waren an dem Vormittag allein zu Hause, weil Glenn arbeitete«, sagt Becky. »Lauren rief mich an und war sehr aufgeregt. Sie sagte, die Raumfähre zerbräche. Ich sagte ihr, es käme öfter vor, dass die Kommunikation zusammenbräche. Sie sagte: ›Nein, sie bricht über Dallas auseinander.‹ Ich sagte ihr immer wieder, sie müsse sich irren. Dann klingelte das andere Handy und meine Schwiegermutter nahm ab. Es war Glenn und er sagte ihr dasselbe. Ich konnte nicht glauben, dass es stimmte. Wir fuhren durch Dallas, aber es war viel Verkehr. Dann sahen wir Polizeiwagen am Straßenrand und das gelbe Band, mit dem die Polizei etwas absperrt. Ich schaute hin und sah ein riesiges Stück gebogenes Metall, das von der Raumfähre stammte. Da musste ich am Straßenrand stehen bleiben. Ich konnte nicht weiterfahren, weil ich so sehr zitterte.«

Unser Pfarrer Steve Riggle war mit seiner Frau auf einer Missionsreise in Guatemala, als er davon erfuhr. »Wir waren etwa zwei Stunden vor Guatemala-Stadt«, sagt Steve. »Wir waren ziemlich hoch auf einem Berghang in der Wildnis, wo mein Handy vielleicht eine Minute lang funktionierte und dann eine Stunde abschaltete. Es klingelte und meine Tochter sagte, der Kontakt mit der Raumfähre sei abgebrochen. Ich sagte ihr, dass das oft passiert, aber mehr hörte ich nicht, weil das Handy wieder versagte. Nach mehreren Minuten klingelte mein Handy wieder. Es war einer von unseren Pfarrern in Dallas, der zugleich Polizeibeamter ist. Er sagte mir, es gäbe keinen Kontakt mehr mit der Raumfähre, und ich sagte ihm, dass ich das wusste. Er sagte: ›Nein. Du musst wissen, dass sie es nicht geschafft haben.‹ Ich glaubte überhaupt nichts davon. Es war unvorstellbar. Ich wusste, dass wir zum Flugplatz mussten, hatte aber keine Ahnung, wie wir mitten aus der Wildnis dahin kommen sollten; aber als wir uns umschauten, sahen wir ein Taxi, das einfach hier auf dem Berghang am Straßenrand stand. Ich konnte es nicht fassen. Es war genau das, was wir hier mitten in der Wildnis brauchten.«

Angus Hogg flog gerade ein Flugzeug nach Marokko, als das Unglück geschah. »Ich stieg in Marrakesch aus«, sagt er, »und unser Ingenieur kam herein und sagte, die *Columbia* sei auseinandergebrochen. Ich musste mich fast übergeben, konnte meine Gefühle kaum beherrschen und versuchte nicht zu zittern. Bei der *Royal Air Force* haben wir oft erlebt, dass Leute bei Flugunglücken umkamen, aber ich persönlich habe den Verlust nie so gespürt wie in diesem Augenblick. Ich rief Carole an, sie weinte – ich kann mich nicht erinnern, sie je so erschüttert erlebt zu haben. Es schien fast unwirklich oder wie ein böser Traum, der nicht verschwinden wollte. Unser Ingenieur, ein Moslem, war über den Unfall sichtlich erschüttert und empfand ihn als eine furchtbare Tragödie. Das zeigte mir, dass ein solches Unglück nationale und religiöse Grenzen überschreitet; man sah das nicht nur als Verlust für Amerika, sondern als Verlust für die ganze Menschheit in dem großen Versuch, die Welt außerhalb unserer eigenen zu erforschen.«

Das Haus meiner Eltern in Amarillo war schon voll mit Freunden, die Mutters und Vaters Koffer für sie packten.

»Gewöhnlich ist das meine Sache«, sagt mein Vater. »Ich packe meine Koffer selbst, reserviere meine Flugzeugplätze und regle alles im Haus, aber an dem Tag konnte ich gar nichts tun. Überhaupt nichts. Das Telefon klingelte ständig, aber ich konnte es nicht einmal abnehmen.«

Es ist erstaunlich, wie Gott bestimmte Menschen bei uns auftauchen lässt, die eingreifen und Dinge übernehmen können, wenn wir nicht im Stande sind, einen Fuß vor den anderen zu setzen. Jemand rief für meine Eltern die zuständige Fluggesellschaft an, aber man sagte ihm, der Flug nach Houston sei ausgebucht. Papa griff nach dem Hörer und sagte: »Wir müssen mit diesem Flugzeug fliegen.« Er wollte nicht näher erklären, worum es ging, aber er konnte der zuständigen Angestellten so viel sagen, dass sie einen Verantwortlichen mit ihm verband. »Er nahm das Gespräch auf und sagte: ›Keine Sorge, Mr. Neely. Wir sorgen dafür, dass Sie den Flug bekommen‹«, sagt Papa.

Die NASA hat einen Plan, nach dem bei einem Unfall vorgegangen werden soll, und der wurde innerhalb von Sekunden umgesetzt. Die nächsten paar Minuten schienen mir unwirklich, als ob ich schwebte, weil ich nicht fühlte, dass meine Beine arbeiteten. Ich hörte jemanden rufen: »Bringt die Mannschaftsfamilien hier weg«, und Steve Lindsey fasste mich am Arm und führte mich zu unserem Auto. Ich zog Laura und Matthew neben mir her. Ich hörte meinen eigenen Atem. Erst jetzt nahm ich richtig wahr, dass etwas Entsetzliches passiert war, wusste aber, dass ich mich sofort um Laura und Matthew kümmern musste.

»Was ist los, Mama?«, fragte Laura und hielt mich am Arm fest. »Geht es Papa gut?«

»Ich weiß nicht«, sagte ich. »Ich glaube nicht, aber wir müssen abwarten.«

Matthew nahm meine Hand, aber er sagte kein Wort.

Wir kamen an meinem Sicherheitsagenten vorbei und er sagte: »Evelyn, das tut mir so Leid.« Ich konnte nicht begreifen, warum er das sagte. Ich dachte: *Das ist* nicht *wahr*. Wir stiegen ins Auto und ich drehte mich um und schaute Matthew an, der auf dem Rücksitz saß. Er sah winzig und traurig aus.

»Matthew, ich glaube, Papa ist etwas passiert. Ich glaube, die

Landung ist nicht gut gegangen.« Er nickte und mehr konnte ich nicht sagen.

Laura saß auf der Rückbank und ich saß vorn und streckte die Hand nach hinten, sodass ich sie anfassen konnte. Sie war still. »Laura«, sagte ich, »sie bringen uns jetzt zum Mannschaftsquartier und es kann noch dauern, bis wir erfahren, was mit Papa ist.« Sie nickte.

Anscheinend saßen wir schon mehrere Minuten im Wagen und kamen nicht vorwärts und Steve wurde ungeduldig.

»Wir konnten nicht fahren, weil alle im Weg waren«, sagt Steve. »Sie waren noch nicht alle eingestiegen und überall waren Reporter. Ich hatte Angst, sie würden über die Familie herfallen und sie ausfragen. Es war eine schwierige Situation.«

Steve kurbelte sein Fenster herunter und rief: »Einsteigen jetzt! Wir wollen fahren! Los, los, los!« Dann fuhren wir zum Mannschaftsquartier.

Wir gingen hinein und jeder ging automatisch zu dem Zimmer, in dem sein Partner vor sechzehn Tagen gewesen war; die Namen standen noch an den Türen. Wir sahen alle ganz verloren aus. In den Stunden und Tagen zuvor war ein lebhaftes Treiben im Mannschaftsquartier gewesen, um die Ankunft der Mannschaft vorzubereiten, aber jetzt gab es keine Mannschaft zu begrüßen. Laura, Matthew und ich gingen in Ricks Zimmer und sahen sein fertiges Gepäck für die Heimreise nach Houston. Wir setzten uns auf sein Bett, hielten uns an den Händen und warteten auf Nachrichten. Laura und ich weinten, aber Matthew hielt sich nur an mir fest. »Wir müssen Gott bitten uns da durchzuhelfen«, sagte ich weinend. »Wir müssen um Hilfe beten.«

Überall im Mannschaftsquartier waren Fernsehapparate, aber sie waren abgeschaltet; wir konnten es nicht ertragen zu sehen, was da gesendet wurde. Ich rief meinen Vater auf dem Handy an, weil ich einfach etwas erfahren musste.

»Ich hatte an dem Morgen das Telefon nicht abnehmen können«, sagt er, »aber aus irgendeinem Grund stand ich direkt daneben, als es klingelte, und nahm ab.«

»Papa«, sagte ich.

»Evelyn«, sagte er. »Wo bist du, mein Schatz?« Seine Stimme zitterte und ich merkte, dass er geweint hatte.

»Wir sind wieder im Mannschaftsquartier. Weißt du etwas? Ist es schlimm?« Er fing an zu weinen und mir sank das Herz.

»Ja, Liebling. Es ist schlimm.«

Meine Hände zitterten. Ich fragte Papa, ob er etwas zu Laura oder Matthew sagen wollte, aber er konnte nicht. Er konnte einfach nicht reden. Ich legte auf und jetzt erst wurde mir ganz klar, dass Rick tot war. Er würde nicht nach Hause kommen. Ich war froh, dass mein Vater, den ich so liebe und achte, es mir gesagt hatte und nicht jemand anders. Ich brach zusammen und schluchzte. Ich nahm Laura und Matthew in die Arme, fiel auf Ricks Bett und hielt sie fest. *Das kann nicht wahr sein. Es kann einfach nicht wirklich so sein.*

»Ich glaube, Papa ist heute gestorben, aber jetzt müssen wir tapfer sein und fest zusammenhalten und uns Schritt für Schritt auf Gott verlassen«, sagte ich und fasste sie fester. Dann traf mich der Schock. Mein Zeitgefühl versagte. Alles lief wie in Zeitlupe ab. Den anderen Ehepartnern und Familienmitgliedern ging es genauso. Ich merkte, dass dies wieder dieselbe Situation wie beim *Challenger*-Unglück war und dass wir in eine Welt eingeführt wurden, in der zu leben sich keiner von uns gewünscht oder vorgestellt hätte.

Es schien Stunden zu dauern, aber am Ende kamen Steve Lindsey und Bob Cabana, der die Aktivitäten der Flugmannschaften leitete, ins Mannschaftsquartier. Die Familien wurden um einen riesigen Konferenztisch versammelt, der voll mit T-Shirts und Bildern der STS-107 war. Die Mannschaftsmitglieder hatten ihre Namen darauf geschrieben und hätten den Rest beschriften sollen, wenn sie wiederkämen. Alles war noch da und wartete auf ihre Ankunft. Die Familien hielten sich an den Händen. Unsere schmerzerfüllten Gesichter sprachen Bände, noch bevor ein Wort gesagt wurde.

»Ehe wir hineingingen, um mit den Familien zu sprechen«, sagt Steve, »sagte Bob zu mir und Kent Rominger, dem Chef des Astronautenbüros: ›Wir wissen nur dies: Das Raumschiff ist in etwa 60 000 Metern Höhe zerbrochen.‹ Und dies werde ich nie vergessen … er sagte: ›Wir müssen es den Familien sagen. Und wir dürfen ihnen keine falschen Hoffnungen machen, dass die Mannschaft überlebt hätte.‹ Das werde ich nie vergessen. Also gingen wir hinein und schlossen die Tür und Bob sagte in etwa: ›Das ist das Schwerste, was ich je tun musste‹, und sagte es ziemlich direkt. Es gab keine andere Möglichkeit es zu sagen. Dann kam der Albtraum – nein, der Albtraum war schon da, aber er wurde noch schlimmer.«

Bevor Bob Cabana und Steve hereinkamen, wusste ich schon, dass Rick tot war. Sandy, Lani und Rona wussten, dass Mike, Willie und Ilan tot waren. Daves Bruder Doug wusste, dass Dave tot war. J. P. und Jon wussten, dass K. C. und Laurel tot waren. Aber wenn man diese offiziellen Worte hört, weiß man, dass es keine Hoffnung mehr gibt. Man weiß, dass der Partner einen nie mehr im Arm halten wird. Man weiß, dass der Vater oder die Mutter der eigenen Kinder nie erleben wird, wie sie ihr Studium abschließen oder heiraten oder ihre Kinder im Arm halten. Man weiß, dass alte Eltern ihre eigenen Kinder überlebt haben. Dann fängt das Weinen an. Wir weinten still; wir stöhnten; wir heulten; wir schrien. Wir saßen zusammen an diesem Tisch, hielten uns an den Händen und hatten das Gefühl, uns würde das Herz herausgeschnitten. Es konnte nicht wahr sein. Es konnte einfach nicht wahr sein.

Viel später erfuhr ich, dass man Jane, Keith, Kathy und andere Verwandte und Freunde zu einem Hörsaal nicht weit vom Mannschaftsquartier gebracht hatte. Auf der Busfahrt dorthin rief Willies Schwester ihren Vater mit dem Handy an, um zu erfahren, ob er etwas wusste. Sie beendete das Gespräch und wandte sich zu Keith. »Ich glaube, die Raumfähre ist explodiert«, sagte sie. Keith sagte es Jane nicht; er wusste, dass es besser war zu warten, bis sie die offizielle Bestätigung hatten. Diese Zeit, während sie auf die Nachricht warteten, muss für Keith qualvoll gewesen sein. Als sie zwanzig Minuten oder noch länger gewartet hatten, kamen Kent Rominger und Steve Lindsey herein, um mit ihnen zu sprechen.

»Kent Rominger kam herein und sagte, der Kontakt mit dem Raumschiff sei irgendwo über dem westlichen Texas abgebrochen«, sagt Steve Schavrien. »In dem Saal waren etwa fünfzig Leute, aber man hätte eine Stecknadel fallen hören. Er sagte, keiner der Astronauten habe sein Gerät zum leichteren Auffinden eingeschaltet und sie glaubten, dass keiner überlebt habe.

Wir hofften noch, sie seien woanders gelandet, denn man bringt es einfach nicht fertig das zu glauben«, sagt Steve. »Wir hofften immer noch, es käme noch eine bessere Auskunft, aber es kam natürlich keine.«

Steve Lindsey begleitete Jane, Keith und Kathy zum Mannschaftsquartier, damit sie bei Laura, Matthew und mir sein konnten. Keith schob Janes Rollstuhl herein (sie hat schwere Arthritis und kann nicht weit gehen) und der Schmerz überfiel mich wieder neu. Sie hatte ihren ältesten Sohn verloren.

Das Weiße Haus erfuhr, dass die *Columbia* verunglückt war, als Andrew Card, der Personalchef, in Camp David durch die Fernsehprogramme schaltete und auf vorläufige Meldungen stieß. Sein erster Gedanke war, die Raumfähre könnte von Terroristen angegriffen worden sein, weil sie auch Ilan, einen israelischen Kriegshelden, an Bord hatte. Präsident Bush wurde benachrichtigt, als er sich in Camp David auf seinen Frühsport vorbereitete. Als er es hörte, flog er sofort nach Washington zurück.

Ein Verwaltungsbeamter der NASA, Sean O'Keefe, telefonierte mit Präsident Bush und berichtete ihm alles, was er zu dem Zeitpunkt wusste.

»Das ist ja unvorstellbar tragisch für die Familien«, sagte Präsident Bush. »Wo sind sie?«

»Sie sind hier in Kennedy«, sagte O'Keefe. »Wir haben sie hier.«

Präsident Bush wollte mit uns sprechen und jemand stellte eine Telefonverbindung her. Sean O'Keefe sprach vorher mit uns und sagte uns, wir würden gleich mit dem Präsidenten sprechen. O'Keefe war sichtlich erschüttert von dem Unglück.

Nach wenigen Minuten sagte man uns schon, der Präsident sei am Telefon. Gleich danach hörte ich, wie der Präsident uns sagte, wie sehr ihm das Ganze Leid tat. Er war voller Mitgefühl und sprach uns sein tiefstes Beileid aus, aber es kam nicht an. Ich hörte ihn sprechen, konnte aber nichts davon aufnehmen. Ich war wie betäubt. Ich dachte: *Der Präsident der Vereinigten Staaten ist am Telefon, aber ich habe keine Ahnung, was er sagt, weil mein Mann tot ist.*

Es war unmöglich, wirklich aufzunehmen, was vorging. Wahrscheinlich hat Gott dafür gesorgt, dass man in einer Unglückszeit nicht alle Gefühle empfinden kann.

Präsident Bush legte auf und bereitete sich darauf vor, dem Volk bekannt zu geben, was mit der *Columbia* geschehen war. »Schwerer Tag«, sagte er und verließ das Oval Office mit Tränen in den Augen. »Schwerer Tag.«

Menschen in aller Welt saßen vor ihren Fernsehapparaten und hörten zu, wie Präsident Bush die verheerende Nachricht bekannt gab:

*Liebe amerikanische Mitbürger,*
*dieser Tag hat unserem Land eine schreckliche und sehr traurige Nachricht gebracht: Heute Vormittag um 9.00 Uhr hat die Flugkontrolle in Houston den Funkkontakt mit unserer Raumfähre Columbia verloren. Kurze Zeit später fielen Trümmer über Texas vom Himmel. Die Columbia ist zerstört; es gibt keine Überlebenden.*
*An Bord war eine Mannschaft von sieben Personen: Oberst Rick Husband; Oberstleutnant Michael Anderson; Fregattenkapitän Laurel Clark; Hauptmann David Brown; Fregattenkapitän William McCool; Dr. Kalpana Chawla und Ilan Ramon, Oberst der israelischen Luftwaffe. Diese Männer und Frauen haben im Dienst für die ganze Menschheit große Gefahren auf sich genommen.*
*In einer Zeit, in der Raumfahrt schon fast normal erscheint, kann man die Gefahren des raketengetriebenen Fluges und die Schwierigkeiten der Fortbewegung in der gewaltigen äußeren Erdatmosphäre leicht übersehen. Diese Astronauten kannten die Risiken und nahmen sie bereitwillig auf sich, denn sie hatten die Weltraumforschung für sich als ein hohes und edles Lebensziel erkannt. Weil sie so mutige, unerschrockene Idealisten waren, werden wir sie umso mehr vermissen.*
*Alle Amerikaner denken heute auch an die Familien dieser Männer und Frauen, denen dieser plötzliche Schock und Schmerz zugefügt worden ist. Ihr seid nicht allein. Unser ganzes Volk trauert mit euch. Und denen, die ihr geliebt habt, gehört für immer die Hochachtung und Dankbarkeit dieses Landes.*
*Die Sache, für die sie gestorben sind, wird weitergeführt*

*werden. Durch den Reiz des Entdeckens und den Wunsch zu verstehen, wird die Menschheit in die Dunkelheit außerhalb dieser Welt geführt. Unser Vorstoß ins All wird weitergehen.*
*Heute haben wir am Himmel Unglück und Zerstörung gesehen. Aber jenseits dessen, was wir sehen können, ist Trost und Hoffnung. Der Prophet Jesaja sagt es so: »Hebt eure Augen in die Höhe und seht! Wer hat dies geschaffen? Er führt ihr Heer vollzählig heraus und ruft sie alle mit Namen; seine Macht und starke Kraft ist so groß, dass nicht eins von ihnen fehlt« (Jesaja 40, 26).*
*Derselbe Schöpfer, der die Sterne beim Namen nennt, kennt auch die Namen der sieben Menschen, um die wir heute trauern. Die Mannschaft der Raumfähre Columbia ist nicht heil zur Erde zurückgekehrt; aber wir können beten, dass sie alle sicher heimgekommen sind.*
*Gott segne die trauernden Familien und Gott segne Amerika auch weiterhin.*

Wir haben die Ansprache des Präsidenten an die Nation nicht gesehen, aber Freunde und Verwandte in den Vereinigten Staaten und der ganzen Welt haben sie verfolgt und die ganze Zeit geweint. Ich war sehr dankbar, dass der Präsident das Militär so hoch schätzt, das Raumfahrtprogramm achtet und einen tiefen Glauben an Gott hat. Dies war keine Routinerede des Präsidenten; wir merkten, dass er um die Mannschaft trauerte.

Während wir noch im Mannschaftsquartier saßen, schaute Laura mich an und fragte: »Wer hilft mir jetzt bei Mathe? Wer führt mich zu meinem Platz in der Kirche? Müssen wir umziehen? Musst du arbeiten gehen?« Sie verarbeitete alles sehr viel schneller als ich und ihr war klar, dass alles, was sie bisher als das Normale gekannt hatte, jetzt vorbei war; nichts würde je wieder normal sein.

»Laura«, sagte ich, »ich kann jetzt noch nicht an das alles denken. Ich versuche nur den Tag heute zu überstehen.« Ich weinte und hielt sie fest. »Wir müssen das jetzt einfach Stück für Stück in Angriff nehmen.« Laura und ich gingen und setzten uns neben Kathy, Keiths Verlobte.

Kathy hatte nach fünfzehn Jahren Ehe und einem langen Kampf gegen ein Lungenemphysem vor einem Jahr ihren Mann verloren. John und Keith waren beste Freunde gewesen, seit sie zwei Jahre alt waren. Rick und ich hatten jahrelang gebetet, dass Keith eine Frau fände, die an Christus glaubte; auch Kathy und John hatten für ihn um dasselbe gebetet. Kathy hatte keine Ahnung gehabt, dass sie selbst die Frau war, um die sie Gott bat. An diesem Tag tröstete sie mich sehr. Sie half mir in einer Weise, wie es sonst niemand konnte, weil sie auch eine junge Witwe war und wusste, wie es mir ging und was mir bevorstand. Sie sagte, Gott würde mich Schritt für Schritt durch den Schmerz führen.

Kathy und Keith wollten im April heiraten und Rick war als Brautführer vorgesehen. Ich sagte: »Bitte verschiebt die Hochzeit nicht. Das hätte Rick niemals gewollt.« Ich wusste, für Rick wäre es eine furchtbare Vorstellung, dass sie alle ihre Pläne änderten. Im April würde Matthew die Rolle als Brautführer bei der Hochzeit übernehmen.

Kathy saß sehr lange da und streichelte einfach nur Lauras Haar. Laura schaute sie an und sagte: »Ich weiß, Gott kriegt uns da durch.«

Ich danke Gott jeden Tag, dass Rick seinen Kindern eingeprägt hat, dass Gott der ist, der uns immer hilft. Er ist immer da. Matthew und Laura haben erlebt, wie Rick und ich uns in jeder Lage auf Gott verließen, und jetzt, in unserer dunkelsten Zeit, tat Laura es auch.

Die NASA schickte Angestellte, um unsere Sachen im Hotel zu packen. Ich war geistesgegenwärtig genug, ihnen zu sagen, dass ich Ricks Videoandachten in den Fernsehschrank geräumt hatte; sonst hätten sie nicht daran gedacht dort nachzuschauen. Diese kostbaren persönlichen Bänder durften auf keinen Fall verloren oder verlegt werden. Ich sah schon, welch unschätzbares Vermächtnis sie für unsere Kinder ihr Leben lang sein würden.

Wir warteten auf ein NASA-Flugzeug, das vorbereitet wurde, um uns alle zusammen wieder nach Houston zu fliegen. Viele von den Kindern spielten Videospiele, um sich abzulenken. Wir anderen saßen da und warteten. Ich schaute auf die Uhr und es kam mir vor, als ginge sie gar nicht. Ich hatte keine Ahnung, wann man uns ins Mannschaftsquartier gebracht hatte, und auch nicht, wie lange wir schon da waren. Ich wusste nur, dass ich da weg wollte.

Als wir in das Flugzeug stiegen, sahen wir, dass es eine Menge zu essen gab. Es war mehrere Stunden her, dass wir gegessen hatten, aber in diesem Moment konnte ich einfach nicht an Essen denken. Ich konnte mir nicht vorstellen, dass ich jemals wieder essen wollte. Die zwei Stunden Flug kamen mir wie eine Ewigkeit vor. Im Flugzeug war es sehr still. Niemand sprach. Keiner von uns konnte etwas sagen.

Matthew sah so verwirrt und verloren aus. Ich wusste, dass er versuchte, zu verstehen, was das alles für ihn bedeutete. »Matthew«, sagte ich, »wenn wir wieder in Houston sind, kannst du alles machen, was du willst. Du kannst mit deinen Freunden spielen oder mit dem Game Cube oder du kannst Roller fahren. Du kannst auch mit Danny spielen (seinem besten Freund, der gegenüber wohnt). Du kannst machen, was du willst.«

»Wirklich?«, fragte er. Es war für ihn das erste Anzeichen von etwas annähernd Normalem und ich sah etwas Erleichterung in seinem Gesicht. Ein Siebenjähriger sollte eigentlich nie den Tod seines Vaters verarbeiten müssen, aber Matthew versuchte es.

Als wir über Houston flogen, schauten Laura und ich aus den Flugzeugfenstern und sahen überall in der Stadt auf Halbmast gesetzte Flaggen. »Guck, Mama«, sagte Laura, »alle Flaggen sind auf Halbmast.« Ich fing von Neuem an zu weinen. Dies war die reale Bestätigung, dass es nicht nur ein Traum war, was vorging. Wir hatten die Ansprache des Präsidenten ja nicht gesehen und dies war für uns das erste Zeichen, dass das ganze Volk wusste, was passiert war, und dass unser Schmerz keine Privatsache mehr war.

Als wir zur Landung über dem Ellington Field kreisten, sahen wir, dass die Flaggen auch da auf Halbmast waren. Wir standen auf um auszusteigen und als ich aus dem Fenster schaute, sah ich endlose Reihen von Astronauten und NASA-Angestellten vor den Gebäuden stehen. General Howell, der Direktor des Johnson Space Center, stand am Fuß der Treppe. Er nahm meine Hand in seine und sagte mir, wie unendlich Leid es ihm tat und wie viel er von Rick hielt. Er hatte Tränen in den Augen und ich merkte, dass dieser Tag für niemanden leicht gewesen war.

Man brachte uns zu Steve Lindseys Wagen, während andere unser Gepäck zusammensuchten, und ein paar Astronauten kamen, um mit mir zu sprechen; ich sah den Schmerz in ihren Augen. Alle waren tief getroffen. Sie hatten bei der Explosion der Raumfähre liebe, enge Freunde verloren.

Die Polizei begleitete uns vom Flugplatz und sobald wir durch das Tor kamen, stand da eine Mauer von Reportern, die ihre Kameras auf uns gerichtet hatten. Ich dachte: *Willkommen in unserem neuen Leben. So ein Leben wollte ich nie und ich habe auch nicht damit gerechnet.* Ich senkte den Kopf, weil ich nicht fotografiert werden wollte. Wir fuhren auf die Fahrbahn und sofort fuhren andere Wagen an den Straßenrand und ließen uns vorbei. Männer, die am Tor standen, nahmen respektvoll ihre Baseballkappen ab. Steve fuhr und wir alle schwiegen auf der Fahrt.

Wir fuhren durch unsere Wohngegend und nichts sah aus wie sonst. Es war schrecklich. In dieser Stadt würde ich von jetzt an ohne Rick leben. In unserer Straße hatte man der Mannschaft zu Ehren um jeden Baum ein blaues Band gebunden. Von weitem sah ich, dass schon Polizisten unser Haus schützten. Mein Herz fing an schneller zu schlagen, weil ich am liebsten nicht hineingegangen wäre, nicht ohne Rick, nicht ohne eine Möglichkeit, dass Rick irgendwann wieder da wäre. Viele Menschen hatten zur Erinnerung an Rick Blumen und Teddybären vor unsere Haustür gelegt, und als ich sie sah, überwältigte mich der Schmerz. Diese Art von Heimkommen hatte niemand vorhergesehen. Die Straße war leer; die Nachbarn waren in ihren Häusern.

Ehe wir zu Hause ankamen, hatten sich alle Nachbarn in unserer Straße getroffen. »Die Medien nahmen sofort Kontakt zu allen Nachbarn auf«, sagt meine Nachbarin Beth Cotten. »Sie versuchten so viel Information wie möglich zu bekommen, also trafen wir uns auf der Straße und beschlossen nichts zu sagen. Wir wollten, dass das Haus sicher ist, darum arbeiteten die Nachbarn zusammen, um die Achtung vor der Privatsphäre zu erhalten.«

Steve half uns mit dem Gepäck, und noch bevor wir ins Haus kamen, versuchte eine Reporterin zu mir zu gelangen, aber Steve wies sie ab. Ich ging durch die Haustür und sah all die Papiergirlanden, mit denen Matthew und Laura den Flur für Ricks Ankunft dekoriert hatten, aber er würde nie etwas davon sehen. Es würde keine liebevolle Begrüßung geben, keine kleinen Arme würden Ricks Taille umfassen und Papa willkommen heißen. In dieses Haus zu kommen, war das Schmerzhafteste, was ich je erlebt habe. Auf dem Kaminsims hatte ich ein großes Bild der Mannschaft aufgestellt, aber ich konnte es nicht anschauen. Es dauerte Wochen, bis ich um die anderen trauern konnte. Mein Gehirn konnte nur eine begrenzte Menge auf einmal aufnehmen und Ricks Tod füllte es ganz aus. Ich konnte nicht um alle sieben zugleich trauern. Ich schaute auf die Uhr: Es war 15.30 Uhr mittelamerikanischer Zeit. *Ich dachte: Rick ist erst seit sieben Stunden tot, aber es erscheint mir wie sieben Jahre.*

Ich brachte meine Sachen ins Schlafzimmer, das ich die letzten sieben Jahre mit Rick geteilt hatte, und warf mich schluchzend und wimmernd aufs Bett. Aus meinem Mund kamen Laute, die mir ganz fremd waren. Jetzt war ich zum ersten Mal allein und meinte, meinem Schmerz freien Lauf lassen zu können.

»Ich kann nicht glauben, dass das so ist«, sagte ich immer wieder. »Rick, ich kann nicht glauben, dass du nicht mehr da bist.« Bevor Rick in Quarantäne gegangen war, hatte er ein Stück Seife genommen und auf meinen Toilettenspiegel geschrieben: »Ich liebe dich, Evey! Gruß, Rick«. Jedes Mal, wenn ich den Spiegel anschaute, wimmerte ich. Alles in diesem Zimmer erinnerte mich an Rick und ich schluchzte bei jeder Bewegung. Schreie kamen tief aus meinem Inneren, Schreie, die nicht einmal menschlich klangen; sie waren wie Töne, die ein Tier von sich gibt. »Du bist nicht tot«, stöhnte ich. »Rick, du kannst nicht tot sein.«

In der nächsten Stunde kamen David und Risa Jones. Als sie hereinkamen, umarmten wir uns einfach nur. Man kann diesen Schmerz unmöglich beschreiben. Von überallher kamen Freunde, auch Dan Dillard, unser Freund bei *Campus für Christus*. Dan und alle anderen wollten helfen, so gut sie konnten.

Als wir ins Haus kamen, war der Anrufbeantworter schon voll. Das Telefon fing sofort an zu klingeln und hörte nicht mehr auf. Auch ins Gemeindebüro kamen Presseanrufe aus aller Welt und am Mittwoch brach das Telefonnetz der Gemeinde zusammen. »Die Gemeinde hat ziemlich viele Mitarbeiter«, sagt Steve Riggle, »aber mit so vielen Anrufen wurden wir einfach nicht fertig. Es war unmöglich.«

Es zeigte sich schnell, dass jede Familie einen zusätzlichen CACO brauchte, der ihr in den Wirren nach dem Unglück half, und Steve rief Scott Parazynski an. (Scott war mit Steve bei John Glenn mitgeflogen und war bei Ricks erstem Flug 1999 unser Familienbegleiter gewesen. Rick und ich hatten ihn dazu bestimmt, Steve bei den Aufgaben des CACO zu unterstützen.) Beide waren rücksichtsvoll und kompetent und fragten mich, was ich an Hilfe brauchte. Sie sprangen ein und holten Verwandte und Freunde vom Flughafen ab und sie stellten das Telefon ab, das nicht aufhören wollte zu klingeln, und leiteten alle Anrufe auf Steves Handy um. (Später neckte ich Steve damit, das sei ein guter Test gewesen, ob Handys Hirntumoren verursachen, denn er hatte wochenlang immer das Handy am Ohr.) Sie filterten die Nachrichten von der NASA für uns, sprachen mit den Medien und schützten generell unsere Familie.

Steve informierte mich, dass meine Eltern in anderthalb Stunden in Houston ankämen, aber ich glaubte nicht so lange warten zu können. Ich brauchte sie dringend, um mir durch den Albtraum zu helfen, der nicht aufhören wollte.

Ich hörte Matthew in seinem Zimmer und merkte, dass etwas nicht stimmte. Ich ging zu ihm hinauf. »Siehst du jetzt, warum ich nie Astronaut werden will?«, fragte er frustriert. Er war sehr wütend, aber das war das erste Mal, dass er Gefühle zeigte, seit er erfahren hatte, dass Rick tot war. Ich nahm ihn in die Arme.

»Matthew«, sagte ich, »Papa hätte nie absichtlich zugelassen, dass wir das jetzt durchmachen müssen. Er war sehr gern Astronaut, aber er hätte nie so sterben wollen. Er hätte dir oder mir oder Laura nie so etwas zufügen wollen.« Er sagte nichts. »Matthew, willst du nicht mal fragen, ob Danny mit dir spielen kann?« Ich wusste, dass er an diesem Tag, an dem alles so unwirklich schien, etwas Normales zu tun brauchte. Ich bat David Jones, Matthew über die Straße zu Dannys Haus zu bringen.

Laura saß in ihrem Zimmer auf dem Bett. Ich blieb in ihrer Tür stehen. »Liebling, ist alles in Ordnung?« Sie weinte nicht. Sie war nur sehr still und ernst. Sie sah mich mit verlorenem Blick an.

»Ich glaube, ich möchte allein sein«, sagte sie leise.

Ich setzte mich hin und umarmte sie. »Wenn du mich brauchst, sag es mir«, sagte ich und hielt sie im Arm. »Grammy und GaGa kommen jetzt bald und morgen kommen Nanny, Keith und Kathy.« Sie nickte und ich verließ das Zimmer.

Laura saß da sehr lange, aber dann nahm sie ihren Kalender von der Wand. Beim Datum 1. Februar fing sie an zu schreiben und schrieb das Blatt bis unten hin voll. Sie schrieb:

*Mein Papa ist gestorben, als der beste Vater auf der ganzen Welt! Ich habe ihn sehr lieb und will ihn im Himmel wiedersehen. Er ist als Held gestorben und er hat uns, seine Familie, sooo geliebt. Er hat Jesus geliebt und mich zu Christus geführt. Er liebt Jesus von ganzem Herzen und hat alles gesagt und getan, was er konnte, damit wir Jesus so lieben, wie er es getan hat und immer noch tut. Ich habe dich lieb, Papa! Grüße von deiner Tochter und deinem größten Fan Laura.*
*Bd, dd, pd, tt (das ist eine Geheimschrift, die nur Laura und Rick kannten).*

*P. S. Mein Ziel: Will versuchen so zu werden wie du und alles tun, was du mir beigebracht hast, und von Jesus erzählen. Ich liebe dich!!!!!!!!!!!!!!!!!!!*

Ich weiß nicht, wie sie die Konzentration aufbringen konnte überhaupt etwas aufzuschreiben, aber Laura konnte schon immer so gut mit der Sprache umgehen, dass es nur natürlich schien, dass sie so ausdrückte, was sie an diesem Tag dachte und fühlte. Laura kann Dinge in Worte fassen, die selbstverständlich erscheinen; Dinge, die ich nicht ausdrücken kann, kann sie verständlich machen. Damals habe ich es nicht wirklich wahrgenommen, aber Wochen später ging mir plötzlich auf, dass Laura und Matthew nie nachfragten, wo Rick ist. Sie wussten, dass er im Himmel ist. Das gehörte zu dem Vermächtnis, das Rick uns hinterlassen hat. Jemand hat einmal gesagt, die Erinnerung an die Treue eines Menschen sage mehr als Worte, und am 1. Februar erinnerte sich Laura an die Treue ihres Vaters.

Wir schlugen uns durch die nächsten Stunden, so gut wir eben konnten. Ich beschlagnahmte Lauras großen Winnie-der-Pu-Bären und weinte in ihn hinein. Mein Schmerz war so ungeheuer, dass ich nicht wusste, was ich tun sollte. Es war unerträglich durch unser Haus zu gehen und zu wissen, dass Rick weg war. Wo ich hinschaute, waren seine Sachen: seine Kleider, seine Bücher, seine Bibel, seine Notizen. Ich konnte das nicht alles in mich aufnehmen; ich umklammerte einfach den Bären und weinte.

Um 17.30 Uhr kamen meine Eltern an; sie standen noch unter Schock. Als ich sah, wie Mutter und Papa durch die Eingangstür kamen, verlor ich die Fassung. Ich fühlte mich wieder wie ein kleines Kind. Ich weiß noch, dass ich mich als Kind manchmal wirklich schwer verletzt fühlte, aber erst weinte, wenn ich meine Mutter oder meinen Vater sah. Wenn sie dann da waren, fing ich an zu jammern. So war es am 1. Februar: Ich sah sie und fing wieder von neuem an zu weinen.

»Ich bin so froh, dich endlich in die Arme nehmen zu können«, sagte Mutter.

Papa zog mich fest an sich. »Evelyn«, sagte er. »Es tut mir so Leid, Liebling. Es tut mir so Leid.« Sie hatten Rick immer bewundert und ihn geliebt wie einen Sohn.

Die Texaner sind Meister in der Zubereitung von Beerdigungsessen; in wenigen Stunden waren so viele Speisen in unserem Haus, dass alle Texaner davon satt geworden wären. Die Polizei und die NASA ließen nicht jeden in unser Haus; trotzdem war es bald voll mit guten Freunden, die meinen Kühlschrank aufräumten und alles für uns in Ordnung brachten. Meine beiden Mitbewohnerinnen vom College, Cherie January Stowe und Pam Keffer, behielten die Übersicht über die Stapel von Schmortöpfen, die ins Haus kamen, beschrifteten sie und schafften Platz im Kühl- und im Gefrierschrank. Sie registrierten alle Blumen, packten unsere Koffer aus, wuschen unsere Wäsche, putzten das Haus und schafften das alles mühelos. Ich weiß nicht, was ich ohne sie angefangen hätte.

Gegen halb fünf hatte ich Richard und Janetta Curtis angerufen und sie gebeten herzukommen. Ich schrieb ihre Namen auf die Liste der Polizei, damit man sie hereinließ. Sie hatten Rick und mich vor Jahren in Finanzfragen beraten und uns geholfen einen praktikablen Haushaltsplan zu erstellen und sie hatten uns auch weiter in allen Finanz- und Investitionsfragen unterstützt.

»Als wir ankamen«, sagt Janetta, »waren David und Risa Jones da, außerdem Steve Lindsey und Scott Parazynski, Beth Cotten und Dan und Jean (das sind meine Eltern). Alle waren sehr still. Es war ein ungeheurer Schmerz anwesend, aber zugleich ein unbeschreibliches Gefühl von Gottes Gegenwart. Man konnte sie fast greifen. Es war ein Friede und eine Verbundenheit mit Gott, die alle davor schützte, völlig die Übersicht zu verlieren.«

Rick hatte ein Kreuz mit ins All genommen, das Richard gehörte. Es hatte an einer Kette gehangen, und als Richard bei uns ankam, gab ich ihm die Kette zurück. Vor seinem ersten Flug 1999 hatte Rick Richard gebeten unser Testamentsvollstrecker zu sein. »Ich habe in meinen kühnsten Träumen nicht damit gerechnet das wirklich tun zu müssen«, sagt Richard. »Als ich ins Haus kam, sah ich meinen Namen auf einer Liste, wer in einem Unglücksfall was zu tun hat, und es machte mich wirklich betroffen, meinen Namen da in Ricks Handschrift zu lesen. Es hatte etwas Unwirkliches. Ich hatte erwartet, Rick könne jeden Augenblick hereinkommen; als ich dann meinen Namen auf der Liste sah, wusste ich, dass er nicht kommen würde, aber ich konnte es nicht in meine Gedanken aufnehmen; es war zu viel. Dan (mein Vater Dan Neely) nahm mich zur Seite und sagte: ›Ich möchte nicht, dass sie arbeiten muss, Richard.‹ Ich sagte ihm, dass Rick gut verwaltet hatte, was Gott ihnen gab, und auf all diese Dinge geachtet hatte. Rick dachte immer an seine Familie.«

»Laura kam die Treppe herunter«, sagt Janetta, »und fragte mich: ›Müssen wir jetzt das Haus verkaufen? Müssen wir umziehen?‹ Ich konnte das verneinen und das beruhigte sie sehr. Sie hatte das Bedürfnis zu wissen, dass manches so bleiben würde wie bisher.«

An dem Abend kamen auch Glenn und Becky Gault zu uns. »Es war keine Untergangsstimmung«, sagt Becky. »Da war

Trauer, aber immer auch ein unterschwelliger Friede, weil alle wussten, dass Rick im Himmel ist.«

»Rick konnte jeden gut ermutigen«, sagt Glenn. »Er sah in jedem Menschen das Beste, und in diesen Tagen nach dem Unglück hätte er wirklich gesehen, dass jeder sein Bestes gab. Niemand rannte herum und hielt sich den Kopf, als dächte er: *Was sollen wir nur machen?* Diese Stimmung gab es nicht. Es herrschte die ganze Zeit über eine große Ruhe.«

Fast von Anfang an kamen Geschenke aller Art ins Haus: Stofftiere, CDs, Wolldecken, Steppdecken, Bücher und körbeweise Post. »Wir waren alle ganz überwältigt«, sagt Janetta. »Wir merkten sofort, dass das konsequent organisiert werden musste. Die Post kam so schnell, dass wir sie kaum bewältigen konnten. Bis Montagmorgen waren schon 500 E-Mails gekommen.«

In den Tagen nach Ricks Tod erledigten Richard und Steve Lindsey alle Formalitäten und refinanzierten das Haus für mich. Das hatte Rick schon seit zwei Jahren vorgehabt, war aber wegen seiner beruflichen Verpflichtungen nicht damit fertig geworden.

Ich konnte es nicht fassen. Alles, was hier getan wurde, sollte für eine Witwe sein, die ihren Mann verloren hatte, aber ich war noch zu jung, um meinen Mann verloren zu haben. Ich konnte doch mit 44 Jahren noch nicht Witwe sein. Das war unvorstellbar. Es war wie ein Traum, der nicht aufhören wollte. Aber es war kein Traum; es war die Wirklichkeit. Meine Wirklichkeit.

14

# Eine Welt ohne Rick

Was Rick wirklich auszeichnete, war sein Glaube. Ich wünschte, ich hätte halb so viel. Bob Cabana, Leiter der Flugmannschaften Aktivitäten

AM NÄCHSTEN MORGEN gingen Laura, Matthew und ich nicht zur Kirche. Ich wusste, dass im Gottesdienst ein Video zu Ricks und Mikes Ehren vorgeführt werden sollte, aber ich konnte einfach nicht hingehen. Meine Trauer war zu tief und ich war nicht bereit, mich mit den Medien auseinander zu setzen. Die Predigt dieses Vormittags hatte den Titel »Triumph und Tragik« und danach interviewten mehrere Leute von den Medien verschiedene Gemeindemitglieder. Sie waren verblüfft, dass mitten in einem solchen Unglück so viel Hoffnung zu Tage trat. Wie konnte man solche Gefühle haben, wenn zwei gute Freunde tot waren? Alle gaben dieselbe Antwort: »Weil wir wissen, wo sie sind!« Sie hielten sich an Gottes Versprechen im 1. Thessalonicherbrief 4, 13: »Und nun, Brüder, möchte ich, dass ihr wisst, was mit denen geschieht, die bereits gestorben sind, damit ihr nicht traurig seid wie jene Menschen, die keine Hoffnung haben.« Sie fragten sich nicht, wo Rick war; das wussten sie. Durch Gottes Wort wurde ihre Hoffnung zur Sicherheit.

Direkt nach dem Gottesdienst besuchten uns zwei befreundete Familien; beide haben Töchter in Lauras Alter, die mit ihr zur Schule gehen. Yvana Rivera, die älteste von vier Kindern, war im Jahr zuvor mit uns gefahren, um im Ehrenchor in San Antonio zu singen; sie kam zusammen mit Emily Harvey, Lauras allerersten Freundin in Houston, um ihr etwas Liebes zu tun. Alle drei verschwanden in Lauras Zimmer und lachten und kicherten, wie es nur Teenager können. Beide Mädchen vermittelten Laura wortlos die Überzeugung, dass sie lachen und ein Teenager sein durfte, obwohl alles um sie herum völlig durcheinander geraten war.

Während die Mädchen sich aneinander freuten, zeigten mir ihre Eltern, Maria und Julio Rivera und Jim und Lori Harvey, ihre Liebe und gaben mir neuen Mut und vermittelten mit und ohne Worte, dass sie mich persönlich schätzten – gern bei mir waren – dass Ricks Fehlen unserer tiefen Freundschaft nicht schaden würde. Es ist ein echter Wendepunkt, wenn eine Witwe merkt, dass ihre Freundschaften noch tragfähig sind, obwohl sie nicht länger Teil eines »Paares« ist.

Julio und Jim spielten in der Gemeinde mit Matthew und halfen ihm liebevoll durch mehrere sehr schwierige Wochen. Sie konnten Matthews Vater natürlich nicht ersetzen, aber sie konnten starke männliche Vorbilder für ihn sein und ich war dankbar für ihre Freundlichkeit und Aufmerksamkeit.

Auch meine Freundin Lori bewegte sich nach Ricks Tod unauffällig durchs Haus und erledigte Notwendiges. Sie sorgte dafür, dass gewaschen und gefegt wurde und Essensreste aufgeräumt wurden. Sie fragte nie, ob ich etwas brauchte; sie sah, was nötig war, und tat es. Sieben Wochen lang verwaltete sie unermüdlich alle Mahlzeiten, die uns ins Haus gebracht wurden.

Ich verabschiedete unsere Freunde und bereitete mich auf die Ankunft der Mannschaftsfamilien am Nachmittag vor. Als sie ankamen, gingen wir in Matthews Zimmer; das war der einzige Platz im Haus, an dem sich niemand aufhielt.

»He, warum seid ihr alle in meinem Zimmer?«, fragte Matthew.

»Wir brauchten einen ruhigen Platz zum Reden«, sagte ich. »Müssen wir dir Miete zahlen?«

Er lächelte und ich gab ihm einen Dollar; damit war er sehr zufrieden. Auch die Mannschaftskinder kamen an dem Tag und sie freuten sich sehr, wieder zusammen zu sein. Die Verbindung zwischen den Kindern war schon sehr stark – alle hatten bei demselben unbegreiflichen Unglück Vater oder Mutter verloren – und ich war sicher, dass sie aus der Gemeinschaft miteinander Kraft schöpfen konnten. Auch für uns Ehepartner war es so. Wir fühlten uns wie eine Familie; wir waren immer genauso verbunden gewesen wie die Mannschaft. Wir weinten und lachten und erzählten uns viele Geschichten. Wir saßen alle im selben Boot und das gab uns ein starkes Gefühl von Verständnis und Trost. Unsere Partner waren zusammen gestorben; wir waren für immer verbunden.

Die Medien hatten eine Stellungnahme von den Familien verlangt und ich dachte: *Sie sind doch gestern erst gestorben!* Ich konnte nur schwer verstehen, warum wir schon so früh eine Stellungnahme abgeben mussten. Wir saßen in Matthews Zimmer und arbeiteten an einer Stellungnahme. Ich war gebeten worden, am nächsten Tag in der *Today Show,* einer der Hauptnachrichtensendungen, aufzutreten und sie dann im Namen der Familien vorzulesen.

Am Montagmorgen, dem 3. Februar, war ich erschöpft von Schlafmangel und Trauer und hatte Lampenfieber, weil ich im nationalen Fernsehen sprechen sollte, aber ich wollte vor die Öffentlichkeit treten und gute Arbeit für die Familien machen und Gott durch mich sichtbar werden lassen. Ein Kamerateam des NBC stellte seine Ausrüstung im Gebäude 9 des Johnson Space Center auf. Vor einer Woche war ich zur letzten Videokonferenz mit Rick auf das Gelände gefahren; jetzt fuhr ich wieder dahin, um über seinen Tod zu sprechen.

Ehe ich hineinging, betete ich mit Steve Lindsey; ich wusste, dass es traurig sein würde, dieses Gebäude zu betreten. Es gehörte zu denen, in welchen die Mannschaft einen großen Teil ihres Trainings absolviert hatte. Rick hatte sogar Lauras Klasse durch dieses Gebäude geführt. Ich weiß, dass ich nervös und übermüdet war, aber irgendwie spürte ich nichts davon, solange die Stellungnahme gesendet wurde. Ich bin sicher, dass Gott eingegriffen, alles gesteuert und mir die Kraft gegeben hat, die ich brauchte.

Katie Couric begrüßte mich und fragte, wie es den Familien ginge, und ich sagte ihr, alle kämen bemerkenswert gut zurecht. »Eines der segensreichen Dinge in dieser ganzen Angelegenheit ist, dass wir durch die mehrmalige Verschiebung des Starts, unglaublich viel Zeit hatten, uns gegenseitig kennen zu lernen und miteinander sehr vertraut zu werden«, sagte ich. Katie erwähnte die Stellungnahme und ich las sie live vor:

*Am 16. Januar sahen wir unsere Partner in einen strahlenden, wolkenlosen Himmel aufsteigen. Sie waren voll Begeisterung, Nationalstolz und Glauben an ihren Gott und bereit, Gefahren auf sich zu nehmen, um Wissen zu gewinnen, Wissen, das möglicherweise die Lebensqualität für die ganze Menschheit verbessern könnte. Die sechzehntägige Forschungsmission der Columbia wäre wenige Minuten später ein großer Erfolg geworden, in unserer Erinnerung jedenfalls wird sie immer lebendig bleiben. Wir möchten der NASA-Familie und vielen Menschen aus aller Welt danken, dass sie uns so unglaublich viel Liebe und Unterstützung zuteil werden ließen. Wir sind sehr traurig, wie es auch die Familien von Apollo 1 und Challenger vor uns waren, aber die mutige Erforschung des Weltalls muss weitergehen. Sobald der eigentliche Grund für dieses Unglück gefunden und behoben ist, muss das Vermächtnis der Columbia zum Segen unserer Kinder – und Ihrer Kinder – weitergeführt werden.*

Der schwierigste Teil des Interviews kam, als Katie sagte: »Wir wollen hören, was Kommandant Rick Husband über diesen Flug zu sagen hatte.« Zum ersten Mal seit Ricks Tod hörte ich seine Stimme durch den Ohrhörer. Ich musste den Atem anhalten, um nicht zu weinen.

Am Schluss des Interviews fragte Katie, wie ich mir wünschte, dass Rick im Gedächtnis behalten wird. Ich sagte: »Wenn Rick jemandem Autogramme gab, schrieb er immer einen Bibelvers dazu, nämlich Sprüche 3, 5-6. Da heißt es: ›Vertraue von ganzem Herzen auf den HERRN und verlass dich nicht auf deinen Verstand. Denke an ihn, was immer du tust, dann wird er dir den richtigen Weg zeigen.‹ Das hat in Ricks und meinem Leben viel Gutes bewirkt. Auch jetzt ist es eine enorme Hilfe für mich, denn ich verstehe das Ganze überhaupt nicht, aber trotzdem vertraue ich auf Gott. Das ist sehr tröstlich und beruhigend für mich.«

Der Kameramann schaltete den Apparat aus und ich seufzte. Es war vorbei. Gott hatte mir durchgeholfen. Ich hatte nie gedacht, dass ich je in so eine Situation kommen würde; in unserer Familie war es Rick, der mit der Öffentlichkeit zu tun hatte, nicht ich. Ich wusste noch nicht, dass dies der erste von vielen öffentlichen Auftritten war, die ich in den nächsten paar Monaten haben würde.

Während die Familien noch trauerten, richteten Ingenieure und Forscher der NASA besondere Aufmerksamkeit auf ein Stück Isolierschaum, das 82 Sekunden nach dem Abheben vom externen Tank abgebrochen war und die linke Tragfläche getroffen hatte. Sie fanden heraus, dass der Schaum auf den vorderen Rand des linken Flügels aufgeschlagen war und ein Loch in die doppelt kohlenstoffgehärtete Oberfläche geschlagen hatte, die die Tragfläche gegen die enorme Hitze beim Eintritt in die Atmosphäre schützt. Als die Hitze von fast 1 700 °C auf die beschädigte Oberfläche traf, drang sie durch die Unterseite des Flügels und ließ ihn von innen heraus schmelzen, bis seine Konstruktion schließlich nicht mehr trug. (Soweit ich es bis Mai 2003 verstanden habe, konnten etwa 30 Prozent der wissenschaftlichen Versuche in der *Columbia* gerettet werden – hauptsächlich zur Erde übermittelte Informationen. Außerdem konnten aus den Trümmern zusätzliche Daten gewonnen werden, aber ich weiß bisher noch nicht, ob sie weitere Erkenntnisse liefern werden.)

Weil in unserem Haus so viel Betrieb war und immer etwas geplant wurde, fand ich nicht die Zeit, die ich gern gehabt hätte, um mit Laura und Matthew allein zu sein. Matthew war mit seinen Freunden beschäftigt und ich sah ihn meist im Vorbeigehen, umarmte ihn und hielt ihn einen Augenblick. Ich sagte: »Matthew, hast du dir heute schon die Zähne geputzt?«, »Matthew, hast du gegessen?«, »Matthew, gibst du mir einen Kuss?« Die Kinderpastorin unserer Gemeinde, Susie Dennard, achtete in dieser ersten Woche besonders auf Laura und Matthew. Kathy Baden, eine Freundin aus der Gemeinde, die früher in Clear Lake gewohnt und mit Rick und mir die Kinderarbeit gemacht hatte, flog von ihrem Wohnort in North Carolina zu uns, um auch bei Laura und Matthew zu sein. Sie nahmen die Kinder mit ins Kino oder zum Pizzaessen und ließen sie einfach reden, so viel sie wollten. Sie entlasteten mich enorm, aber es kam doch noch vor, dass Laura mich zur Seite zog, weil sie mich umarmen wollte und ich sie auch. Wir beide brauchten Zeit, um miteinander zu trauern.

Laura war voller Fragen: »Mama, haben sie Papa schon gefunden?«

Das versetzte mir einen Stich. »Nein«, sagte ich, »aber sie finden ihn bestimmt.«

»Warum treffen sich die Leute so oft bei uns?«

»Wir wollen eine Trauerfeier in der Kirche für Papa und Mike planen. Außerdem versucht die NASA uns über alle Neuigkeiten zu informieren. Sie wollen die Nachrichten persönlich überbringen. Besonders weil Papa der Kommandant war.«

»Wann meinst du, dass die Leute abfahren?«

»Nach dem Trauergottesdienst am Mittwoch, Liebling«, sagte ich. »Grammy und GaGa fahren am Samstag.«

»Und danach ist dann niemand mehr in unserem Haus?«

»Es werden noch eine ganze Weile Leute hier sein, deren Hilfe wir brauchen bei den Dingen, um die wir uns nun kümmern müssen, weil Papa gestorben ist.«

»Was helfen sie denn? Ich kann dir doch helfen.«

Ich nahm ihre Hand. »Wir können nicht alles allein schaffen, Laura. Da ist einfach zu viel Verschiedenes. Aber ich habe immer Zeit für dich und Matthew und ich freue mich immer sehr, wenn du mich umarmst.«

Sie umarmte mich fest und ich betete im Stillen, dass sie und Matthew die nächsten Tage gut überstehen könnten, wenn wir zu den Trauergottesdiensten gingen, und dass sie sich zu Gott wandten, um den Trost zu bekommen, den ich ihnen nicht geben konnte.

---

Am nächsten Tag sollte ein nationaler Gedenkgottesdienst im Johnson Space Center in Houston gehalten werden. Auch in unserer eigenen Kirche planten wir einen Trauergottesdienst für Rick und Mike am Mittwoch. Ich betete einfach für uns alle um die Kraft, die wir brauchten, um sie mit Fassung zu tragen. Ich war sogar so mutig Gott zu bitten, dass ich stark genug wäre, die ganze Zeit nicht zu weinen, und er hat mir die Bitte erfüllt.

Ich wollte die Aufmerksamkeit aufbringen zu verstehen, was in diesen Gottesdiensten gesagt wurde.

Am Dienstag, dem 4. Februar, drei Tage nach dem Unglück, machten Laura, Matthew und ich uns für den nationalen Gedenkgottesdienst im Johnson Space Center fertig. Beim Aufwachen hatte ich mir gesagt: »Gut, das muss ich heute schaffen.« In den Wochen vor dem Start hatte ich mich an einen vorgegebenen Tagesplan gewöhnt: »Zu der Zeit musst du da und da sein; zu der Zeit musst du das tun.« Ich konnte mich emotional auf das einstellen, was jeweils zu bewältigen war. Nachdem Rick gestorben war, schien es, dass ich noch immer diesem Muster folgte und mir sagen ließ, wann ich wo sein musste. Jeden Tag fing ich damit an, dass ich dachte: »Gut, diese zwei Dinge muss ich schaffen, dann bin ich fertig.« Am 4. Februar war der nationale Gedenkgottesdienst eins von diesen Dingen.

Ich schaute aus dem Fenster und sah, dass alle Wagen der Kolonne und auch die Polizeieskorte auf der Straße warteten. Laura war noch nicht fertig und mir war es nicht danach, sie einfach aus der Tür zu schieben. Wenn wir aufbrachen und das Haus verließen, hatte Rick das immer »den Versuch, Fluchtgeschwindigkeit zu erreichen« genannt; dieser Ausdruck aus der Raumfahrt bedeutet, dass alles immer weiter rotiert und das nächste Stadium nicht erreicht. Oft waren drei von uns fertig und dann rannte Matthew aus irgendeinem Grund wieder hinauf. Dann kam er herunter und ich holte noch etwas aus dem Bad. Es war immer unmöglich wegzukommen. Ich wandte mich an Becky Gault, die mir half Laura und Matthew für den Gottesdienst fertig zu machen, und sagte: »Becky, kannst du Laura bitte sagen, sie muss jetzt sofort herunterkommen?«

Becky ging hinauf und traf Laura im Bad, wo sie sich sorgfältig frisierte, damit ihr Haar genau richtig saß. Sie versuchte zu helfen, aber Laura wollte es selbst machen. Einen Augenblick später erschien Laura perfekt frisiert.

»Mama, Mrs. Gault ist ganz streng geworden«, sagte Laura.

Ich bin sicher, Rick hätte gelächelt. Wenigstens einmal im Leben kamen wir pünktlich aus dem Haus.

Auf dem Weg zum Johnson Space Center schaute ich aus meinem Fenster auf sehr vertraute Orte: die Kirche, in die ich Matthew öfter zum Mutter-und-Kind-Tag mitgenommen hatte, den Supermarkt, in dem ich immer einkaufte, die Wohnungen, in denen Rick und ich gewohnt hatten, als wir neu herkamen; und zum ersten Mal seit Jahren fühlte ich, dass ich in Houston zu Hause war. Ich hatte immer angenommen, wir würden hier nur so lange Wurzeln schlagen, bis Ricks Zeit bei der NASA vorbei war, und dann wieder umziehen; so ist das bei Soldatenfamilien. Wir ziehen weiter. Aber an diesem Tag war klar, dass ich hier zu Hause war. Laura und Matthew und ich waren hier verwurzelt.

Kurz bevor wir gingen, um unsere Plätze im Gottesdienst einzunehmen, musste Matthew auf die Toilette. Steve Lindsey lief mit Matthew einen blitzblanken Flur entlang, so schnell, dass ihre Anzüge flatterten. Ein Geheimdienstagent schaute auf die Uhr. Mir war es sehr peinlich, aber ich hätte gern gesagt: *Wenn man nun mal muss, dann muss man eben.*

Präsident Bush und seine Frau gingen zu ihren Plätzen und ein paar Minuten später kamen die Mannschaftsfamilien. Steve begleitete Laura, Matthew und mich zu unseren Plätzen und setzte sich dann zum Astronautenkorps. Als ich mich setzte, begegnete ich dem Präsidenten und er nahm meine Hand und drückte sie. Ich schaute ihn an und sagte: »Es wird schon werden«, und er sah mich sehr mitfühlend an. Mrs. Bush saß neben ihm und auf ihrer anderen Seite Lani McCool. Keith bemerkte später, dass Ricks Vorbilder aus der Kindheit, Neil Armstrong, der als erster Mensch den Mond betrat, und der frühere Senator und Astronaut John Glenn, auch zum Gottesdienst gekommen waren. Es war bewegend zu erfahren, dass sie sich die Zeit genommen hatten, die Mannschaft an diesem Tag zu ehren.

Es war ein schöner, klarer Nachmittag. Wir saßen mitten im Johnson Space Center an derselben Stelle, an der Präsident Reagan vor siebzehn Jahren die Mannschaft der *Challenger* geehrt hatte. Zuschauer fanden sich auf einem Platz ein, den wir »the mall« (das Einkaufszentrum) nannten, die NASA schätzte, dass es zwischen 10 000 und 15 000 waren.

Der Gottesdienst begann mit dem Lied: »O God, Our Help in Ages past« (O Gott, unsere Hilfe aus vergangenen Jahren). Ein Rabbi von der Marine sprach und betete auf Hebräisch und Englisch; danach sprach der NASA-Verwaltungschef Sean

O'Keefe. Er sagte: »Das Band zwischen denen, die ins All fliegen, und denen, die auf der Erde bleiben, ist unglaublich stark. Unsere Trauer heute ist überwältigend.« Dann sagte er weiter: »Jetzt ist es unsere Pflicht, den tapferen Familien der Mannschaft der *Columbia* Trost zu geben. Wir haben auch die große Aufgabe, das Vermächtnis dieser gefallenen Helden zu ehren, indem wir die Ursache für den Verlust der *Columbia* und ihrer Mannschaft finden. Dies ist ein feierliches Versprechen und wir werden es halten.«

Ich hielt Lauras Hand fest und betete, dass ich den Gottesdienst durchhielt. Das Astronautenkorps saß in der Nähe und der Schmerz der Mitglieder war offensichtlich. Es war noch sehr schwer zu verstehen, was sich da ereignet hatte.

Kent Rominger, Ricks Freund und Kommandant auf seinem ersten Flug 1999, der jetzt Chef des Astronautenbüros war, hielt die Ehrenansprache und sie war eine wunderbare Würdigung der Mannschaft. Er sagte: »Diese Mannschaft von sehr verschiedenen Menschen arbeitete tadellos zusammen.« Rick hatte Kent sehr geschätzt; er hätte sich geehrt gefühlt, dass er so von der Mannschaft sprach. Wie die Mannschaft als Team zusammenarbeitete, das war eins der Dinge, auf die Rick sehr stolz war. Kent beendete seine Ansprache mit den Worten: »Ihr sollt wissen, dass wir euch im Herzen behalten und dass wir jedes Mal lächeln werden, wenn wir an euch denken.«

Irgendwann im Gottesdienst nieste Matthew und ich sah aus dem Augenwinkel, dass er ein Taschentuch brauchte. Ich schaute ihn an und er zuckte die Achseln, als ob er sagen wollte: »Was machen wir jetzt?« Vor uns stand eine Reihe von Kameras, darum wollte ich mich nicht bewegen; ich wusste ja, dass sie mich fotografieren würden, wie ich Matthews Nase putzte, aber etwas musste getan werden; Matthew wischte sich mit der Hand über die Nase, um sie zu säubern. Langsam streckte ich den Arm an Laura vorbei und wischte ihm mit dem Finger die Nase.

»Brauchen Sie ein Taschentuch?«, fragte mich Präsident Bush.

»Das wäre schön«, flüsterte ich.

Der Präsident nahm sein Taschentuch aus der Tasche und gab es mir und ich reichte es Matthew an Laura vorbei. Er putzte sich die Nase und das Gesicht und reichte mir das Taschentuch zurück. Ich gab es dem Präsidenten und er steckte es wieder in die Tasche. Nie im Leben hätte ich daran gedacht, dass der Präsident der Vereinigten Staaten mir vor laufenden Fernsehkameras helfen würde, meinem Sohn die Nase zu putzen, aber er war sehr hilfsbereit.

Dann stand Präsident Bush auf und hielt seine Ansprache:

*Ihr Auftrag war fast abgeschlossen und wir haben sie so kurz vor der Rückkehr verloren. Die Männer und Frauen der Columbia hatten fast zehn Millionen Kilometer zurückgelegt und bis zur Ankunft und zum Wiedersehen fehlten nur noch Minuten.*
*Es war ein plötzlicher und schrecklicher Verlust und für ihre Familien ist der Schmerz groß. Unser Volk teilt Ihre Trauer und Ihren Stolz. Und heute erinnern wir uns nicht nur an einen tragischen Augenblick, sondern an sieben Menschen, die ein Ziel verfolgt und Großes geleistet haben. Erde, Luft und Schwerkraft hinter sich zu lassen, ist ein uralter Traum der Menschheit. Für diese sieben hat sich der Traum erfüllt. Alle diese Astronauten hatten den Mut und die Disziplin, die ihre Aufgabe erfordert. Alle wussten, dass große Unternehmungen untrennbar mit großen Gefahren verbunden sind. Und alle haben diese Gefahren bereitwillig, ja freudig auf sich genommen im Dienst der Forschung.*
*Rick Husband war ein Junge von vier Jahren, als er das erste Mal daran dachte Astronaut zu werden. Als Erwachsener, als er Astronaut geworden war, hielt er es für noch wichtiger, seine Familie zu lieben und Gott zu dienen. Eines von Ricks Lieblingsliedern war »Wie groß bist du«, in dem es heißt: »Blick ich empor zu jenen lichten Welten und seh der Sterne unzählbare Schar, … dann jauchzt mein Herz … Wie groß bist du!«*
*David Brown faszinierten die Sterne schon als kleinen Jungen mit einem Teleskop im Garten. Er bewunderte Astronauten, aber er sagte: »Ich dachte, das sind Filmstars. Und ich bin nur ein normaler Junge.« David wurde Arzt, er*

*wurde ein Pilot, der mitten in der Nacht auf dem Deck eines Flugzeugträgers landen konnte, und Astronaut in der Raumfähre. Vor mehreren Wochen fragte ihn sein Bruder, was passieren würde, wenn bei dem Flug etwas schief ginge. David antwortete: »Dieses Programm geht weiter.«*
*Michael Anderson wollte schon immer Flugzeuge fliegen und brachte es bis zum Oberstleutnant der Luftwaffe. Auf diesem Weg wurde er zum Vorbild – besonders für seine beiden Töchter und für die vielen Kinder, mit denen er in Schulen sprach. Er sagte zu ihnen: »Egal, was ihr einmal werden wollt, ihr seid jetzt dabei es zu lernen.« Und zu seinem Pfarrer sagte er: »Wenn diese Sache nicht gut ausgeht, macht euch keine Sorgen um mich, ich gehe nur weiter nach oben.«*
*Laurel Salton Clark war Ärztin und Flugärztin. Sie liebte Abenteuer, liebte ihren Beruf, liebte ihren Mann und ihren Sohn. Ein Freund, der Laurel mit der Flugkontrolle sprechen hörte, sagte: »In ihrer Stimme liegt ein Lächeln.« Laurel hat mehrere von den Experimenten geleitet, während die Columbia um die Erde flog, und sie hat beschrieben, wie aus einem winzigen Kokon neues Leben auftauchte: »Leben«, sagte sie, »setzt sich an den verschiedensten Stellen fort und Leben ist etwas Magisches.«*
*Keiner von unseren Astronauten musste einen längeren Weg zur Raumfahrt zurücklegen als Kalpana Chawla. Sie verließ Indien als Studentin, aber dann sah sie ihr Heimatland in seiner ganzen Ausdehnung von oben, aus mehreren hundert Kilometern Entfernung. Als die traurige Nachricht ihre Heimatstadt erreichte, erinnerte sich ein Verwaltungsangestellter ihrer Oberschule: »Sie hat immer gesagt, sie wollte die Sterne erreichen. Sie ist dahin gekommen und noch weiter.« Kalpanas Geburtsland trauert heute um sie, aber auch ihre Wahlheimat.*
*Auch Ilan Ramon ist über sein Heimatland geflogen, das Land Israel. Er hat gesagt: »Die Ruhe, die das All umgibt, macht die Schönheit nur noch eindrucksvoller. Und ich hoffe nur, dass die Ruhe einer Tages bis zu meinem Land reicht.« Ilan war ein Patriot, Sohn einer Holocaust-Überle-*

*benden, er liebte sein Land und diente ihm in zwei Kriegen. »Ilan«, sagte seine Frau Rona, »hat uns auf dem Höhepunkt seines Lebens verlassen, an seinem Lieblingsplatz und mit Menschen, die er liebte.«*

*Der Pilot der Columbia war Kapitän Willie McCool, den seine Freunde als unbedingt stabil und zuverlässig kannten. Heute erinnern sie sich in Lubbock an den Pfadfinder, der dann als Marineoffizier ausgezeichnet wurde und sich zum mutigen Testpiloten weiterbildete. Ein Freund erinnert sich so an Willie: »Er war gesegnet. Und es war ein Segen für uns, ihn zu kennen.«*

*Es war ein Segen für unser ganzes Volk, dass solche Menschen für unser Weltraumprogramm gearbeitet haben. Ihr Verlust trifft uns hart, besonders hier, wo so viele von Ihnen sie Freunde nennen konnten. Die Mitarbeiter der NASA sind wieder einer harten Prüfung ausgesetzt. Aber in Ihrer Trauer reagieren Sie so, wie Ihre Freunde es gewollt hätten: zielstrebig, fachkundig und mit ungebrochenem Glauben an den Auftrag dieser Institution. Hauptmann Brown hatte Recht: Amerikas Weltraumprogramm wird weitergehen.*

*Zu forschen und zu entdecken ist keine freie Entscheidung; es ist ein Bedürfnis, das dem Menschen ins Herz gegeben ist. Wir sind der Teil der Schöpfung, der die ganze Schöpfung zu verstehen sucht. Wir suchen die Besten unter uns aus, schicken sie in die unerforschte Dunkelheit und beten, dass sie zurückkommen. Sie gehen in Frieden für die ganze Menschheit und die ganze Menschheit steht in ihrer Schuld. Aber manche Forscher kommen nicht zurück. Und einige wenige Unschuldige trifft der Verlust. Die Familien, die heute hier sind, hatten Anteil am Mut derer, die sie liebten, aber jetzt müssen sie ihr Leben und ihre Trauer ohne sie meistern. Im Schmerz fühlt man sich einsam, aber Sie sind nicht allein. Mit der Zeit werden Sie Trost finden und die Kraft zum Weiterleben. Und wir können beten, dass zu Gottes Zeit der Tag Ihres Wiedersehens kommt.*

*Und ihr Kinder, die ihr eure Mama oder euren Papa heute so sehr vermisst, ihr müsst wissen, dass sie euch lieb haben*

*und dass diese Liebe euch immer begleiten wird. Sie waren stolz auf euch und ihr könnt euer Leben lang stolz auf sie sein.*
*Sie haben in den letzten Tagen ihres Lebens auf diese Erde herabgeschaut. Und jetzt sind die Namen dieser Astronauten auf jedem Kontinent und in jedem Land, das sie gesehen haben, bekannt und unvergessen. Im Gedächtnis dieses unseres Landes werden sie immer einen Ehrenplatz behalten. Und heute spreche ich ihnen die Hochachtung und Dankbarkeit der Menschen in den Vereinigten Staaten aus. Gott segne Sie alle.*

Die Marineglocke schlug sieben Mal zu Ehren der Mannschaft und dann flogen vier T-38-Flugzeuge in der Formation »Einer fehlt« über uns: Alle vier flogen vorbei und dann löste sich eines aus der Reihe, stieg steil auf und verschwand.

»In dem ganzen Gottesdienst«, sagt Janette Curtis, »war irgendwo immer der Gedanke in mir: *Nein, sie kommen wieder. Sie haben sich verflogen*. Das macht man sich selbst vor. Aber als diese Formation ›Einer fehlt‹ über uns wegflog, ich weiß nicht, das trifft einen sehr direkt und dann weiß man, es ist endgültig.«

»Ich habe die ganze Feier gut durchgehalten«, sagt David Jones. »Aber als die Flugzeuge diese Formation flogen, konnte ich nicht mehr. Ich hätte nie erwartet, dass mich das so trifft, aber ich verlor einfach die Fassung.«

Nach der Gedenkfeier trafen sich die Familien der Mannschaft mit Präsident Bush und seiner Frau. Sie setzten sich zu jeder Familie und nahmen sich Zeit, persönlich mit ihnen zu sprechen. Wir bekamen den Eindruck, der Präsident hätte nichts anderes zu tun; er konzentrierte sich ganz auf uns. Ich sagte Präsident Bush, wie sehr ich ihn und auch seine Eltern bewunderte. Er lächelte und sagte: »Vielleicht treffen Sie sie ja einmal.«

Als Präsident Bush und seine Frau gegangen waren, trafen wir uns mit den Familien der *Challenger*-Mannschaft und ich bat Kathie Scobee Fulgham, Dick Scobees Tochter, etwas zu Laura, Matthew und den anderen Kindern der Mannschaft zu sagen. Ich wusste es nicht, aber sie hatte sich die Zeit genommen, einen sehr schönen Brief von sich selbst und den Kindern des *Challen-*

*ger*-Unglücks an sie zu schreiben. Kathie wusste aus eigener Erfahrung, was unsere Kinder durchmachten und dass sie sich plötzlich in einer Gemeinschaft wieder fanden, zu der sie nie gehören wollten. Auch sie hatte immer wieder mit den erschreckenden unbeantworteten Fragen zu kämpfen, als ihr Vater in der Raumfähre *Challenger* umgekommen war.

*1. Februar 2003*
*An die Kinder der Mannschaft der Columbia:*
*Wir, die Challenger-Kinder und alle Kinder, die bei Katastrophen Eltern verloren haben, hören, wie eure Herzen zerbrechen, wir halten eure Hände und umarmen euch aus der Ferne. Ihr seid nicht allein. Unser Volk trauert mit euch. Aber euch trifft nicht nur die nationale Tragödie; euer Verlust ist auch persönlich.*
*Wir hoffen, dieser Brief tröstet euch etwas – jetzt oder später, wenn ihr stark genug und alt genug seid ihn zu lesen. Wir wollen euch auf das vorbereiten, was kommt, und euch auf dem Weg der Trauer helfen. Ihr sollt wissen, dass es eine Zeit lang schlimm sein wird – sehr schlimm –, aber dann wird es besser.*
*Warum zeigt das Fernsehen immer und immer wieder, wie die Raumfähre Lichtstreifen über den Himmel zieht? Was ist da passiert? Wo ist meine Mutter oder mein Vater? In dem wilden Sturm von Fragen ist eure Stimme kaum zu hören. Und keine Antwort kann euch trösten.*
*Vor siebzehn Jahren, als manche von euch noch gar nicht geboren waren, habe ich gesehen, wie mein Vater und seine Mannschaft bei einem entsetzlichen Unfall ums Leben gekommen sind. Unsere Eltern waren Astronauten in der Raumfähre Challenger, die wenige Minuten nach dem Abheben explodiert ist. Das alles wurde direkt vom Fernsehen übertragen. Es hätte ein Augenblick privater Trauer sein sollen, aber es wurde zu einer Folter in aller Öffentlichkeit. Danach konnten wir wochenlang keinen Fernseher anschalten aus Angst, die grausigen Bilder der Challenger zu sehen, wie sie anderthalb Kilometer hoch am Himmel auseinander bricht.*

*Im Fernsehen ist mein Vater überall im Land hundert Mal am Tag gestorben. Und weil es so öffentlich passierte, hatte jeder im Land das Gefühl, es passiere auch ihm. Und es war auch so: Die Explosion der Challenger war eine nationale Katastrophe. Alle sahen sie, alle schmerzte es, alle trauerten, alle wollten helfen. Aber dadurch wurde es nicht leichter für mich. Diese Leute wollten sich von Helden Amerikas verabschieden. Ich wollte mich nur von meinem Papa verabschieden.*

*Ihr habt schon gemerkt, dass man dem Ansturm von Nachrichten und den zahllosen Facetten von Nachforschungen, Spekulationen und Verzweiflung nicht entgehen kann. Es wird immer wieder mehr oder weniger Berichte geben, aber in den kommenden Wochen, Monaten und Jahren werden sie euch treffen, wenn ihr es am wenigsten erwartet. Wenn ihr fernseht, wird plötzlich das Bild der Raumfähre auftauchen – EURER Raumfähre – bei ihrem tragischen Sturz über den Himmel. Für andere Zuschauer ist das etwas, was man »Geschichte« nennt. Für euch ist es euer Leben.*

*Ihr müsst wissen, dass die Öffentlichkeit diese Katastrophe nicht so wahrnimmt wie ihr. Die Leute wissen nicht, wie weh es tut, die eigene Mutter oder den Vater mehrmals am Tag sterben zu sehen. Sie können nicht wissen, was es für Entsetzen auslöst, wenn sie sagen, man hätte die Überreste eurer Eltern gefunden. Wenn sie wüssten, wie schmerzlich das ist, würden sie aufhören.*

*Vielleicht wird euch übel, wenn ihr an seinen oder ihren zerschlagenen Körper denkt. Ihr habt Angst zu fragen, wie es war, weil die Antwort vielleicht schlimmer ist, als ihr es euch vorgestellt habt. Ihr quält euch mit der Frage, ob sie Schmerzen hatten, ob sie gelitten haben, ob sie wussten, was passierte. Es war nicht so. So wie ihr den Schmerz nicht sofort wahrnehmt, wenn ihr euch den Arm brecht, so hat eure Mutter oder euer Vater in den letzten Augenblicken ihres oder seines irdischen Lebens keinen Schmerz gespürt.*

*Ihr denkt darüber nach, was ihr zuletzt zueinander gesagt habt. Vielleicht meint ihr, ihr hättet nicht genug oder nicht das Richtige gesagt. Habt keine Angst. Zuletzt haben sie an*

*euch gedacht – an euch als ganze Person – nicht nur die, die ihr am 1. Februar wart. Und das waren gute Gedanken, ein ganzer Komplex von Glücksgefühlen, die so tief sind, dass sie immer bleiben.*
*Alle, die ihr kennt, werden neu anfangen zu weinen, wenn sie euch sehen. Die Leute werden versuchen euch zu essen zu geben, obwohl ihr wisst, dass alles nur wie Pappe schmeckt. Sie wollen wissen, was ihr denkt, was ihr fühlt, was ihr braucht. Aber ihr wisst es eigentlich nicht. Vielleicht wisst ihr es sehr lange nicht. Und es wird sogar noch länger dauern, bis ihr euch ein Leben ohne euren Vater oder eure Mutter vorstellen könnt.*
*Manche Leute, die selbst ihren Kummer verarbeiten müssen, werden mit euch über das Unglück und seine Folgen sprechen wollen, über aufgefundene Trümmer oder darüber, was die NASA tun wird. Andere werden flüstern, wenn ihr vorbeigeht: »Ihr Vater ist beim Raumfährenabsturz umgekommen.« So wahrgenommen zu werden ist neu und vielleicht auch schwierig für euch. Manchmal möchtet ihr dann zu den Leuten sagen: »Ja! Das war mein Vater. Wir sind sehr stolz auf ihn. Ich vermisse ihn ungeheuer!« Aber manchmal würdet ihr am liebsten unsichtbar werden und unerkannt trauern, wie ihr es braucht und wann ihr es braucht, ohne Zuschauer.*
*Wenn Menschen, die eure Mutter oder euren Vater geliebt haben, mit euch sprechen, mit euch weinen oder sogar schreien, wie frustriert sie sind und wie ungerecht es ist, dann braucht ihr das nicht alles zu verstehen. Trauer ist ein gewundener und unübersichtlicher Weg ohne genaues Ziel, aber mit vielen Höhen und Tiefen. Betrachtet eure Trauer wie eine Reise: voller Raststätten, neuen Aussichten und unterschiedlich tiefen Schlaglöchern aus Wut, Traurigkeit und Verzweiflung. Macht euch einfach klar, dass ihr nicht für immer auf derselben Stelle treten müsst. Irgendwann kommt ihr zur nächsten. Und der Weg wird leichter, aber vielleicht hört er nie auf.*
*Bittet Menschen, die euch lieb haben und eure Mutter oder euren Vater lieb hatten, euch daran zu erinnern, wie er oder*

*sie gelebt hat – nicht wie er gestorben ist. Ihr müsst euch von seinen Freunden, Mitarbeitern, Lehrern und entfernteren Verwandten erzählen lassen, wie euer Vater oder eure Mutter war. Diese Berichte halten eure Mutter oder euren Vater für immer lebendig und greifbar in euren Herzen und Gedanken. Hört diesen Berichten genau zu. Erzählt sie. Schreibt sie auf. Nehmt sie auf Band auf. Verschickt sie im Internet. Diese Berichte helfen euch, euch zu erinnern. Sie helfen euch auch, eigene Entscheidungen zu treffen – und so zu werden, wie ihr gemeint seid.*
*Bitte denkt daran, dass wir bei euch sind – ihr seid in unseren Herzen und Gedanken und in unseren Gebeten.*

*Liebe Grüße,*
*Kathie und die Kinder der Challenger-Mannschaft*

---

Wir gingen nach Hause und ich fing an, für die Trauerfeier am nächsten Tag zu beten. *Immer ein Tag nach dem andern*, sagte ich mir. *Gott wird mir heute durch diesen Tag helfen, ein Schritt nach dem andern.*

Vor dem Start füllt jeder Astronaut Papiere mit Informationen aus, die das Astronautenbüro für den Fall eines Unglücks aufbewahrt. Darin befinden sich persönliche und finanzielle Daten wie Darlehen, Bankkonten, persönliche Berater und Seelsorger, entferntere Verwandtschaft und so weiter. Darin bestimmt das Mannschaftsmitglied auch die CACOs. (In Ricks Formular ist Steve Lindsey als erster CACO aufgeführt und Mike Anderson als zweiter. Aber weil Mike mit Rick in der *Columbia* war, machte Steve mit den Verantwortlichen aus, dass Scott Parazynski ihn als zweiter CACO unterstützen sollte.) Über der letzten Seite der Akte steht »Besondere Anweisungen für Beerdigungsgottesdienste« und darunter eine Rubrik: »Andere spezielle Anweisungen«. In diese Rubrik hatte Rick geschrieben:

Erzählt ihnen von Jesus! – Dass er für mich *wirklich* ist.
Sprüche 3, 5+6 und Kolosser 3, 23

Das war Ricks Wunsch für den Fall, dass ihm etwas zustieße: Menschen sollten von Jesus und seiner Liebe erfahren. Ricks Bitte ist jetzt zur Lebensaufgabe für mich geworden und ich gebe das weiter, so oft ich kann.

Angus Hogg war aus England gekommen und ich bat ihn, bei der Trauerfeier in der Kirche zu sprechen. Auch Steve Green kam und er sollte »God of Wonders« (Gott der Wunder) singen, den Guten-Morgen-Gruß für Rick und das Rote Team, als sie im All waren. Schon vor Monaten hatte ich mich mit Jimmy Logan in Verbindung gesetzt, einem Gemeindemitglied, und ihn gebeten für den Empfang in Florida vor dem Start ein Video von Rick zusammenzustellen. Ich hatte ihm Familienfotos und ein Video von Rick im All bei seinem ersten Flug gegeben und er hatte daraus ein sehr schönes Video gemacht. Bei dem Empfang hatte Steve »God of Wonders« gesungen und das Video war im Hintergrund gelaufen, und jetzt sang er es wieder im Gottesdienst. Als ich Rick auf der Leinwand sah, weinte ich. Ich konnte nicht fassen, dass er nicht hier bei mir war. Ich konnte einfach nicht glauben, dass er nicht mehr da war.

Auch ein Video von Rick wurde gezeigt, wie er am Osterwochenende »Wenn die Gnade nicht wäre« sang. »Als Rick an dem Tag auf dem Videofilm sang«, sagt Steve Green, »hat mich das sehr beeindruckt. Ich hatte ihn noch nie singen gehört. Irgendwie, wenn man jemanden singen hört, bekommt man einen Einblick in sein innerstes Wesen, wie man ihn auf keine andere Art bekommen kann. Als ich ihn singen hörte, ist meine Zuneigung zu ihm sofort gewachsen. Er war sehr echt und klar, man sah seine Liebe zu Gott und ich dachte: *Was für eine Aussagekraft!* Da war ja nicht nur die Gemeinde: Da waren Leute von der NASA und von der Stadtverwaltung. Die anderen Astronauten erlebten einen sehr persönlichen Teil von Ricks Welt – eine neue, ganz unbekannte Seite – und es war sehr bewegend.«

Ein Videofilm zeigte, wie Rick vor dem Flug der *Columbia* mit Pastor Riggle sprach, und David Jones bemerkte später, nur Rick habe bei seiner eigenen Trauerfeier singen *und* sprechen können. Es tat mir sehr weh, Rick auf der Leinwand zu sehen, aber mitten in meinem unermesslichen Schmerz geschah etwas Erstaunliches: Ich fing an, Gott anzubeten. Gottes Heiligkeit und seine Fürsorge faszinierten mich. Ich war überwältigt von seiner Treue und seiner Gegenwart. Mitten in meinem quälenden Schmerz war Gott da, er tröstete mich und hielt mich fest. Ich hatte das Gefühl, die Hälfte von mir sei weggerissen worden und der Schmerz werde nie aufhören, aber ich wusste doch, dass Gott sich um mich kümmern würde. Ich wusste auch, dass er für Laura und Matthew sorgen würde. Ich dachte: *Wenn Laura und Matthew erwachsen sind, sollen sie auf diese Zeit zurückblicken und sagen können, dass Gott uns nie verlassen hat; er war immer da. Ja, Mama hat die ganze Zeit geweint, aber in all dem war Gott immer da.*

An dem Abend lösten wir uns von den Schmorgerichten, die sich in unserem Kühlschrank stapelten. Freunde und Verwandte saßen um unseren Küchentisch und ich stand mitten in der Küche und sagte: »Heute gehen wir aus und essen mexikanisch. Wir essen *kein* Beerdigungsessen!« Wir gingen in ein mexikanisches Restaurant und feierten den siebzigsten Geburtstag meines Vaters. Das Personal sang »Happy Birthday« für ihn und setzte ihm einen Sombrero auf.

Das war eine große Befreiung. Es gab Augenblicke, in denen ich mich ganz normal fühlte. Ich dachte: *Ich bin noch da. Ich kann mich noch freuen.* Es war das erste Mal, dass ich etwas tat, was keine offizielle Pflicht war und nichts mit der STS-107 zu tun hatte. Wir sprachen von anderen Dingen und es war sehr befreiend. Es ging uns richtig gut. Irgendwann rief der Sohn meiner Nachbarin Beth an und sagte, er blute am Kopf. »Blutet es stark?«, fragte sie. Niemand wollte das Fest unterbrechen. Zum ersten Mal seit Ricks Tod spürte ich tatsächlich Hunger und zum ersten Mal genoss ich das Essen. Das war ein Wendepunkt für mich, denn es ist meine erste neue erfreuliche Erinnerung ohne Rick.

Am nächsten Tag musste Angus wieder nach England fliegen. In zwei Wochen würde er zu Ricks Begräbnis in Amarillo wiederkommen. Ein langjähriger Freund von uns brachte ihn zum Flughafen. Dieser Freund war nach Ricks Tod ein paar Tage bei uns im Haus gewesen und hatte alles miterlebt, was vorging. Er war auch am Vorabend bei der Feier im mexikanischen Restaurant dabei gewesen. Er und Angus hatten schon früher geistliche Gespräche geführt, darum fragte ihn Angus, wie es ihm glaubensmäßig ginge, und er schaute Angus an und sagte: »Ich will das, was Evelyn hat. Ich will diesen Frieden.«

»Dann brauchst du Jesus«, sagte Angus. »Weil da dieser Friede herkommt.« Unser Freund fuhr an den Straßenrand und in einem gemeinsamen Gebet bat er Jesus in sein Herz zu kommen. Angus rief mich vom Flughafen aus an und erzählte es mir, weil er sich so freute. Ricks Lebensweise fing schon an, Menschen zu Christus zu führen.

An dem Tag gab es noch einen Trauergottesdienst in Washington D. C., aber ich konnte nicht hingehen. Es war physisch nicht möglich. Dave Browns Eltern waren da zusammen mit Jon und Iain Clark. Manche Familienmitglieder schickten Vertreter, dazu gehörten Mike Andersons Schwager und Ricks Cousine Janet McCormick. Es waren auch Würdenträger der NASA vom Hauptquartier in D. C. und Kongressmitglieder da. Ich bekam eine Videoaufnahme vom Gottesdienst und sie war sehr schön. Patti LaBelle sang ein wunderschönes Lied mit dem Titel »Way Up There« (Hoch oben), das speziell für das Weltraumprogramm geschrieben war. Bob Cabana, der Leiter der Aktivitäten der Flugmannschaften, ging zum Podium und sprach über die Mannschaft der STS-107. Er sagte unter anderem:

*Sie waren in keiner Weise auffällig. Sie leisteten tadellose Arbeit von höchster Qualität, ohne es zu erwähnen, und sie sind für uns alle ein Beispiel dafür, was man erreichen kann, wenn man als Einheit zusammenarbeitet. Ich würde Ihnen gern weitergeben, wie stark sie glaubten und wie viel Kraft ich von ihnen bekommen habe. Das fing an, bevor sie am Tag des Starts den Umkleideraum verließen und zu ihrem Bus gingen, der sie zur Startrampe brachte. Der Kommandant, Rick Husband, blieb stehen, ehe er hinausging, wendete sich zu seiner Mannschaft und alle sieben fassten sich gemeinsam an den Händen: Jude, Hindu und Christen zusammen, und Rick betete mit ihnen. Als sie zur Rampe fuhren, waren sie sehr fröhlich, voll Begeisterung und Vorfreude und hatten einen inneren Frieden, durch den sie auf alles gefasst waren, was kommen könnte.*

Bob sprach über jedes Mannschaftsmitglied, zuletzt äußerte er Gedanken über Rick. Da sagte er:

> *Oberst Rick Husband von der US-Luftwaffe. Warum ihn vor dieser Mannschaft hervorheben? Auch er war das Gegenteil von dem, was man von einem Kampfpiloten erwartet, eine Führungspersönlichkeit höchster Qualität. Aber das eigentlich Besondere an Rick war sein Glaube. Ich wünschte, ich hätte halb so viel.*

Bob beendete seine schön formulierten Gedanken über Rick und die Mannschaft und setzte sich. Vizepräsident Dick Cheney stand auf und sprach:

> *Sie waren Soldaten und Wissenschaftler, Ärzte und Piloten – aber vor allem waren sie Forscher. Jeder kam auf seinem eigenen Weg ins Weltraumprogramm. Jeder verfolgte hohe Ziele und erreichte Großes.*
> *Die Mannschaft der Columbia vereinte nicht Religion oder Abstammung, sondern die gemeinsame Berufung, der sie folgten. Sie waren verbunden durch das große Ziel des Entdeckens. Ihm folgten sie ins Unbekannte. Sie förderten das menschliche Wissen durch ihren persönlichen Mut.*
> *Die Männer und Frauen in der Columbia wurden von dem festen Entschluss geleitet, das Leben hier auf der Erde besser zu machen, indem sie die Geheimnisse des Alls entschlüsselten … Die Columbia ist verloren, aber die Träume, die ihre Mannschaft beseelten, sind geblieben …*
> *Es wird viele Denkmäler zu Ehren der Mannschaft der Columbia geben, aber die beste Erinnerung an sie wird ein Weltraumprogramm voll Leben sein, in dem eine neue Generation von mutigen Forschern neue Flüge durchführt.*
> *Amerika und die ganze Welt werden immer an den ersten Flug der Columbia im Jahr 1981 denken. Und wir werden nie die Männer und Frauen vergessen, die ihren letzten Flug erlebten: Willie McCool, Kalpana Chawla, Ilan Ramon, Michael Anderson, David Brown, Laurel Clark und Rick Husband.*

*Möge ein gnädiger Gott diese sieben Seelen empfangen. Möge er ihre Familien trösten. Möge er unserem Volk helfen diesen schweren Verlust zu ertragen. Und möge er uns weiterführen bei der Erforschung seiner Schöpfung.*

---

Am Freitag hatten Laura, Matthew und ich eine wichtige Aufgabe: Ich fand, sie müssten beide zum ersten Mal nach dem Tod ihres Vaters wieder in ihre Schule gehen. Sie besuchen eine kleine christliche Schule und die ganze Schülerschaft hatte gemeinsam ein Spruchband unterschrieben, das sie mit zum Ellington-Field-Flughafen nehmen wollten, um die Mannschaft in Houston zu begrüßen. Es macht mich traurig, zu denken, dass sie nie das Heimkommen erlebt haben, auf das sie sich freuten. Laura und Matthew sind nicht die einzigen Astronautenkinder in der Schule. Lauras Lehrerin in Naturwissenschaften und Englisch war Martha Tanner. Ihr Mann Joe gehört zum Astronautenkorps und hatte vor Ricks erstem Start mit der STS-96 mit mir gebetet. Martha ließ die siebte Klasse Briefe an Laura schreiben, die sie in der Woche nach Ricks Tod lesen konnte. Matthews Klasse hatte bunte Bilder für ihn gemalt.

Um rechtzeitig zum Mittagessen von Matthews Klasse in der Schule zu sein, mussten wir aufbrechen. Ich trieb beide an wie üblich: »Los, macht euch fertig. Zieht eure Schuhe an. Wir müssen weg.«

»Ich will nicht da hin!«, schrie Matthew aus dem Obergeschoss.

Ich wusste, dass er vor dem ersten Schultag nach dem Unglück Angst hatte. »Komm, Matthew. Ich gehe mit«, sagte ich.

Auch Laura zögerte.

Sie war im Allgemeinen die Geselligere von beiden, aber sie hatte Angst der Mittelpunkt zu sein und bedauert zu werden.

»Muss ich alles genau erzählen, was wir diese Woche mitgemacht haben?«, fragte Laura. »Ich will nicht, dass sie alle über mich weinen.«

»Sie wollen nur bei dir sein und dich umarmen; wir sind ja nicht die Einzigen, die das getroffen hat«, sagte ich. »Sie trauern auch um Papa.«

Widerwillig stiegen Laura und Matthew in den Wagen.

Ich begleitete sie zum Speisesaal, in dem Matthews Lehrerin, Mrs. Johnston, und die ganze Klasse uns begrüßten. Als sie Matthew sahen, fingen alle an zu klatschen, sodass er sich sehr willkommen fühlte. Ich wollte, dass alle Kinder sahen, dass es uns gut ging. »Es tut mir Leid, dass Ihr Mann gestorben ist«, sagte ein kleines Mädchen und umarmte mich.

»Ja, das tut mir auch Leid«, sagte ich. Manchmal ist es nicht so schwierig mit Siebenjährigen zu reden; man braucht nicht so viel zu erklären.

Von Lauras Klassenkameraden waren schon viele bei uns gewesen und alle freuten sich, sie zu sehen. Als ich sie von weitem beobachtete, sah ich Laura mit Yvana und Emily lachen und sich unterhalten und dankte Gott, dass manches gleich geblieben war. Soeben hatten wir wieder ein Hindernis überwunden.

---

Meine Eltern blieben eine Woche bei uns und fuhren am Samstag, dem 8. Februar, ab. Ein paar Tage nach dem Gedenkgottesdienst im Johnson Space Center rief mich Steve Lindsey an und sagte, Altpräsident George Bush und seine Frau Barbara wollten am Achten mit uns in Houston zu Mittag essen. Als meine Eltern abgefahren waren, besichtigten Laura, Matthew und ich zusammen mit Steve das Büro des Altpräsidenten, fotografierten und aßen dann in einem Club in der Nähe. Präsident Bush und seine Frau sprachen sehr freundlich mit uns und es war eine große Ehre, dass wir sie kennen lernen durften. Ich staunte, wie liebevoll sie mit uns umgingen. Viele Leute denken, Südstaatler seien von Natur aus sehr gastfreundlich, aber das stimmt nicht. Nicht jeder Südstaatler kann dafür sorgen, dass Menschen sich wohl fühlen, aber George und Barbara Bush haben die Begabung dafür. Sie gingen auch auf Laura und Matthew ein und unterhielten sich sehr ungezwungen mit ihnen. Man merkte, dass sie Enkelkinder haben!

Einmal hörte ich, wie Matthew mit Mrs. Bush über Nasenbohren sprach, und sie schaute mich an und sagte: »Zu gut informiert.« Ich stimmte ihr voll zu. Ich konnte kaum fassen, dass Matthew mit einer ehemaligen *First Lady* über Nasenbohren sprach, aber ich dachte: *Sie hat ja Enkel. Hoffentlich hat sie schon davon gehört.* Sie war wie eine sehr liebevolle Mutter und Großmutter und zeigte sich nie schockiert oder abgestoßen, sondern beteiligte sich sehr humorvoll an der Unterhaltung.

An diesem Samstag war mir klar, dass Matthew, Laura und ich irgendwie wieder in den normalen Alltag finden mussten, oder vielmehr mussten wir eine neue Normalität finden. Ich ließ die Kinder sich an den Küchentisch setzen und sagte: »Nicht wir vier sind gestorben. Papa ist gestorben. Wir müssen einen Weg finden, uns an das Leben zu gewöhnen, das wir jetzt haben.« Natürlich wusste niemand von uns, wie man das tun könnte. Ich war mit 44 Jahren Witwe – das war mein neuer Alltag. Rick und ich waren kein Ehepaar mehr; ich war nun allein erziehende Mutter für die Kinder. Laura und Matthew hatten keinen Papa mehr, nur mich. Das war ihr neuer Alltag.

Ich fühlte mich wie eine fünfundneunzigjährige Frau, die mit ihrem Leben abgeschlossen hat, aber doch noch ohne ihren Mann weiterleben muss. Ich konnte mir nicht vorstellen, ohne Rick zu leben. Ich war so gern mit ihm zusammen. Ich hörte ihn gern erzählen. Es tat mir sehr Leid, als mir klar wurde, dass ich ihn nicht die ganzen Geschichten aus dem All mit dem Rest der Mannschaft der STS-107 erzählen hören konnte. Es war immer so schön gewesen, ihn reden und von seiner Arbeit erzählen zu hören. Ich wusste, wir würden für unsere Familie wieder etwas zum Erzählen finden müssen; selbst seit Ricks Tod hatten wir schon wieder Geschichten parat – nicht zuletzt hatten wir in einer Woche zwei Präsidenten kennen gelernt.

An diesem Abend aßen wir zum ersten Mal allein in unserem Haus. Das war unvorstellbar schmerzlich. Ich musste mir überlegen, wo jetzt jeder sitzen sollte.

»Bin ich der neue geistliche Leiter der Familie?«, fragte Matthew.

»Nein, Matthew«, sagte ich. »Das bin wohl ich und Gott muss mir helfen. Aber du und Laura, ihr müsst mir auch helfen, damit wir jeden Tag zurechtkommen.« Ich merkte, dass Matthew an Rick dachte, obwohl er nicht von ihm sprach. Ich wollte seine Fragen freundlich und liebevoll beantworten.

»Bin ich jetzt der Mann in der Familie?«, fragte er.

Das traf mich. Es tat mir weh, dass Matthew sich schon mit sieben Jahren nie mehr für sich selbst an Rick würde orientieren können. Ich bete darum, dass Matthew sich immer wieder an Rick und seinen Einfluss erinnern kann.

»Nein, Liebling. Gott leitet unsere Familie. Du musst Mama helfen, so gut du kannst, und mir zuliebe artig sein, aber wichtiger ist für mich, dass du einfach ein Junge bist. Du brauchst dir keine Sorgen zu machen, dass du unsere Familie leiten müsstest. Da hilft mir Gott dabei. Und Papa hat mir ein wunderbares Vorbild gegeben.« Ich setzte mich auf Ricks Platz und wir brachten unsere erste Mahlzeit zu dritt hinter uns.

Ich räumte die Küche auf und ließ das Badewasser für Matthew ein. Die Abende konnten so schwer sein. Rick und ich hatten die Kinder immer gemeinsam zu Bett gebracht und er hatte vor dem Gutenachtkuss mit jedem von ihnen gebetet. Ich kämpfte mich ohne ihn durch diese Abende, fiel dann allein ins Bett und betete um die Kraft, am nächsten Tag aufstehen und das alles wieder tun zu können.

Ich war sehr dankbar, dass die Kinder noch nicht erwachsen waren, denn so hatten sie einen Stundenplan, den auch ich einhalten musste. Da war schon ein Tagesablauf vorgegeben und ich war gezwungen, jeden Tag aufzustehen und das Notwendige zu tun. Wir merkten, dass Gleichbleibendes sehr tröstlich ist: Unsere Kirche war dieselbe; die Nachbarschaft war dieselbe; die Schule war dieselbe und wir hatten noch denselben Humor. Wir hielten uns an die Routine, aber das Abendessen und die Wochenenden waren unsere schwierigsten Zeiten, denn da war Rick immer bei uns gewesen und ohne ihn gab es nur ein großes, weit aufklaffendes Loch. Aber wir machten weiter; wir atmeten weiter. Laura und Matthew hatten Fußballtraining, also stellten wir uns auf die Trainingszeiten ein. Ich staunte über ihre Kraft und ihre Fähigkeit, ihr Leben weiterzuführen. Ich nehme an, sie machten sich klar, dass das Leben auf jeden Fall weitergehen würde.

Wir wussten, dass wir an dem, was sich ereignet hatte, nichts ändern konnten, aber wir konnten bestimmen, wie wir damit umgingen. Ich beschloss, dass ich nicht bitter werden wollte. Ich wollte keinen Groll gegen die NASA haben, denn ich wusste, wenn sie am 16. Januar nur eine Sekunde lang gedacht hätten, die *Columbia* sei nicht sicher, dann wäre sie nie gestartet. Rick hatte Vertrauen zu jedem einzelnen Menschen in der NASA und war zuversichtlich, dass der Flug gut gehen würde. Ich wollte nicht das kleinste bisschen Zorn gegen irgendjemanden zulassen. Ich wollte mich an diese Zeit erinnern können, ohne je sagen zu müssen: *Hätte ich das doch nicht getan. Hätte ich mich doch nicht so verhalten.* Ich wusste, dass ich Gott vertrauen konnte. Er hatte mir mein Leben lang immer wieder seine Treue bewiesen und ich wusste, dass er auch weiterhin treu sein würde. Er hat mich nie verlassen. Er hat auch Rick am 1. Februar nicht verlassen. Er hat die Arme ausgebreitet und ihn zu Hause willkommen geheißen.

# 15

# Glaubensschritte

Ich stand an der Tür zum neuen Jahr und sagte: »Gib mir ein Licht, damit ich den Weg sehen und sicher ins Unbekannte gehen kann.« Aber da hörte ich eine Stimme sagen: »Nein, geh in die Dunkelheit und nimm die Hand Gottes – denn das ist besser für dich als ein Licht und sicherer als ein bekannter Weg.«

Irgendwann nach unserem Rückflug von Florida entwickelte ich den Film aus unserer Kamera und sah das Bild, auf dem wir drei vor der Landeuhr stehen, die 11.21.00 zeigt. Wir lächelten glücklich, denn wir dachten, die Raumfähre würde in elf Minuten landen. Ich klebte dieses Bild an den Kühlschrank und darüber klebte ich einen politischen Cartoon von Jeff Parker, der zeigt, wie die *Columbia* durch das Himmelstor fliegt. Am Himmel sind sieben Sterne; einer ist der israelische Davidsstern zu Ehren von Ilan. Sie strahlen hell, während die *Columbia* durch ein wunderschönes goldenes Tor fliegt. Wir wussten es damals nicht, aber als Laura, Matthew und ich uns fotografieren ließen, war Rick schon am Himmelstor. Ich schaute das Bild an und war der Verzweiflung nahe. Es war immer noch so unvorstellbar. Ich fühlte die Trauer aufsteigen und griff nach meinem Portmonee. Ich wollte nicht wieder weinend zusammenbrechen. Ich musste zum Lebensmittelladen.

Ich setzte mich auf den Fahrersitz des Wagens und sah, dass ich Nachrichten auf dem Handy hatte. Als ich das Telefon ans Ohr hielt um sie abzuhören, hörte ich Ricks Stimme von den früheren Anrufen her, die ich gespeichert hatte. Er hatte die Nachricht an dem Tag hinterlassen, als wir ihn im Mannschaftsquartier besuchten und er versuchte uns zu erreichen. Es war das erste Mal, seit dem Tag als ich sie gesichert hatte, dass ich sie hörte. Als ich die Nachricht hörte, fing ich an zu schluchzen. Vor Tränen konnte ich die Straße nicht erkennen. Ich fuhr auf einen Parkplatz und weinte. Seine Stimme zu hören tat mir weh; ich vermisste sie so sehr. Herr, wann wird das einmal leichter? Wird es überhaupt irgendwann leichter?

In der Woche um den 10. Februar kam Steve Lindsey zu uns und sagte, er müsse mich sprechen. Armer Steve, er sah sehr müde aus; der Albtraum war unendlich lang. Steve ist ein mitfühlender Mensch und es war mir sehr unangenehm, dass solche Gespräche jetzt zu seinen Aufgaben gehörten. Wir setzten uns an den Küchentisch und er schwieg. Ich merkte, dass er etwas Wichtiges zu sagen hatte.

»Wir haben die Überreste von allen Mannschaftsmitgliedern gefunden und Ricks sind dabei«, sagte er. »Ich weiß die Einzelheiten, wenn du sie erfahren willst. Das entscheidest du allein.«

Ich nickte, er sollte weitersprechen. Steve erzählte mir, was im Einzelnen identifiziert worden war. Ein anwesender Astronaut hatte Rick erkannt, als die Leichen gefunden wurden. Ich spürte eine Beklemmung. Ich sehnte mich nach dem Tag, an dem keine schlechten Nachrichten mehr kämen. Es ging um Dinge, die ich wissen musste, aber es war sehr, sehr schwierig.

»Es war auch ein Pfarrer draußen, wo man Ricks Überreste gefunden hat«, sagte Steve. »Es war eine sehr achtungsvolle und würdige Handlung. Ehe man alles mitnahm, betete der Pfarrer und las Josua 1, 6-9.« Das waren die Verse, die Rick am Abend vor dem Start zitiert hatte.

»Hat man Ricks Ehering gefunden?«

Er schaute mich düster an. »Nein.«

»Bitte entschuldige mich«, sagte ich. Ich spürte, wie die Tränen kamen, und wollte nicht an Steves Schulter weinen.

Er ging hinaus.

Ich ging nach oben, warf mich aufs Bett, klammerte mich an Lauras großen Bären und weinte zwei Stunden lang. Es schien mir, als müsste ich mich jeden Tag wieder ganz neu von Rick verabschieden, und der Schmerz war fast unerträglich. Ich vermisste ihn schon jeden Augenblick und dann kam immer wieder etwas, was mich neu verletzte. Ich hatte Rick meinen Ehering mit ins All gegeben, genau wie auf seinem ersten Flug, und jetzt war er weg und auch sein Ehering war verloren. In meinem Schmerz dachte ich immer wieder an die Ringe. Es war schrecklich zu denken, dass beide verloren waren. Vor Jahren hatte Rick zwei schmale Diamantringe gekauft, die wir an meinen Verlobungsring anbringen ließen, aber trotzdem hatte ich immer den Ehering zusätzlich getragen. Wenn ich ihn nicht anhatte, hatte ich mich nicht vollständig angezogen gefühlt, und jetzt war er weg. Ich schluchzte, weil ich den Gedanken nicht loswerden konnte, dass zusammen mit unserer Ehe auch die Zeichen unserer Liebe zerstört waren. Es kommt immer noch vor, dass ich den Ring an meinem Finger drehe und spüre, dass der Trauring fehlt; dann überfällt mich der Schmerz wieder neu. Ich denke an Ricks Ring, den er am Finger trug, und die Erinnerung daran, wie ich ihn bei unserer Hochzeit ansteckte, macht mich traurig. Ach, Rick, deine Berührung fehlt mir so sehr.

Am nächsten Tag, als ich im Spielzimmer am Computer arbeitete, kam Laura herauf und suchte mich. Sie ließ sich aufs Sofa fallen und sah zu, wie ich mehrere E-Mails durchlas. »Mama«, sagte sie, »kann ich kurz mit dir sprechen?«

»Natürlich«, sagte ich. Ich stand auf und setzte mich neben sie. Sie fragte: »Mama, warum ist Papa gestorben?« Diese Frage hatte ich mir schon öfter gestellt.

»Laura, Papa hatte einen sehr gefährlichen Beruf«, sagte ich.

Sie sah mich ganz seltsam an. »Wirklich?«

Da merkte ich, dass Rick und ich Laura und Matthew die harte Wirklichkeit seines Berufs verschwiegen hatten. Wir hatten mit ihnen nie darüber gesprochen, dass ein Unglück passieren könnte, weil wir ihnen unnötige Angst ersparen wollten.

»Ich habe viel nachgedacht und ich glaube, es ist mir lieber, dass Papa gestorben ist, als wenn du und Papa euch hättet scheiden lassen.« Ihre Worte überraschten mich.

»Warum, Laura? Wie meinst du das?«

»Ich könnte es nicht aushalten zu sehen, dass ihr beide euch nicht mehr lieben würdet. Du und Papa, ihr habt euch so lieb gehabt. Wenn Papa ausgezogen wäre, das wäre schlimmer, als dass er gestorben ist.«

Ich musste über das nachdenken, was sie sagte. Ich war verblüfft, dass sie fand, der Tod sei besser als eine Scheidung, aber dann merkte ich, dass Rick und ich ihr ein Vorbild für eine christliche Ehe gegeben hatten, und war sehr dankbar. Sie kannte andere Familien, die Scheidungen erlebt hatten, und wusste, wie schmerzlich das ist. Sie wusste, dass ein solcher Schmerz nie heilt. An diesem Tag erkannte ich, dass es auch für mich sehr gut war, dass Laura und Matthew so viele schöne Erinnerungen an ihren Papa hatten.

---

Als wir am nächsten Sonntag zur Kirche fuhren, sprachen wir zunächst nicht; aber dann hörte ich Matthews Kinderstimme vom Rücksitz: »Mama, was macht Papa den ganzen Tag im Himmel?« Es klang frustriert und ärgerlich, als ob er schon lange darüber nachgedacht, aber keine Antwort gefunden hätte.

Ich drehte mich um und schaute ihn an. »Er verbringt Zeit mit Jesus und bestimmt singt er den ganzen Tag. Es tut ihm nichts weh und er braucht nie zu weinen.«

Er dachte einen Augenblick nach. »Würde Papa zurückkommen, wenn er könnte?«

Ich erschrak. Ich merkte, wie sehr Matthew sich bemühte zu begreifen, was passiert war. »Das ist eine gute Frage, Matthew, aber im Himmel ist die Zeit anders als die Zeit auf der Erde.« Immer wenn Rick verreiste, hatte Laura bei mir geschlafen und gesagt, sie reserviere Papas Platz. Ich sah Matthew noch einmal an und sagte: »Papa reserviert uns Plätze im Himmel und ich glaube, er möchte uns lieber bei sich haben, als hierher zurückzukommen.«

Ich fragte mich, wann es wohl leichter werden würde, diese Fragen zu beantworten. Nach dem Gottesdienst fragte ein freundliches Ehepaar Matthew, ob sie etwas für mich tun könnten. Matthew dachte einen Augenblick nach und sagte dann: »Ihr könntet sie hochheben.«

Ich war sehr gerührt, dass Matthew gerade daran gedacht hatte – dass sein Papa mich immer hochgehoben hatte, wenn ich traurig war. Mir war aufgefallen, dass Laura und Matthew auf verschiedene Weise trauerten: Laura war mir ähnlich und weinte leicht. Matthew war still und beobachtete alles auf seine Art, aber wenn er sich äußerte, merkte man, dass er gründlich nachdachte. Ich lächelte und versicherte den beiden, dass sie mich nicht hochzuheben brauchten!

An diesem Nachmittag kam ich endlich dazu, Ricks Taschen auszupacken, die er vor dem Flug gepackt und im Mannschaftsquartier gelassen hatte. Ich nahm seine Fliegeruniformen, Stiefel und den Helm heraus und hielt sie fest. Die Uniform roch noch nach seinem Aftershave und rief neue Tränenströme hervor. Es wunderte mich, wie sehr all unsere Sinne in der Trauer aktiv werden und wie jeder Sinn eigene Erinnerungen weckt. An diesem Tag waren es die Gerüche: Ich roch seine Rasiercreme, sein Aftershave, sogar seinen Körpergeruch, der in seiner Sportkleidung hing, und jeder brachte eine Flut von Erinnerungen und neue Sehnsucht nach seiner Anwesenheit hervor. Ich drückte seine Shorts und sein T-Shirt an die Brust und dachte: Rick, sogar deine schmutzigen Kleider trösten mich.

Ich fand seine Brieftasche und sah alle seine sorgfältig gefalteten Quittungen durch, Gutscheine, die er aufgehoben hatte, und Fotos von uns. Ich nahm das ganze Geld heraus, das darin war: ein einsamer Dollarschein. Wo hat er den nur her? dachte ich und lachte. Er hat doch nie Geld gehabt! Ich bin dankbar, dass Gott uns mitten in tiefer Trauer etwas zu lachen gibt. Ich wusste, in der kommenden Zeit würde ich noch lange und oft weinen müssen, aber auch in unserem Schmerz würde Gott uns immer wieder ein herzliches Lachen geben.

---

Ricks Beerdigung fand am 21. Februar in Amarillo statt. Aus dem ganzen Land und dem Ausland kamen Menschen; auch Ricks früherer Staffelkommandant in Boscombe Down, Nigel Wood, flog von England herüber. Alle Partner der Mannschaftsmitglieder kamen mit einem Flugzeug der NASA. Dr. Jim Bankhead von der First Presbyterian Church hielt den Gottesdienst zusammen mit Dr. James R. Carroll, der vor zwanzig Jahren in derselben Kirche unseren Traugottesdienst geleitet hatte. Er war mein Pfarrer gewesen, seit ich fünf Jahre alt war, und hatte mir das erste Abendmahl gereicht.

Wir nahmen ein kleines Privatflugzeug nach Amarillo. Glenn und Becky Gault passten auf Laura und Matthew auf, während ich hinten saß und Ricks Grabrede fertig stellte. Matthew wollte auf meinem Schoß sitzen, aber da hatte ich schon die Bibel und meine Notizen und es war einfach kein Platz mehr. »Ich kann dich im Moment nicht in die Arme nehmen«, sagte ich und küsste ihn, »aber ich habe dich lieb. Kannst du nach vorn gehen und dir die Wolken anschauen?«

Matthew setzte sich neben Glenn und schaute still aus dem Fenster. »Die Wolke da sieht wie ein Clown aus«, sagte er dann zu Glenn und Becky. »Die da sieht wie ein Hund aus.« Dann schaute er hinaus und sagte: »Ich glaube, ich sehe Papas Gesicht.«

Ich war dankbar, dass ich ihn nicht hörte. Die Grabrede zu schreiben fiel mir schon sehr schwer. Wenn ich gehört hätte, dass Matthew seinen Papa in den Wolken sah, hätte mich das aus der Fassung gebracht.

Wir landeten in Amarillo auf dem TAC Air, einem privaten und Militär-Flugplatz neben dem öffentlichen Flughafen. Rick war mit seiner T-38 immer zum TAC Air geflogen. Der Gang durch das kleine Gebäude erinnerte mich an all die herzlichen Begrüßungen und Abschiede, die wir da mit Rick erlebt hatten. Auch heute war es so: Überall standen T-38-Flugzeuge von Astronauten, die gekommen waren, um uns zu helfen. Wir fuhren in einer Kolonne zu meinen Eltern und warteten darauf, dass Ricks Sarg ankäme, aber das Wetter war schlecht und das Flugzeug wurde aufgehalten. Es war schon neun Uhr abends, als von der Leichenhalle aus angerufen wurde.

Paul Lockhart, ein guter Freund und Astronaut, der auch aus Amarillo stammt, begleitete Ricks Sarg von der Luftwaffenbasis Dover in Delaware und stand daneben Wache. Jane und Keith gingen zuerst zur Leichenhalle und ich kam, nachdem sie sich endgültig verabschiedet hatten. In der Zeit ließ ich Laura und Matthew mit Freunden im Haus meiner Eltern. Ich bat Steve Lindsey zuerst hineinzugehen, ich musste wissen, ob da nichts Schockierendes oder Erschreckendes war, bevor ich ging, um mich von Rick zu verabschieden. Das Militär hatte eine komplette Uniform der Luftwaffe mit allen Orden und Bändern, die Rick erworben hatte, oben in den Sarg gelegt. Seine Überreste hatte man sorgfältig in einen Sack und unter eine Decke gelegt. Steve kam aus dem Raum und nickte zur Bestätigung, dass alles in Ordnung war, und ich ging allein hinein.

Als ich auf den Sarg zuging, zitterte ich und fing an zu schluchzen. Ich glaubte den Schmerz nicht überleben zu können. Ich wimmerte und hoffte, dass es niemand hörte. Herr, wie soll ich jemals darüber hinwegkommen? Wie kann ich ohne ihn leben? Diesen Augenblick hatte ich seit Tagen gefürchtet und ausführlich mit meinem Trauerbegleiter darüber gesprochen. Er hatte mir erklärt, dass besonders Frauen ein starkes Bedürfnis nach Berührung haben und dass mir das helfen könnte Rick loszulassen. Am 1. Februar hatte ich darauf gewartet Rick berühren zu können; jetzt stand ich hier drei Wochen später unter extrem schwierigen Umständen und er war in Reichweite. Ich streckte die Hand aus und spürte seine Überreste unter der Uniform, und als ich ihn sacht berührte und den Mann fühlte, den ich 26 Jahre lang geliebt hatte, wimmerte ich. »Ich liebe dich, Rick«, schluchzte ich. »Ich liebe dich so.« Briefe, die Laura, Matthew und ich an Rick geschrieben hatten, steckte ich in die Tasche der Uniform und sagte ihm, dass wir ihn immer lieben würden.

Ich wollte, dass der Gottesdienst am Grab am nächsten Vormittag persönlich wäre, darum hielten wir eine kleine Trauerfeier auf dem Friedhof mit ein paar Verwandten und Freunden vor dem Begräbnisgottesdienst am Nachmittag in der First Presbyterian Church. Rick hatte in seinen Anweisungen für den Notfall sechs Sargträger bestimmt: David Jones, Steve Schavrien, Angus Hogg, Larry Moore, Carl Lorey (einen Freund aus dem Schulchor) und Kent Rominger; sie standen vor uns und ihre Frauen (Carole Hogg war zu der Zeit noch in England) direkt hinter ihnen.

Der Sarg war mit einer Flagge bedeckt und stand keinen Meter entfernt und Laura fing an zu weinen, als sie ihn sah. Matthew saß still da und schaute ihn mit weit aufgerissenen Augen an. Nur dieses eine Mal sahen sie den Sarg ihres Vaters. Ich erlaubte mir, während der Feier zu weinen. Es gab eine Parade von Militärflugzeugen und 21 Salutschüsse und Jane und mir wurde je eine amerikanische Flagge überreicht. Als wir gingen, blieben Laura, Matthew und ich stehen, legten die Hände auf Ricks Sarg und beteten, dass Gott uns durch dieses neue Leben ohne Rick führen würde. Er wurde direkt gegenüber dem Flughafen *Tradewinds* begraben, wo er vor 28 Jahren das Fliegen gelernt hatte.

Am Nachmittag fuhren wir zur Kirche – wieder einmal in einer von der Polizei eskortierten Kolonne. Ich betete darum, im ganzen Gottesdienst nicht weinen zu müssen, besonders während meiner Grabrede für Rick. Bitte hilf mir, Vater, bat ich. Bitte hilf mir da durch.

Als der Chor ein paar Lieder gesungen hatte, nahm Dr. Carroll seinen Stock und ging zum Podium. Er wirkte grau und gebrechlich und ging nur noch langsam, aber als er sprach, erfüllte mich Frieden.

*Rick lebte nach diesem Vers aus den Sprüchen: »Vertraue von ganzem Herzen auf den HERRN und verlass dich nicht auf deinen Verstand. Denke an ihn, was immer du tust, dann wird er dir den richtigen Weg zeigen.«*
*Sein Name und die Namen seiner Mannschaft stehen für immer in den Annalen des menschlichen Bestrebens, das All zu erforschen. Gott hat ihn geliebt. Rick hat seinen Herrn geliebt.*
*Er hat seinen Glauben gelebt. Er zögerte nicht, ein gutes Wort für Jesus einzulegen. Er predigte durch sein Leben. Mit seinem Leben, seiner Liebe und seinem Glauben hat er im Leben und im Tod der ganzen Welt Christus bezeugt … Ricks wegen schauen jetzt viele Tausende nach oben und über die Wolken hinaus und sehen das Angesicht Gottes.*
*Für ihn wurde der Tod verschlungen vom Sieg. Der Himmel ist seine ewige Heimat. Ich wäre überrascht, wenn Gott nicht den Kommandanten der Columbia gebeten hätte, ihm bei der Steuerung seiner Sterne und Sonnensysteme und des ganzen entfernten Weltraumes zu helfen. Und ganz sicher singt Rick in den himmlischen Chören.*
*Der Apostel Paulus fragt: »Kann uns noch irgendetwas von der Liebe Christi trennen? Wenn wir vielleicht in Not oder Angst geraten, verfolgt werden, hungern, frieren, in Gefahr sind oder sogar vom Tod bedroht werden? … trotz*

*all dem tragen wir einen überwältigenden Sieg davon durch Christus, der uns geliebt hat. Ich bin überzeugt: Nichts kann uns von seiner Liebe trennen. Weder Tod noch Leben, weder Engel noch Mächte … nichts und niemand in der ganzen Schöpfung kann uns von der Liebe Gottes trennen, die in Christus Jesus, unserem Herrn, erschienen ist.«*
*Und Jesus hat gesagt: »Ich bin die Auferstehung und das Leben. Wer an mich glaubt, wird leben, auch wenn er stirbt. Er wird ewig leben, weil er an mich geglaubt hat, und niemals sterben.«*
*Alles ist gut. Halleluja!*

Ich stand auf, um meine Grabrede zu halten, und betete wieder darum, dass ich es gut durchstehen könnte. Ich holte tief Atem und stieg die Stufen zum Podium hinauf.

*Hier fing vor mehr als 44 Jahren meine geistliche Entwicklung an: Hier vor diesem Altar standen meine Eltern mit mir als Neugeborenem auf dem Arm. Sie gaben Gott das Versprechen, mich in einer Familie aufwachsen zu lassen, die an Jesus glaubt. Ich danke Gott, dass meine Eltern mich ihm geweiht haben. In der Polk Street Methodist Church verpflichteten sich Ricks Eltern in gleicher Weise, ihn in der Gnade Jesu Christi aufwachsen zu lassen und zu lehren. Ich danke Gott, dass das Leben meines späteren Mannes mit einem solchen Bund angefangen hat. Vermächtnisse sind wichtig.*
*Diese Kirche bedeutet mir viel. Vor 73 Jahren versprachen sich meine Großeltern in diesem Gotteshaus die Treue. Meine Eltern standen hier vor Gott und vor Zeugen und versprachen sich Treue. Das ist 45 Jahre her. Und vor fast genau 21 Jahren begannen Rick und ich unsere Ehe in diesem Gotteshaus, vor Gott und vor vielen, die jetzt hier sind. Vermächtnisse sind wichtig.*

Ich sprach zu Jane und Keith und zu meinen Eltern und dann zu Laura und Matthew. Ich spürte einen Kloß im Hals. Als ich ihre kleinen Gesichter ansah, zitterte meine Stimme:

*Euer Vater hat euch ein großes Vermächtnis hinterlassen: ... Er hat sein Leben lang jeden Tag für euch gebetet. Er hat euch von ganzem Herzen geliebt. Die Freude, die er an euch hatte und sein Stolz auf euch waren unermesslich. Alle Erinnerungen an ihn sind unser Schatz und er ist darin für immer in euren Herzen. Gott wird Papas Gebete und Wünsche für euch euer Leben lang achten. Dieses Vermächtnis habt ihr von ihm.*

Ich schaute auf, sah in die Gesichter der Partner der Mannschaft und sprach sie an:

*Wir haben alle dasselbe Schicksal zu tragen. In letzter Zeit ist viel Gutes über den Zusammenhalt der Mannschaft gesagt worden. Diese Verbundenheit, dieser Zusammenhalt ist jetzt für immer in uns lebendig: Wir haben gemeinsam ein entsetzliches Unglück erlebt – mögen wir auch gemeinsam viele Siege erleben.*

Ich sprach zu den Angehörigen der NASA, unserer Verwandtschaft und unseren Freunde und schloss dann:

*Ich kann immer noch nicht ganz verstehen, dass Rick im Himmel ist und nicht hier ... dass ich nie mehr sehen werde, wie er sein liebes Gesicht nach der Arbeit zur Tür reinstreckt, nie mehr seine liebevolle Umarmung spüren werde oder nie mehr hören werde, wie er meinen Namen sagt. Wir werden nicht zusammen alt werden, gemeinsam unsere Kinder erziehen oder gemeinsam Großeltern werden.*
*Wohin soll ich mich mit all diesem Schmerz wenden? Wo finde ich die Kraft, unsere beiden Kinder zu lieben und zu erziehen, die uns ans Herz gewachsen sind und für die wir so lange gebetet haben? Letzten Samstag, als ich zu Jesus schrie, Rick zu verlieren sei zu schwer ... zu schmerzhaft um es auszuhalten – da prägte sich mir eine Antwort ein: Evelyn, ich weiß, was Schmerz bedeutet ... ich bin am Kreuz für dich gestorben. Er ist am Kreuz für alle unsere Sünden gestorben. Es macht keinen Unterschied, ob wir es*

*glauben oder nicht, ob wir es annehmen oder nicht … das ändert nicht die Tatsache, dass es wahr ist. Das ist Gottes Vermächtnis an uns. Er hat unsere Strafe ertragen, damit wir für immer in der Gegenwart des vollkommenen Gottes leben können. Rick hat an Jesus geglaubt. Für ihn war er Wirklichkeit. Rick ist jetzt schon in der Gegenwart des vollkommenen Gottes. Was für ein Vermächtnis!!!*
*Mein geliebter Rick ist jetzt zu Hause in Sicherheit.*

Ich setzte mich und Angus ging nach vorn. An einer Stelle in seiner Rede brachte er alle in der voll besetzten Kirche zum Lachen: »Ich habe ihn oft geneckt, er sei gar kein Astronaut, sondern fliege nach Houston, um Hamburger zu verkaufen«, sagte Angus. Es war eine Erleichterung und ich war sehr dankbar für Angus und seinen liebenswürdigen Humor. Dann sprach er weiter:

*Er war ein großer Patriot. Er liebte sein Land und hätte nie schlecht über die Heimat eines anderen geredet. Er war begeistert davon am Weltraumprogramm teilzunehmen, aber seine Familie liebte er noch mehr. Er kannte seine eigenen Fehler, aber er war der Letzte, der jemand anders seine Fehler vorgehalten hätte. Er wollte nie, dass jemand verlegen wird oder sich minderwertig fühlt, weil er diesen Beruf ausübte. Er stellte sich ganz für Gottes Absichten zur Verfügung. Er gab den Menschen das Gefühl, wichtig zu sein. Wenn man bei Rick war, gewann man den Eindruck, in dem Augenblick der wichtigste Mensch zu sein. Er verstand sich selbst als jemanden, der sein Vertrauen auf Gott gesetzt hatte, und Gott hat durch ihn Erstaunliches getan und in seiner Familie und im Beruf alle seine Wunschträume erfüllt. Er hatte keine Vorahnung, was passieren würde; aber er war vollkommen überzeugt, dass er ohne Furcht vor seinen Schöpfer treten würde. Ich traf ihn im November. Da sprach er nur lobend von jedem Mitglied der Mannschaft. Er sagte: »Sie sind die Besten der Besten.« Obwohl ich manches nicht weiß, weiß ich mit Bestimmtheit, dass Rick im Himmel bei seinem Retter Jesus Christus ist.*

1999 war Rick gebeten worden, in der First Presbyterian Church zur Gemeinde zu sprechen, und die Gemeinde hatte aufgenommen, was er sagte. Ein Teil der halbstündigen Rede wurde im Gottesdienst noch einmal vorgespielt.

*Ich habe Jesus gebeten, mich zu retten, als ich neu aufs College gekommen war. Ziemlich lange habe ich danach eigentlich nicht viel in dieser Richtung getan. Ich ging in die Kirche, aber ich merkte nichts von geistlichem Wachstum. Ich lernte Gott nicht wirklich kennen ... Als wir in England waren, hatte ich eine wirklich großartige Möglichkeit mich hinzusetzen und Gott zuzuhören. Da fing ich an zu überlegen, was es bedeuten würde, mein Leben Jesus zu geben ... Wenn ich daran denke, wie ich meine Tochter abends zudecken und ihr vorsingen konnte und sie mir Fragen stellte über Dinge, die sie beschäftigen, oder wenn unser kleiner Dreijähriger nach dem Baden splitternackt hereingelaufen kommt, um mir einen Kuss zu geben, dann denke ich, von diesen Dingen würde ich keins für eine Weltraumfahrt hergeben, denn das wäre sie nicht wert. Nichts ist wichtiger als unsere Beziehung zu Jesus, weil Gott uns so sehr liebt, dass er ihn geschickt hat, um für unsere Sünden zu sterben, damit wir nicht umkommen, sondern ewig leben können. Jeden Tag verlassen wir uns auf Dinge, die Menschen gemacht haben. Wie viel mehr sollten wir uns auf Gott verlassen, der uns geschaffen hat, und auf seinen Sohn Jesus, damit er Herr unseres Lebens ist!*

Dr. Bankhead stand vorn und redete offen mit uns allen:

*Als ich die Nachricht bekam, zwang sie mich auf die Knie und ich sagte: »Herr, kann ich mich in dieser Sache auf dich verlassen? Du hast versprochen bei mir zu sein. Du hast versprochen mich nie zu verlassen oder im Stich zu lassen. Kann ich beim Tod all dieser Astronauten und bei dem Schmerz der vielen Familien darauf vertrauen, dass du das tust?« Und er hat mir wieder sehr schnell gezeigt, dass er da ist.*

In dem Augenblick wurde mir wieder deutlich, dass man Gott vertrauen kann. Er hat seine Versprechen immer zuverlässig eingelöst.

Dann stand Steve Green auf und sang ein Lied, um das ich gebeten hatte; es heißt »Safely Home« (Sicher zu Hause). Steve dieses Lied singen zu hören, hat mich immer sehr bewegt, aber mir war klar, dass es zu Ricks Begräbnis gesungen werden musste.

*Kinder, liebste Kinder, ich weiß, ihr seid erschüttert, habt einen geliebten Menschen verloren.*
*Aber hört mich doch, kommt, nah zu mir!*
*Sie leiden nicht mehr, ruhen endlich aus, sicher daheim.*
*Sie sind stark und frei, sie sind sicher bei Mir.*
*Dies Leben ist nur ein Schatten.*
*Heute weint ihr, aber morgen ist Freude, sicher daheim.*
*Sie sind stark und frei, sie sind sicher bei Mir.*
*Einmal seht ihr sie wieder, alle zusammen und dann für immer.*
*Sicher daheim, sicher daheim.*

Am Tag nach der Beerdigung fuhren Laura, Matthew und ich mit ungefähr zwanzig Verwandten und Freunden zum *Palo Duro Canyon* in Amarillo und wir wanderten den ganzen Tag bis zu einem Felsen, der »der Leuchtturm« heißt. Als wir in die Schlucht fuhren, war Steve Lindsey fasziniert: Sein Handy zeigte keinen Empfang an. Wir waren von der übrigen Welt abgeschnitten und es war ein unglaubliches Erlebnis! Es tat uns allen gut, denn zum ersten Mal seit Wochen waren wir wirklich im Freien. Wir brauchten Bewegung. Matthew wollte keinen einzigen Schritt normal gehen. Er war überglücklich, vom Anzugtragen und den vielen Erwachsenen befreit zu sein, und rannte den ganzen Weg. Wir lachten auf der ganzen Wanderung und für Laura und Matthew war es ein erstes Zeichen, dass wir auch ohne Papa fröhlich sein konnten. Gott gab uns wieder Gelegenheit zu lachen und ich war dankbar dafür.

Früh am nächsten Morgen flog ich nach Las Vegas, um im Zion-Nationalpark in der Südwestecke von Utah die anderen Ehepartner der Mannschaft zu treffen. Steve und Scott Parazynski holten mich am Flughafen zu der zweistündigen Autofahrt ab. Wir trugen Freizeitkleidung, denn um zu dem Platz zu kommen, wo K. C.s Beerdigungsgottesdienst gehalten werden sollte, mussten wir zu Fuß einen Berghang hinaufsteigen. Sie hatte diesen Platz besonders geliebt und ihr letzter Wunsch war gewesen, dass der Gottesdienst hier stattfinden sollte, wenn ein Unglück geschähe. Es fiel uns schwer uns zu verabschieden und zu wissen, dass wir K. C.s liebliche Stimme nie mehr hören würden.

Auf der Busfahrt zurück zum Flughafen, wo wir alle in ein NASA-Flugzeug steigen sollten, schaute ich aus dem Fenster in den Himmel hinauf. Jedes Mal, wenn ich den Kondensstreifen eines Flugzeugs sah, erinnerte er mich schmerzlich daran, dass Rick von keinem Flug mehr zurückkommen würde und daran, wie der Himmel an seinem letzten Lebenstag wohl für ihn ausgesehen hatte. Wir flogen zurück nach Houston und kamen um Mitternacht an. Laura hatte einen liebevollen Brief auf mein Kopfkissen gelegt und mir die Sachen für die Nacht zurechtgelegt. Auch wenn sie selbst so leidet, kann sie mir immer noch so viel Liebe zeigen. Ich ging in ihr Zimmer, küsste sie und betete, ging dann in Matthews Zimmer und tat dasselbe. Ich fiel ins Bett und dachte: *Habe ich das alles an einem Tag geschafft?* Das Arbeitstempo, das Rick jahrelang durchgehalten hatte, war jetzt wohl mein Arbeitstempo. Ich hatte ihn immer um seine vielen Reisen beneidet, aber als ich in dieser Nacht einschlief, glaubte ich ihm, was er gesagt hatte: So toll sei es nicht, wie es immer dargestellt würde. Ich war erschöpft.

---

Der 27. Februar wäre unser einundzwanzigster Hochzeitstag gewesen. Es war der erste besondere Tag nach dem Unglück, vor dem ich mich im Vorhinein gefürchtet hatte, weil er schwierig werden würde. Ich wachte auf und schaute auf unsere Hochzeitsbilder, die an der Schlafzimmerwand hingen. »Heute müssten wir zusammen sein, Rick«, sagte ich und schaute sein Gesicht an. »An unserem Hochzeitstag waren wir immer zusammen!« Ich konnte mir nicht vorstellen, dass unsere Reise nach San Francisco schon ein Jahr her war. »Ich vermisse dich so«, weinte ich. Ich hatte immer gedacht, unsere Ehe würde länger halten als zwanzig Jahre. Wenn man seinen Partner verliert, geht auch alles verloren, was man noch gemeinsam erleben und sich daran erinnern könnte. Rick und ich könnten keine gemeinsamen Erinnerungen mehr teilen. Ich vergrub den Kopf im Kopfkissen und weinte. Ich wollte an diesem Tag nicht ohne ihn sein. Ehe Laura zur Schule ging, kam sie ins Badezimmer, wo ich mich für den Tag fertig machte. »Laura, heute hätten Papa und ich unseren 21. Hochzeitstag gehabt«, sagte ich.

»Ich weiß, Mama«, sagte sie, »das weiß ich noch.« Sie schwieg einen Augenblick. »Bitte versprich mir nie wieder zu heiraten.«

Ich konnte es nicht fassen. Dieser Tag war so unerträglich schmerzlich für mich, dass ich nicht glauben konnte, dass sie das ausgerechnet an unserem Hochzeitstag sagte, aber ich wusste, dass Laura Rick und die Erinnerung an ihn schützen wollte. Sie wollte nicht, dass jemand sich hereindrängte und versuchte, seinen Platz einzunehmen, und das versetzte mir einen Stich. Niemand konnte jemals Ricks Platz einnehmen.

»Laura«, sagte ich, »das kann ich dir nicht versprechen, aber ich verspreche dir, dass ich mich anständig verhalten und Gott gehorchen will.«

Ich kam irgendwie durch den Tag und freute mich auf mexikanisches Essen am Abend mit Angus, Carole und meiner Nachbarin Beth. Angus und Carole hatten Matthew, Laura und mich eingeladen sie in England zu besuchen und Beth und ihr Sohn Justin wollten mitkommen, also besprachen wir, was wir tun wollten, wenn wir da wären. Es war ein angenehmer Abend, aber ich vermisste meinen Mann. Ich sehnte mich danach heimzukommen und mich ausgiebig zu bedauern, aber vorher musste ich ein paar Dinge in der Drogerie besorgen. Eine Frau, die dort arbeitete, nahm mich zur Seite und sagte mir, wie sehr Ricks Tod sie getroffen hatte. Sie war zu seinem Gedenkgottesdienst gekommen und wollte daraufhin ihre Beziehung zu Jesus erneuern. Ich betete mit ihr darum, dass sie Jesus suchte und dass ihre Beziehung zu ihm wieder lebendig würde. Es war ein Vorrecht, so ungezwungen mit jemandem über Gott reden zu können. Ich fuhr nach Hause und merkte, dass Gott mir nicht erlaubte, mich zu bedauern; stattdessen hatte er mir ein Geschenk gemacht.

Am nächsten Tag, dem 28. Februar, flogen die Ehepartner der Mannschaft mit einem NASA-Flugzeug nach Annapolis zu Willies Begräbnis. Laura und Matthew blieben in Houston und ich versprach, sie anzurufen, wenn ich angekommen war. Wir übernachteten auf dem Luftwaffenstützpunkt Andrews und man stellte uns freundlicherweise Zimmer im Übernachtungstrakt der Offiziere zur Verfügung. Ich ging in mein Zimmer und dachte: *Ich wohne in einem der schönsten Zimmer, die ich je gesehen habe, und bin allein.* Das wäre ein sehr schöner Platz gewesen, um unseren Hochzeitstag zu feiern. Am Abend rief ich Ricks Mutter an und sprach mit ihr über die Einsamkeit des Witwendaseins und wie man sich daran gewöhnen kann. Ich hatte Angst, ganz allein in diesem großen Himmelbett einzuschlafen. Ich packte einen kleinen Teddybären aus, den eine Freundin mir geschenkt hatte, und schlief mit ihm ein. Am nächsten Morgen duschte ich und zog mich für Willies Beerdigung an, die um neun Uhr in der Kirche von Annapolis stattfand. Am Abend flog ich wieder nach Houston.

Am Freitag, dem 7. März, flogen Laura, Matthew und ich zusammen mit den anderen Mannschaftsfamilien nach Washington D. C., Sandy Anderson und ihre Töchter waren schon früher gekommen, um Mikes Beerdigung auf dem Nationalfriedhof Arlington vorzubereiten, die am Nachmittag stattfinden sollte. Ich war traurig und hatte viel Mitgefühl, besonders für Sandy und die Mädchen. Ehe der Gottesdienst anfing, wurden wir alle in einen gesonderten Raum geführt und man gab mir einen Orden, mit dem Rick ausgezeichnet wurde: die *Defense Distinguished Service Medal* (Orden für herausragende militärische Leistungen), die für außerordentliche Verdienste um das Militär der Vereinigten Staaten verliehen wird. Darauf steht:

> *Oberst Rick D. Husband, Luftwaffe der Vereinigten Staaten, hat sich durch hervorragende Verdienste als Kommandant an Bord der Raumfähre Columbia, STS-107, Nationale Luft- und Raumfahrtbehörde, vom 16. Januar bis zum 1. Februar 2003 ausgezeichnet. Oberst Husbands hervorragender Führung in dieser verantwortungsvollen Aufgabe ist die makellose Vorbereitung und, im All, die Ausfüh-*

*rung dieser anspruchsvollen Forschungsmission mit mehr als 80 Experimenten zu verdanken. Außerdem hat Oberst Husbands Fleiß und Beachtung von Details die nahtlose Integration des ersten israelischen Astronauten, Oberst Ilan Ramon, in die Mannschaft der STS-107 gesichert, trotz der Gefahr des Terrorismus in Israel und in den Vereinigten Staaten. Die hervorragende Leistung von Oberst Husband und sein uneingeschränkter Einsatz für sein Land gereichen ihm selbst, der Luftwaffe der Vereinigten Staaten und dem Verteidigungsministerium zu hoher Ehre.*

Ich war ungeheuer stolz und es bedeutete mir enorm viel, dass die anderen Ehepartner mit im Raum waren. Ich war dabei gewesen, als andere Auszeichnungen vergeben wurden, und es war immer eine große Ehre für mich, an diesen Feierlichkeiten teilzunehmen.

Die Mannschaftsfamilien gingen hinter dem Wagen her, in dem Mikes Sarg war. Auf dem Weg zu dem Platz, an dem Mike begraben werden sollte, kamen wir am *Challenger*-Denkmal vorbei. Vor zwei Jahren hatte ich mit Laura auf einer Klassenfahrt vor diesem Denkmal gestanden und ich hatte gebetet, dass wir niemals ein solches Unglück erleben müssten. Fast genau zwei Jahre später war ich wieder hier; meine tiefsten Ängste waren Wirklichkeit geworden. Als wir daran vorbeigingen, schienen wir uns in Zeitlupentempo zu bewegen. Es war unvorstellbar und unwirklich.

Nach Mikes Beerdigung besichtigten wir das Weiße Haus und wurden von Präsident Bush und seiner Frau empfangen. Sie unterhielten sich zwei Stunden mit uns, begrüßten jede Familie einzeln, strahlten beide echte Herzlichkeit aus und sorgten dafür, dass wir uns wohl fühlten. Matthew spielte im Oval Office und draußen im Rosengarten mit Barney, ihrem Scotchterrier. Außer Barney lernten wir noch Spot kennen, eine Tochter von Millie (der Hündin, die Altpräsident Bush und seine Frau Barbara hatten, als sie im Weißen Haus waren), und Wilson, einen schwarzen Kater. Die kleineren Kinder freuten sich daran, den Tieren nachzurennen. Laura saß mit Mrs. Bush auf dem Sofa und Mrs. Bush hörte ihr aufmerksam und mitfühlend zu.

Präsident Bush war unglaublich rücksichtsvoll und umgänglich. Wir saßen im Oval Office und hörten zu, wie er erklärte, wie wichtig dieser Raum sei und was für eine Ehre es für ihn sei, dort zu arbeiten und Präsident der Amerikaner zu sein. Er sagte, wenn er an seinem Schreibtisch sitze und arbeite (demselben, den schon die Präsidenten Roosevelt und Kennedy benutzt hatten), seien das Schönste die Sonnenaufgänge. Die Kinder baten um Autogramme für ihre Lehrer und Präsident Bush gab ihnen so viele, wie sie brauchten. Ehe wir ins Weiße Haus gingen, hatte Lani McCool vorgeschlagen, dem Präsidenten ein signiertes Bild der Mannschaft zu geben, das auch alle Ehepartner und Kinder unterschrieben hatten. Ich überreichte ihm das Foto und er äußerte sich sehr anerkennend und sagte, er wolle es in seinen Archiven aufbewahren.

Bushs führten uns durch das Erdgeschoss des Weißen Hauses. Wir sahen den Saal, in dem Staatsessen gegeben werden, und Matthew und Barney krabbelten unter den Tisch. Ich entschuldigte mich bei Mrs. Bush, aber sie hob die Hand und sagte: »Das macht nichts. Dieses Haus gehört dem Volk. Lassen Sie ihm den Spaß.«

Zu den liebenswertesten Eigenschaften der Bushs gehört ihre Fähigkeit dafür zu sorgen, dass man sich wohl fühlt; sie sind unglaublich begabte Gastgeber. Sie waren sehr freundlich, genau wie seine Eltern. Während ich durch die Räume ging, musste ich mir immer wieder sagen: *Der Präsident zeigt mir das Weiße Haus*. Ich hatte lange gehofft, ich könnte vielleicht einmal mit Rick, der ganzen Mannschaft und den Ehepartnern zusammen das Weiße Haus besichtigen. So hatte ich mir den Besuch nicht vorgestellt.

Am Sonntag gingen wir zum Mittagessen zum Hauptquartier des *Challenger* Center. Dort trafen wir June Scobee Rogers, die Frau des *Challenger*-Kommandanten Dick Scobee und den ehemaligen Astronauten Joe Allen sowie andere Mitarbeiter. Sie erklärten uns den Zweck des Zentrums: Studenten sollen mit Hilfe von Lehrmaterial und Kursen über Naturwissenschaften und das Weltall informiert werden. Ich ging hinein und sah ein riesiges Bild der *Challenger*-Mannschaft an einer Wand und ein etwas vergrößertes Foto der *Columbia*-Mannschaft an einer anderen. Ich spürte, wie mir Tränen in die Augen traten, und dachte: *Das ist ein Klub, zu dem ich nie gehören wollte.* Das Personal des Zentrums war einfühlsam und ermutigte uns, aber es fiel mir schwer dort zu sein. Ich hatte das *Challenger*-Unglück im Fernsehen gesehen, als es passierte, und ich mochte es nicht, 17 Jahre vorzuspulen und zu bemerken, dass ich jetzt zu dieser Welt gehörte.

Am nächsten Tag, am Montag, den 10. März, war Laurels Gottesdienst im Fort Myer gleich neben dem Arlington-Nationalfriedhof. Danach besichtigten die Kinder und ich mit Steve Lindsey den Mount Vernon und Steve lieferte sich auf dem Parkplatz eine große Schneeballschlacht mit Laura und Matthew. Am Abend malte Matthew ein Bild von der Schneeballschlacht; da schaute Rick vom Himmel aus zu. Als ich es ansah und an Matthew, Laura und mich dachte, war mein Herz ganz beschwert.

Zwei Tage später gingen wir zu Daves Beerdigung im Fort Myer. Danach waren alle Beerdigungen vorbei (Ilans hatte schon am 11. Februar in Israel stattgefunden und war die einzige, an der wir nicht teilnehmen konnten) und das war in vieler Hinsicht eine große Erleichterung. Wir hatten die Möglichkeit gehabt, um jedes Mitglied der Mannschaft in einem eigenen Gottesdienst zu trauern.

Wir flogen zurück nach Houston und ich packte unsere Taschen aus. Der Abschied von der Mannschaft im Lauf der letzten Wochen war schmerzlich gewesen und hatte mich seelisch erschöpft. Meine Trauer um sie alle ist immer noch sehr tief. Ich vermisse sie sehr.

---

Ein paar Wochen nach Daves Beerdigung bekam ich mit der Post eine CD von Steve Green. Er hatte ein Lied für mich geschrieben und es »Evelyns Lied« genannt und in seinem kleinen privaten Studio aufgenommen. Es war nicht für ein Publikum gedacht, sondern nur als Geschenk für mich, aber es war bedeutungsvoll und bewegte mich auf eine Art, wie ich sie nicht beschreiben kann. Als ich es das erste Mal hörte, fing ich an zu weinen. Es berührte wunde Stellen in mir, von denen ich noch gar nichts wusste.

*Frühmorgens weckt die Mutter ihr Kind,*
*»damit wir pünktlich bei Papa sind.*
*Denn heute, ja heute kommt Papa nach Haus.*
*Dann sehn wir, wie er über den Himmel fliegt,*
*du weißt ja, wie er das Fliegen liebt.*
*Komm, es ist Zeit, wir müssen hinaus.*

*Papa kommt bald heim; dann strahlt er uns an,*
*umarmt uns alle fest, wir freuen uns daran,*
*er erzählt uns alles, wie's da oben war.*
*Komm, wir beten noch, bald ist ja alles klar.*
*Papa kommt bald heim.«*
*Wir standen und fragten uns: Was ist da los?*
*Ein kalter Schatten verhüllte das Licht:*
*Sie sind tot …*
*Die Mutter hält ihr weinendes Kind:*
*»Wir müssen bald fort, so allein wir jetzt sind,*
*denn heute ist Papa für immer zu Haus.*

*Er flog hoch da droben, du weißt ja, er ist so gerne geflogen.*
*Ganz plötzlich rief Jesus ihn nach Haus.*
*Papa ist daheim; jetzt strahlt er Jesus an,*
*Jesus hält ihn fest und er freut sich daran.*
*Dann erzählt er ihm alles, wie's da oben ist.*
*Komm, wir beten, dass Gott unsern Schmerz*
*nicht vergisst. Papa ist daheim.«*

*Ich weiß, jetzt scheint es noch unendlich weit,*
*doch einmal sind wir in der Ewigkeit, befreit.*
*Dann sind wir daheim und er strahlt uns wieder an,*
*umarmt uns alle fest und wir freuen uns daran,*
*er erzählt uns alles, wie's da oben ist, und wir sagen ihm,*
*dass Gott nie ein Gebet vergisst.*
*Dann wird uns nichts mehr schwer,*
*es gibt keinen Abschied mehr, wir sind alle daheim.*

Dieses Lied zu hören versetzte meinem Herzen einen Stich, denn ich wusste zwar, dass es für Rick im Himmel keine Zeit gibt, aber mir auf der Erde wird die Zeit ohne ihn sehr lang werden. Doch es liegt auch Hoffnung darin: Meine Kinder wissen, dass Rick zu Hause bei Jesus ist und dass wir einmal wieder bei ihm sein werden. Besonders gefällt mir der Schluss des Liedes, wo von den Zusagen aus der Offenbarung die Rede ist, dass es keinen Kummer mehr geben wird: »Er wird alle ihre Tränen abwischen, und es wird keinen Tod und keine Trauer und kein Weinen und keinen Schmerz mehr geben. Denn die erste Welt mit ihrem ganzen Unheil ist für immer vergangen« (Offenbarung 21, 4). Ich musste es mehr als ein Dutzend Mal hören, bis ich es anhören konnte, ohne zu weinen. Wenn ich das Lied jetzt höre, erlebe ich die Zusage von Hoffnung und freue mich auf das Wiedersehen unserer Familie im Himmel, wenn es keinen Abschied mehr geben wird.

---

An einem heißen Frühlingsabend kamen wir spät nach Hause. Die Kinder und ich hätten schon im Bett sein sollen, aber ein Abendessen mit Freunden hatte länger gedauert als erwartet, sodass das Baden später stattfand als gewöhnlich. Ich ließ das Badewasser für Matthew ein und ging dann hinunter ins Wohnzimmer; da warteten unsere Freunde, um sich zu verabschieden. Ehe sie gingen, nahm ich einen Videofilm, steckte ihn in den Apparat und ließ ihn laufen.

»Das ist eins von den Bändern, die Rick für Matthew aufgenommen hat«, sagte ich. Alle schwiegen, als Rick in einem weißen Polohemd mit dem vorn aufgestickten Raumfähren-Emblem auf dem Bildschirm erschien. Ich stand neben dem Fernsehapparat und sah mit den anderen zu, wie Rick in die Kamera schaute. Das Bild brachte mich zum Lächeln, weil ich mich erinnerte, wie er das Band aufgenommen hatte. Er drückte den Knopf der Fernbedienung, und als das Licht auf die Kamera fiel, schaute er ins Objektiv und lächelte.

»Hi, Matthew«, sagte er. »Ich wollte dir nur sagen, wie lieb ich dich habe, und ich wollte diesen Film für dich machen, damit wir beide, wenn ich im All bin, jeden Tag eine Andachtszeit haben können. Ich schaue also jetzt in dein Andachtsbuch und fange am 16. Januar an, wenn wir starten, und ich will dir aus diesem Buch vorlesen und auch den Bibelvers lesen und das Ganze besprechen, so als ob wir beide hier zusammen auf dem Sofa säßen. Ich wollte das einfach machen, weil ich dich so sehr lieb habe, und für deine Schwester will ich auch ein Video aufnehmen. Jetzt geht es los. Dies ist unser erster Tag«, sagte er und schaute in das Buch. »Da sollen wir Jesaja 61, Vers 1 bis 3 lesen.«

Ich merkte, dass ich Matthews erstes Video nicht gesehen hatte. Ich wandte keinen Blick vom Bildschirm, während Rick die Bibelverse las:

*Der Geist Gottes des HERRN ist auf mir, weil der HERR mich gesalbt hat. Er hat mich gesandt, den Elenden gute Botschaft zu bringen, die zerbrochenen Herzen zu verbinden, zu verkündigen den Gefangenen die Freiheit, den Gebundenen, dass sie frei und ledig sein sollen; zu verkündigen ein gnädiges Jahr des HERRN und einen Tag der Vergeltung unseres Gottes, zu trösten alle Trauernden, zu schaffen den Trauernden zu Zion, dass ihnen Schmuck statt Asche, Freudenöl statt Trauerkleid, Lobgesang statt eines betrübten Geistes gegeben werden, dass sie genannt werden »Bäume der Gerechtigkeit«, »Pflanzung des HERRN«, ihm zum Preise.*

Ich konnte kaum glauben, was ich da hörte, und schüttelte den Kopf. Als Rick las: »Er hat mich gesandt, ... die zerbrochenen Herzen zu verbinden, ... zu trösten alle Trauernden, zu schaffen den Trauernden ..., dass ihnen Schmuck statt Asche, Freudenöl statt Trauerkleid, Lobgesang statt eines betrübten Geistes gegeben werden«, spürte ich Tränen in den Augen und setzte mich. An diesem Abend las Rick mir etwas aus der Bibel vor, das mich tröstete!

Er nahm Matthews Andachtsbuch und las eine Geschichte von einem Jungen, der die Küchenschränke seiner Mutter ölen wollte, damit sie nicht mehr quietschten. Beim Spielen in der Nachbarschaft fiel ihm auf, dass mehrere Nachbarn verbittert waren und viel klagten. Er fand, sie könnten auch Öl gebrauchen. Sein Vater schlug dem Jungen vor, immer wenn er einen von diesen Nachbarn traf, etwas Freudenöl anzuwenden. Ich beobachtete Rick beim Lesen der Geschichte und lächelte unter Tränen. Wie ich seine Stimme, seine Liebe, seine Anwesenheit in diesem Haus vermisste!

Als er die Geschichte beendet hatte, schaute Rick wieder in die Kamera und Matthew an. »Heute, am ersten Tag, an dem wir diese Andachten halten, will ich für dich beten.« Rick schloss die Augen und sagte: »Herr, ich bitte dich, Matthew zu helfen, dass er heute Freude verbreitet. Hilf ihm, anderen zu helfen und mit anzufassen und einfach seine Fröhlichkeit jedem weiterzugeben, den er sieht. Wir bitten dich, ihn und Laura und Mama und die ganze Familie zu beschützen. Das bitten wir im Namen Jesu. Amen.« Nach dem Gebet schaute er wieder in die Kamera. »So, das war der erste Tag. Ich habe dich sehr, sehr lieb, Matthew, und ich hoffe, dass alle Andachten, die wir zusammen halten, sehr gut werden. Du kannst dir die nächste für morgen aufheben. Ich hab dich lieb, tschüss.«

Rick schaltete das Gerät an der Fernbedienung aus und der Bildschirm wurde schwarz. Alle im Zimmer schwiegen; niemand wusste, was er sagen sollte. Wir verabschiedeten uns, ich schaltete den Fernseher aus und stieg die Treppe hinauf zum Schlafzimmer. Ich setzte mich aufs Bett und rieb mir das Gesicht. *Was soll ich mein restliches Leben lang ohne Rick tun?* Ich betete für unsere Familie, legte mich ins Bett und schaltete das Licht aus, aber ich vermisste Rick so sehr. Das Video zu sehen und seine Stimme zu hören, hatte meinen Schmerz neu geweckt. *Wie soll ich das machen, Herr? Wie soll ich ohne ihn weiterleben?*

Da fiel mir etwas ein, was jemand mir vor mehreren Monaten auf eine Karte geschrieben hatte, und ich schaltete das Licht wieder an. Ich hatte die Karte in meine Bibel gelegt. Jetzt nahm ich sie heraus und las:

*Ich stand am Eingang zum neuen Jahr und sagte: »Gib mir ein Licht, damit ich den Weg sehen und sicher ins Unbekannte gehen kann.« Aber da hörte ich eine Stimme sagen: »Nein, geh in die Dunkelheit und nimm die Hand Gottes – denn das ist besser für dich als ein Licht und sicherer als ein bekannter Weg.«*

Ich schaltete das Licht aus, griff nach der Hand Gottes und schlief ein.

# Epilog

Am 1. April warf Matthew zusammen mit anderen Mannschaftskindern den ersten Ball bei der Saisoneröffnung des Baseball-Teams *Houston Astros*. Er trug ein T-Shirt, in dem er fast verschwand (es reichte ihm bis zu den Waden) mit dem Abzeichen der Mannschaft auf einem Ärmel, wie es die Spieler die ganze Saison über tragen. Auf dem Rücken des T-Shirts stand in großen Buchstaben »Husband« und die Nummer »107«. Matthew hatte seine Baseballkappe so tief ins Gesicht gezogen, dass man kaum seine Augen sah. Ich lächelte, als ich ihn sah, denn genau so hatte Rick seine Baseballkappe getragen, als er klein war. Matthew warf den Ball zu Craig Biggio, der später auch seinen Baseball signierte. Auch Altpräsident Bush signierte den Ball. Aber für Matthew war das Beste an dem Abend, dass es Zuckerwatte umsonst gab!

Wie es schon vor Ricks Tod geplant war, heirateten Keith und Kathy im April. Es war eine sehr schöne Zeremonie im Freien in der bergigen Gegend von Fredericksburg in Texas. Matthew vertrat seinen Vater als Brautführer und machte seine Sache hervorragend; ganz nach guter alter Husband-Tradition begleitete er mich sogar nach der Feier hinaus. (Rick hatte nach unserer Trauung seine Mutter aus der Kirche begleitet.)

Im Mai (am Muttertag) wurde ich gebeten, zusammen mit June Scobee Rogers, der Witwe des Kommandanten der *Challenger* Dick Scobee, in der *Crystal Cathedral* zu sprechen. Am selben Abend sprach ich auch im *Qualcom*-Stadion in San Diego auf einer Missionsveranstaltung von Billy Graham. Ich hatte nie gedacht, ich könnte vor so vielen Menschen auf einmal sprechen, und hatte es zweimal an einem Tag getan.

Kurz nach Keiths und Kathys Hochzeit luden sie uns ein, noch im Mai mit ihnen auf eine einwöchige Gruppenreise durch Alaska zu kommen. Matthew meinte, das klänge gut, solange wir in dieser Woche nicht zuschauen müssten, wie sie sich küssten! Keith und Kathy erfüllten ihm diesen Gefallen gern und achteten seinen Wunsch. Es war schwierig, zu erleben, wie Paare so viel Freude miteinander hatten. Aber Gott sorgte in dieser Woche für eine Gebetspartnerin in Gestalt einer anderen Frau, die auch an der Fahrt teilnahm. Das erinnerte mich wieder, dass Gott in jeder Lage treu ist.

Wenige Wochen nach der Fahrt konnten wir einen Monat in England bei Angus und Carole Hogg verbringen. Meine Nachbarin Beth Cotten von gegenüber und ihr Sohn Justin fuhren mit und ich hatte das Gefühl, endlich von meinem Terminplan befreit zu sein und zur Ruhe zu kommen. Seit Ricks Tod hatte ich so viele Verpflichtungen gehabt, dass ich jetzt zum ersten Mal einfach dasitzen und nichts tun konnte. Matthew war noch nie in England gewesen und war begeistert von den vielen alten Burgen, Kirchen und Waffen! Ich fand es sehr tröstlich bei Freunden zu sein, die ich so lange nicht gesehen hatte, aber wo ich hinschaute, wurde ich daran erinnert, was Rick und ich zusammen unternommen hatten, als wir dort wohnten.

Wenn ich Sport trieb oder joggte, überwältigte mich oft der Schmerz, aber ich merkte, dass ich die Freiheit hatte zu weinen und an Rick zu denken, wann immer ich wollte. Diese Läufe hatten eine starke reinigende Wirkung.

Der schwierigste Tag war der, an dem wir an unserem ehemaligen Haus in Boscombe Down vorbeifuhren. Erinnerungen überfielen mich und ich weinte heftig. Laura und ich weinten beide lange, als wir den kurzen Weg zu dem Spielplatz gingen, den sie regelmäßig mit Rick besucht hatte. Die große Leere in uns beiden zeigte uns wieder, was für ein wunderbarer Mann und Vater er gewesen war.

Die Reise ließ vieles in uns heilen. Wir wurden nicht abgelenkt und hatten sehr wenige Verpflichtungen! Angus und Carole waren liebevolle Gastgeber und sorgten für Trost, Gebete und viel Lachen.

Im Juli nahm Laura ein besonderes Projekt in Angriff: Sie wollte aufschreiben, was sie über Rick dachte. Die Öffentlichkeit wird Rick für immer als Kommandanten der verunglückten Raumfähre *Columbia* im Gedächtnis behalten, aber für Laura bleibt er immer Papa.

***Mein Papa***

*Wenn ich an meinen Vater denke, fällt mir ein, wie er mir bei den ersten Schritten geholfen und dann viel später mit mir über Jungen gesprochen hat. Mein Papa war ein liebevoller Vater und hat mir sehr oft gesagt, ich sei schön. Er konnte sich richtig begeistern und interessierte sich sehr für unsere Erlebnisse. Er verbrachte seine Zeit gern mit uns. Unter anderem erinnere ich mich an die Art, wie er mich mit Sonnencreme einrieb. Er versuchte das vorsichtig zu tun, aber manchmal war es doch zu fest und dann nannte er sich selbst einen groben alten Bären.*

*Er war ein sehr starker Christ. Er hat mir geholfen Jesus anzunehmen, als ich vier Jahre alt war. Ich bin froh, dass er klare Prioritäten hatte: Für ihn kam Gott zuerst, als Zweites seine Familie und als Drittes der Beruf. Bei allem, was er tat, war er bescheiden und ich freute mich über seinen Humor. Er gab mir das Gefühl etwas Besonderes zu sein. Ich freute mich immer sehr, wenn er von der Arbeit heimkam, die Tür aufmachte und sagte: »Hallo, Familie!« Er war im Kirchenchor und sang manchmal auch Solos oder im Quartett. Mit am liebsten von dem, was er gesungen hat, mochte ich »Mann der Schmerzen«. Es ist etwas besonders Schönes, dass ich so einen großartigen Vater hatte, obwohl ich ihn nicht so lange hatte, wie ich es mir gewünscht hätte. Ich liebe ihn sehr und vermisse ihn enorm. Aber ich bin so froh, dass ich weiß, dass er im Himmel ist, wo es ihm gut geht, und dass ich ihn wiedersehen werde und wir uns dann nie mehr verabschieden müssen.*

Vier Monate nach dem Tod der Mannschaft wurde ein Berggipfel in Colorado nach ihr benannt. Der 4261 Meter hohe *Columbia Point* liegt in der Nähe des *Challenger Point* auf der Ostseite des *Kit Carson Mountain*. Der Vorschlag, den Gipfel nach der Mannschaft der *Columbia* zu nennen, kam von Scott Parazynski. Er ist begeisterter Bergsteiger und hat vor vier Jahren den *Challenger Point* erstiegen. Scott hatte sich erinnert, wie sehr die Mannschaft ihre Zeit in den Wyoming-Bergen auf der Expedition der NOLS genossen hatte, und meinte, einen Berggipfel nach der Mannschaft zu nennen, sei eine angemessene Ehrung. Ich finde, er hat Recht.

Am 6. August 2003 flogen Laura, Matthew und ich zusammen mit den meisten Familien der Mannschaft nach Pueblo in Colorado. Wir wollten auf den *Columbia Point* steigen! Ich freute mich darauf, etwas Ungewöhnliches und Forderndes zu unternehmen, und mit der tatkräftigen Hilfe von Steve Lindsey, Scott Parazynski, Terry Virts, Smith Johnston, John Kanengieter und Andy Cline (den Expeditionsleitern der NOLS bei der Bergtour der Mannschaft) hatten wir unvergessliche Erlebnisse und verbrachten gemeinsam eine einzigartige Zeit. Ich hatte Andy und John noch nie gesehen, aber weil sie die Mannschaft so gut gekannt hatten und weil Rick aus seiner Zeit mit ihnen in den Bergen so viel erzählt hatte, kam es mir vor, als würden wir uns schon lange kennen. Andys Frau Molly, ebenfalls eine erfahrene Gruppenführerin der NOLS, war auch dabei.

Am nächsten Morgen fuhren wir von der Straße ab und mit dem Jeep durch die Berge bis zum Anfang des Wanderweges zu unserem Hauptlager. Die Strecke war sehr uneben und wir wurden zwei ganze Stunden lang hin- und hergeschüttelt. Am Anfang des Weges sortierten wir unsere Sachen und begannen unseren zirka zwei Kilometer langen Fußmarsch zum Hauptlager in 3 500 Metern Höhe. (Andy und John mit mehreren Astronauten und anderen NASA-Leuten hatten unser Zeltlager schon im Voraus aufgeschlagen.) Elf Zelte waren über eine wunderschöne Landschaft vor dem atemberaubenden Hintergrund der Sangre-de-Cristo-Bergkette verteilt.

Kurz nach der Ankunft im Hauptlager zogen wir uns in die Zelte zurück und packten unsere Sachen aus. Ungefähr zu dem Zeitpunkt, als es mir gerade schien, wir seien in unserer neuen »Wohnung« eingerichtet, fing es an zu regnen und goss drei Stunden lang in Strömen. Unsere kleine Zuflucht blieb nur mit Mühe aufrecht stehen und war auf dem besten Weg im Schlamm zu versinken! Ich hatte in meinem ganzen Leben noch *nie* gezeltet und war etwas erschrocken, aber entschlossen Spaß zu haben. Irgendwann während des Regens hörten wir vor unserem Zelt eine Frauenstimme. Ich spähte hinaus und sah eine Frau, die beim Wandern in das Unwetter geraten war. Laura,

Matthew und ich rutschten um die Mittelstütze herum, um unserer durchnässten neuen Freundin Platz zu machen. Sie blieb bei uns, bis der Regen anfing nachzulassen, und erzählte uns ihre Geschichte und wir erzählten ihr, warum wir hier waren. Ich bin sicher, als sie an dem Morgen auf die Wanderung gegangen war, hatte sie nicht mit Zelten voller Astronauten gerechnet.

Am nächsten Tag sollten wir den Aufstieg früh um 4.30 Uhr beginnen, aber weil es immer noch regnete, beschlossen wir, erst bei Tageslicht loszugehen. Laura und Matthew blieben während des Aufstiegs im Hauptlager und gingen mit anderen Astronauten fischen, die auch da blieben.

Ich hatte schon monatelang für den Aufstieg trainiert und Sport getrieben, hatte aber Bedenken wegen der Höhe. Ich war sicher, wir würden alle Atemnot bekommen. Glücklicherweise trat das Problem nicht auf und der Aufstieg war herrlich. Wir kamen bis zum Humboldt-Sattel, der in 3993 Metern Höhe liegt, aber das Wetter war nicht geeignet um bis zum *Columbia Point* aufzusteigen. Wir waren so weit gegangen, wie wir konnten. Wir blieben ein paar Stunden auf dem Sattel und schichteten sieben Steinhaufen zu Ehren der Mannschaft auf. Wir alle erzählten uns Geschichten und Erinnerungen und es wurde viel geweint.

Ehe wir zum Abstieg aufbrachen, flog eine beauftragte Vierergruppe von F-16-Flugzeugen donnernd durch das Tal. Mir traten Tränen in die Augen, als der Anführer in der »Einer fehlt«-Formation über den *Columbia Point* aufstieg und fast augenblicklich in den Wolken verschwand. Es war umwerfend.

Am nächsten Tag konnte ich ganz allein beobachten, wie die Sonne über der Bergkette aufging. Der ganze Osthimmel war rot und ich verstand, warum Rick die Zeit mit der Mannschaft in den Bergen von Wyoming so genossen hatte. Die Schönheit von Gottes Schöpfung ist beeindruckend! Wir packten unsere Sachen, brachen aus dem Zeltlager auf und gingen bis zum Anfang des Wanderweges. Ich war so müde, dass ich auf der zweistündigen Fahrt regelrecht eindöste, während mein Kopf auf und ab geschleudert wurde! Als wir zu Hause in Clear Lake ankamen, packte ich die schmutzigsten Kleider aus, die ich je versucht habe sauber zu bekommen. Ich hätte gleich da in meiner Küche einen Reinigungsbetrieb aufmachen sollen; bei jeder Ladung war ich neu überrascht und verblüfft, dass die Kleider tatsächlich wieder sauber wurden.

Am Abend fiel ich ins Bett und fand, dass unsere Zeit am *Columbia Point* eines der besten Erlebnisse in meinem Leben war. Es hatte dort viele Tränen und viel zu lachen gegeben, aber es ist auch vieles in mir heil geworden, während ich auf den Berg stieg, der nach Rick und der Mannschaft benannt war. Das war ein weiterer Berg, den ich seit dem 1. Februar bezwungen hatte.

Nach unserer Rückkehr aus Colorado bereiteten wir uns auf ein neues Schuljahr vor, das erste vollständige Schuljahr seit Ricks Tod. Laura war im Oktober dreizehn geworden und ist jetzt in der achten Klasse. Eine ihrer ersten Fragen am 1. Februar war: »Wer hilft mir jetzt bei Mathe?« Jetzt trifft mich diese Frage mit voller Wucht: Sie lernt dieses Jahr Algebra! Ich habe Algebra nie richtig verstanden (obwohl mir Leute wie Steve Lindsey versichern, sie sei manchmal nützlich), aber wir bemühen uns jeden Tag redlich mit ihren Hausaufgaben. Lauras Lieblingsfach sind die Naturwissenschaften. Ihre Lehrerin ist Martha Tanner, die Frau eines Astronauten. Laura nimmt auch Musikunterricht und lernt Klarinette spielen. Sie ist im Chor und hat Gelegenheit ihre schöne Stimme, die sie von ihrem Vater geerbt hat, einzusetzen. Sie nimmt weiterhin Klavierstunden und hat mit Babysitten angefangen. Laura arbeitet auch freiwillig in der Kinderstunde unserer Gemeinde mit. Sie und Matthew haben sich für den Herbst wieder zum Fußballtraining angemeldet; das ist dann ihre sechste Saison. Laura gleicht mir darin, dass ihr leicht Tränen kommen und sie über ihren Schmerz und die Verlustgefühle spricht. Ihre Trauer um ihren Vater ist tief, aber sie sucht immer wieder Hilfe bei Gott. Ich bin sehr stolz auf sie; sie wird eine richtige junge Dame.

Matthew ist acht und in der zweiten Klasse. Er hat angefangen Klavierstunden zu nehmen und gleich zuerst mit seinem Klavierlehrer ausgehandelt, dass er im nächsten Frühjahr vorspielen darf! Matthew liebt Mathematik wie sein Vater, und im Unterschied zu mir ist er wirklich gut darin! Das bedeutet hoffentlich, dass ich gut durch die zweite Runde Algebra kommen werde. Matthew angelt gern und spielt draußen mit unserem Nachbarn

Danny. Er hat viel Spaß daran, von allen Orten, wo wir dieses Jahr waren, Souvenirs zu sammeln.

An einem Sonntag besuchten wir Scott Parazynski und seine Familie zum Mittagessen. Nach dem Essen nahm Scott uns mit zur Rice University, die dicht bei seinem Haus liegt, und er und sein Sohn Luke zeigten Matthew auf einem großen Parkplatz beim Stadion, wie man Fahrrad fährt. Nach wenigen Minuten fuhr Matthew schon allein und war restlos begeistert. Rick hatte vor seinem Flug versucht, es ihm beizubringen, aber Matthew hatte es nicht ganz geschafft, und jetzt war er voller Stolz, diese neue Technik endlich zu beherrschen. Ich kann ihn nicht mehr von seinem Fahrrad herunterlocken! Matthew ist ein lieber Junge und ich weiß, dass Rick sehr stolz darauf wäre, wie er sich in den vielen schwierigen Situationen verhalten hat, die uns seit dem 1. Februar begegnet sind. Ich bete darum, dass Matthew lernt, so an Christus zu glauben wie sein Vater.

Sechs Wochen vor dem Start hatte ich angefangen, jeden Tag unter der Woche beim CVJM Sport zu treiben, und das setze ich auch heute noch fort. Ich habe über 20 Kilogramm abgenommen und fühle mich körperlich so stark wie seit Jahren nicht mehr. Jetzt erkenne ich, dass es Gottes Vorsorge war, mich körperlich kräftiger zu machen, damit ich mich den neuen Anforderungen stellen konnte. Meine Trainerin Lanette DeLoach hat ihren ersten Mann verloren. Sie ist mit drei kleinen Kindern zurückgeblieben und hat nach längerer Zeit wieder geheiratet. Lanette ist eine gläubige Frau und unser gemeinsames Training hat mir die Möglichkeit gegeben über Verletzungen zu sprechen, die nur wenige in gleicher Weise verstehen. Ich trainiere noch immer zweimal pro Woche mit ihr und eine ihrer neuesten Kundinnen ist Laura!

Vor dem Start leitete ich eine Gebetsgruppe von Müttern in Lauras und Matthews Schule und das tue ich immer noch. Meine wichtigste Aufgabe in diesem Leben ist für Laura und Matthew zu beten.

Dieses Jahr hat es außer Ricks Tod noch andere Belastungen für unsere Familie gegeben: Mein Vater kämpft gegen Krebs, der im Frühjahr entdeckt worden ist, und die letzte Überlebende von meinen Großeltern, die Mutter meiner Mutter, ist im September an ihrem 94. Geburtstag gestorben. Sie war eine wunderbare Frau und Christin, die ich liebte und bewunderte. In den letzten Jahren litt sie an Demenz und wusste nichts von der Familientragödie in diesem Jahr. Ich sagte zu meiner Mutter, wenn sie in den Himmel käme und dort Rick träfe, würde sie wohl denken: *Habe ich da etwas verpasst?* Ihre letzten Worte waren: »Kann bitte jemand das helle Licht da ausmachen?«

Meine Tante Doris (die Schwester meines Vaters) starb am Tag nach dem Begräbnis meiner Großmutter. Sie war schon jahrelang krank gewesen. Nur eine Woche vor ihrem Tod bat sie Jesus, die Leitung ihres Lebens zu übernehmen, als meine Eltern bei ihr waren. Meine Mutter taufte sie im Krankenhaus und sagte danach: »Wahrscheinlich habe ich es falsch gemacht.« Ich sagte: »Ich glaube, das kann man nicht falsch machen!« Ich war bei Tante Doris, als sie starb. Es war sehr friedlich. Meine Familie freute sich über ihre Rettung. Rick und ich hatten jahrelang darum gebetet, dass sie Jesus persönlich kennen lernte. An diesem Tag hat Gott mir gezeigt, dass man es nie aufgeben soll für jemanden zu beten. Jetzt habe ich in 18 Monaten fünf Familienmitglieder verloren (drei Großeltern, meinen geliebten Rick und Tante Doris) und kann eine Pause gebrauchen. Der Himmel füllt sich mit Menschen, die ich liebe.

Als ich nach Tante Doris' Tod wieder nach Houston kam, wollte Matthew, dass ich zusah, wie er auf seinem Fahrrad auf der Straße hin- und herfuhr. Das war ein starkes Bild der Wirklichkeit – zwei ganz verschiedene Welten – das Ende des Lebens und bei meinen Kindern der Anfang des Lebens. Ich betete: »Herr, lass mich wirklich *leben*, bis ich sterbe.« Das heißt, ich möchte keinen Tag verschwenden, der mir gegeben wird.

Seit dem 1. Februar hatte ich die Ehre, auf verschiedenen Frauenkonferenzen zu sprechen, und es ist schön und spannend weiterzugeben, wie treu Gott ist. Dennoch versuche ich, meiner persönlichen Anwesenheit bei solchen Gelegenheiten Grenzen zu setzen, denn vor allem anderen möchte ich die beste Mutter für Laura und Matthew sein, so wie es mir möglich ist. Sie brauchen meine ungeteilte Aufmerksamkeit und ich brauche sie. An manchen Tagen sehne ich mich so nach Rick, dass ich am liebsten gar nichts täte und nur bei ihm wäre. Laura und Matthew halten mich auf dem Boden der Tatsachen. Ihr Lächeln, Lachen und Weinen erinnert mich auf sanfte Weise daran, dass das Leben immer noch hier geführt werden muss. Ich lerne, dass das Leben trotz allem weitergeht und dass mir neue Erfahrungen bevorstehen – gute und schlechte.

Dieses ganze Jahr hindurch hat Gott mir Freunde gegeben, die mich jeden Tag mit ihrem Gebet aufgerichtet haben. Sie haben mich mit praktischer und sonstiger Hilfe durch diese Zeit geführt, sodass ich den Kopf über Wasser halten konnte. Es sind grundehrliche, charakterstarke Menschen, die Ruhe ausstrahlen, und ich bin dankbar, sie Freunde nennen zu können. Ich habe schon vielen Menschen gesagt: Dieses Jahr habe ich das Schlimmste vom Schlimmen und das Beste vom Guten erlebt.

Man fragt mich manchmal, ob ich Gott Vorwürfe mache für das, was passiert ist, und ich sage immer Nein. Gott hat für jeden Menschen einen Plan; es kann sein, dass ich den Plan nicht verstehe und dass er mir wehtut, aber ich bin nicht bitter gegen Gott. Dazu ist er zu mir, zu Rick und zu unseren Familien zu gut gewesen. Ich habe eine lange Geschichte mit Gott und es ist eine Geschichte von Treue, Fürsorge und Freundlichkeit, von der ich mich nicht einfach abwenden kann. Er hat mich immer geliebt, auch als ich nicht liebenswert war, und liebt mich auch heute noch in der größten Traurigkeit meines Lebens. Er hat mich durch dunkle Zeiten getragen und trägt mich auch jetzt durch die denkbar dunkelste Zeit ohne Rick.

Im Umgang mit Gott habe ich alle Höflichkeit verloren. Ich habe geweint und geschluchzt und ihn angeschrieen, aber ich weiß, dass er so groß ist, dass er damit umgehen kann. Er hat mich näher zu sich gezogen, als ich es je für möglich gehalten hätte. Er hat mich an sein Herz gedrückt und mich weinen lassen, solange ich es brauchte. Meine liebe Schwägerin Kathy hat mir am 1. Februar gesagt, Gott würde mich Schritt für Schritt durch die Trauer führen, und das tut er immer noch. Immer wieder hat sich das, was Gott in der Bibel sagt, als zuverlässig und wahr erwiesen.

In Jesaja 53, 3 heißt es, dass Jesus »voller Schmerzen und Krankheit« war und unsere Kümmernisse kannte. Er weiß wirklich genau, was ich fühle. In Psalm 147, 3 steht: »Er heilt gebrochene Herzen und verbindet Wunden.« In Offenbarung 21, 4 heißt es: »Er wird alle ihre Tränen abwischen, und es wird keinen Tod und keine Trauer und kein Weinen und keinen Schmerz mehr geben.« In Matthäus 11, 28 sagt Jesus: »Kommt alle her zu mir, die ihr müde seid und schwere Lasten tragt, ich will euch Ruhe schenken.« Psalm 56, 9 erklärt, dass Gott auf unsere Traurigkeit achtet. Er hat alle meine Tränen in einem Gefäß gesammelt und über jede einzelne Buch geführt. In jedem Vers kommt Gottes Liebe für mich zum Ausdruck, und sie helfen mir durch schmerzlich dunkle Zeiten.

Ohne Rick bin ich einsam und das wird wohl für den Rest meines Lebens so bleiben, aber trotzdem bin ich nie allein; ich werde auch nie allein sein. Gott ist immer bei mir. Ich weiß, dass ich Rick im Himmel wiedersehen werde, aber ich trauere doch um ihn und vermisse ihn schrecklich. Es gibt Tage, an denen es mir scheint, als ob mein Herz buchstäblich zerbräche, weil der Schmerz so tief geht; aber weil ich mich auf Christus verlasse, bin ich sicher, dass mich das ewige Leben erwartet.

Rick und seine Mannschaft hätten nie von sich aus ein solches Ende ihres sehr erfolgreichen Fluges gewählt. Sie waren auf dem Heimweg – aber nur 16 Minuten vor der Landung wurde ein für alle Mal ein anderes Ziel für sie festgelegt. Wenn ich an die Tage vor dem Flug STS-107 zurückdenke, sehe ich, dass Gott uns alle Vier festgehalten und auf das Kommende vorbereitet hat. Rick hatte keine Ahnung, dass er am 1. Februar sterben würde, aber sein Glaube an Gott hat ihn in seinen letzten Atemzügen getragen. Laura und Matthew und ich wurden durch diese entsetzlichen ersten Augenblicke getragen – als wir erfuhren, dass wir Rick verloren hatten –, weil wir wussten, dass er direkt zu Gott gekommen ist. Es war zwar ein tiefer Schock und wir hatten noch gar nicht angefangen zu trauern, aber wir waren sicher, dass Gott irgendwie für uns sorgen würde.

In einer E-Mail an Rick im All hatte ich ihm erzählt, dass Laura um die perfekteste Landung betete, die es je gegeben hat. Manche haben gesagt, unsere Bitten seien nicht erhört worden, und Gott habe nicht zugehört. Ja, Gott hat unsere Gebete nicht so erhört wie ich es mir wünschte, denn ich hätte Rick lieber noch hier bei uns – aber er hat sie auf andere Weise erhört. In den Tagen nach Ricks Tod sprach ich mit Laura über dieses Gebet. »Papa hat wirklich eine vollkommene Landung gehabt«, sagte ich. »Er ist direkt bei Jesus gelandet. Eine Landung in Florida hätte nicht vollkommen sein können. Sie wäre vielleicht hervorragend oder ausgezeichnet gewesen, aber nicht vollkommen. Als er in Gottes Reich kam, war das seine vollkommene Landung. Er ist beim vollkommenen Gott angekommen und ich weiß, dass er uns bis dahin den Platz freihält.« Das sind keine oberflächlichen Worte, mit denen eine trauernde Witwe sich zu trösten versucht; das ist die Wahrheit, Gottes Wahrheit, und daran halte ich mich für den Rest meines Lebens.

Ricks letzte Tagebucheintragung lautet:

*Herr – ich will deinen Willen tun und ich will ein Mensch sein, wie du ihn dir wünschst. Bitte hilf mir, deinen Willen zu erfragen und zu erkennen und dir in allem zu gehorchen, was du von mir willst. Ich möchte glücklich und froh sein und das soll man an meiner Familie, meiner Arbeit und besonders an meiner Beziehung zu dir erkennen.*

Als Ricks Frau und beste Freundin kann ich bestätigen, dass Gott ihm schon zu Lebzeiten seinen innigsten Wunsch erfüllt hat. Er war ein gottesfürchtiger Mensch … Er war nicht vollkommen, aber er hat Gott sein Leben lang jeden Tag gesucht, sich nach seinem Wort gerichtet und es seinen Kindern weitergegeben. Rick war in allem ein glücklicher und froher Mensch. Seine Freude und Zufriedenheit war in unserem Haus und in unseren Gesichtern zu sehen; sie zeigte sich in der Sorgfalt und Disziplin, mit der Rick seine Arbeit tat, und sie war besonders deutlich in seiner Beziehung zu Christus.

Wie Dr. Carroll bei Ricks Begräbnis gesagt hat:

Alles ist gut. Halleluja!

hänssler

Jim Cymbala

**Gottes Versprechen. Er hört dein Gebet**

Gb., 10 x 18,9 cm, 160 S.,
Nr. 394.166, ISBN 3-7751-4166-9

In diesem ansprechend illustrierten Buch führt uns Cymbala ins Gebet. Durch eigene tief gehende und ansprechende Texte, Zitate von Christen aus allen Jahrhunderten und Bibelstellen (NLB) ermutigt er uns, mit all unseren Anliegen vor Gott zu treten.

Das Buch hat vier Kapitel:
Die Macht des persönlichen Gebets
Die Macht des Gebets der Gemeinde/Kirche
Die Macht des Gebets des Glaubens
Das Geheimnis des erhörten Gebets durch den Heiligen Geist

Dieses bibliophile Buch inspiriert, ermutigt zum Beten und vertieft unseren Glauben. Cymbala verspricht, dass Gott unsere Gebete erhört, wenn wir nach seinem Willen bitten.

*Bitte fragen Sie in Ihrer Buchhandlung nach diesem Buch!*
*Oder schreiben Sie an den Hänssler-Verlag, D-71087 Holzgerlingen.*

hänssler

Charles Stanley
**Befreit von Angst**
*Gottes Friede für dich*

Gb., 13,5 x 20,5 cm, 230 S.,
Nr. 394.173, ISBN 3-7751-4173-1

Die Gefahr von terroristischen Anschlägen, die wachsende Arbeitslosigkeit, die schwache Wirtschaft und die persönlichen Krisen bieten einen fruchtbaren Boden für Sorge und Zukunftsangst. Der Bestsellerautor Charles Stanley zeigt jedoch einen Weg zu einem lebensverändernden Seelenfrieden mit Gott. Dieses Buch bietet die Hilfen, mit denen
Fehler der Vergangenheit aufgearbeitet werden können, Sie sich aktuellen Problemen stellen und ihre Sorgen um die Zukunft beruhigen können. So kann Gelassenheit zur Gewohnheit werden.

*Bitte fragen Sie in Ihrer Buchhandlung nach diesem Buch!*
*Oder schreiben Sie an den Hänssler-Verlag, D-71087 Holzgerlingen.*